INTRODUÇÃO À QUÍMICA AMBIENTAL

R672i   Rocha, Julio Cesar.
         Introdução à química ambiental / Julio Cesar Rocha, André Henrique Rosa, Arnaldo Alves Cardoso. – 2. ed. – Porto Alegre : Bookman, 2009.
         256 p. ; il.; 25 cm.

         ISBN 978-85-7780-469-6

         1. Química ambiental. 2. Recursos hídricos. 3. Litosfera. 4. Substâncias químicas. 5. Resíduos sólidos. 6. Aspectos legais. I. Rosa, André Henrique. II. Cardoso, Arnaldo Alves. III. Título.

CDU 54:628.5

Catalogação na publicação: Renata de Souza Borges CRB-10/1922

JULIO CESAR ROCHA
ANDRÉ HENRIQUE ROSA
ARNALDO ALVES CARDOSO

INTRODUÇÃO À QUÍMICA AMBIENTAL

2ª Edição

Reimpressão 2010

2009

© Artmed Editora SA, 2009

Capa e projeto gráfico interno: *Rosana Pozzobon*

Leitura final: *Renato Merker e Verônica Amaral*

Supervisão editorial: *Arysinha Jacques Affonso*

Editoração eletrônica: *Techbooks*

Reservados todos os direitos de publicação, em língua portuguesa, à
ARTMED® EDITORA S. A.
(**BOOKMAN® COMPANHIA EDITORA** é uma divisão da **ARTMED® EDITORA S. A.**)
Av. Jerônimo de Ornelas, 670 – Santana
90040-340 – Porto Alegre – RS
Fone (51) 3027-7000 Fax (51) 3027-7070

É proibida a duplicação ou reprodução deste volume, no todo ou em parte, sob quaisquer formas ou por quaisquer meios (eletrônico, mecânico, gravação, fotocópia, distribuição na Web e outros), sem permissão expressa da Editora.

SÃO PAULO
Av. Angélica, 1091 – Higienópolis
01227-100 – São Paulo – SP
Fone (11) 3665-1100 Fax (11) 3667-1333

SAC 0800 703-3444

IMPRESSO NO BRASIL
PRINTED IN BRAZIL

OS AUTORES

Julio Cesar Rocha nasceu em Passos, MG, a 16/04/1954, onde cursou a escola primária. Cursou a escola secundária em Franca, SP, e trabalhou como gráfico (1968-76). É bacharel e licenciado em Química pela FFCLRP-USP (1977-80) e mestre em Química Analítica pelo IQ-UNICAMP (1981-83). Contratado pelo Instituto de Química de Araraquara-UNESP em 1984, ministra aulas das disciplinas de Química Analítica e Química Ambiental, tendo feito o Doutorado em Química Analítica nessa instituição (1984-87). Fez dois anos de estágio de Pós-Doutoramento no Institute of Spectrometry and Applied Spectroscopy (ISAS) em Dortmund, Alemanha (1991-92), foi diretor da Divisão de Química Ambiental da SBQ (1996-98) e tem formado diversos mestres e doutores na especialidade Química Ambiental.

André Henrique Rosa, nascido a 05/12/1972 em Araraquara, SP, é bacharel em Química, mestre e doutor em Química Analítica pelo Instituto de Química da UNESP. Fez estágios de Doutorado e Pós-Doutoramento em Química Ambiental no ISAS, em Dortmund, Alemanha. Desde 2003 é docente contratado da UNESP – Sorocaba e ministra aulas de Química Analítica, Química Orgânica e Poluição Ambiental. Atualmente é coordenador do Grupo de Estudos Ambientais UNESP – Sorocaba, do Programa de Pós-Graduação Lato Sensu em Meio Ambiente e Desenvolvimento Sustentável e vice-diretor da Divisão de Química Ambiental da SBQ.

Arnaldo Alves Cardoso nasceu a 07/10/1952, em São Paulo, capital, onde concluiu Bacharelado e Licenciatura pelo Instituto de Química da USP e o Mestrado e Doutorado em Química Analítica no IQ-USP. Foi professor em escolas públicas e particulares de ensino médio do estado de São Paulo. Contratado pelo Instituto de Química de Araraquara-UNESP, desde 1987 ministra aulas das disciplinas de Química Analítica e Química Ambiental. Fez estágio de Pós-Doutoramento na Texas Tech University, nos Estados Unidos (1994-95). Foi diretor da Divisão de Química Ambiental da SBQ (2002-04), tem prestado orientação em pesquisas na área de Química Ambiental e contribuído na formação de pesquisadores para atuar nessa área.

Aos nossos familiares:
Demirço, Tercília, Izabel, Bruna, Matheus,
Vô Fitti, Vó Maria,
Landa, Caio, Bruno, Arlindo,
Helena, Bete, Ronaldo,
Renan e Nitcha

AGRADECIMENTOS

Os autores agradecem:

Aos estudantes de Graduação e Pós-Graduação que participaram do desenvolvimento do Grupo de Pesquisa Grupo Química Ambiental CNPq-6.UNESP.026 e do Grupo de Estudos Ambientais (GEA) – Unesp/Sorocaba, ao longo desses anos.

À Sociedade Brasileira de Química e, em especial, à Divisão de Química Ambiental (AB).

À Fundação de Amparo à Pesquisa do Estado de São Paulo (Fapesp).

Ao Conselho Nacional de Desenvolvimento Científico e Tecnológico (CNPq).

À Coordenação de Aperfeiçoamento de Pessoal de Nível Superior (Capes).

A Deutscher Akademisher Austauschdienst (DAAD – Alemanha).

À Fundação para o Desenvolvimento da Unesp (Fundunesp).

Ao Dr. Peter Burba – Institut für Spektrochemie und Angewandte Spektroskopie – ISAS/Dortmund/Alemanha pelo intercâmbio acadêmico e pela amizade.

A Heliandro Cordovil, Wander Botero e Luciana C. Oliveira pelos desenhos das figuras e revisões.

APRESENTAÇÃO

É com grande satisfação que recebo a segunda edição do livro **Introdução à Química Ambiental** para apreciação. Por ocasião da leitura da primeira edição, já havia manifestado que, muito embora a disciplina de Química Ambiental faça parte da grade curricular de quase todos os cursos de Química do nosso país, ainda estamos longe de uma consonância quanto ao seu conteúdo programático. Parte deste desencontro ainda pode ser atribuída à escassez de material didático disponível em língua portuguesa.

A proposta apresentada pelos colegas Julio Cesar Rocha, André Henrique Rosa e Arnaldo Alves Cardoso é meritória, pois vem preencher uma lacuna já há muito notada e sempre relembrada pela comunidade científica atuante nesta área. O livro mantém a abordagem de reservatórios (ou compartimentos), alinhando-se à abordagem encontrada na grande maioria de livros voltados para a Química Ambiental. O leitor mais atento perceberá que o conteúdo é apresentado de forma crescente em termos de formação científica, o que torna a leitura bastante agradável e permite ao professor dosar a profundidade com que aborda cada tema.

O livro explora inicialmente a parte amostral, importantíssima dentro da Química Ambiental, agora revisada e ampliada, e que raramente é abordada sob a ótica de amostras com alto grau de heterogeneidade. Ao longo de todos os capítulos nota-se uma preocupação dos autores em sugerir exercícios, em grande número, de complexidade variada, o que é de enorme valia para a fixação do conhecimento adquirido.

Dois novos capítulos foram introduzidos nesta edição: o Capítulo 4, que trata de Energia e Ambiente, e o Capítulo 7, com o título de Resíduos Sólidos – Lixo. Estas incorporações deixaram o livro mais atualizado dentro da ótica ambiental, além de serem vetores de exploração das inúmeras interfaces da Química Ambiental, procurando sempre um paralelo com os fenômenos observados na nossa vida quotidiana.

Além dessas novidades, a segunda edição traz uma série de informações sobre a parte laboratorial, voltada para os parâmetros de qualidade mais utilizados, encerrando com um capítulo destinado exclusivamente aos aspectos da vasta (e confusa, em alguns segmentos) legislação ambiental brasileira (veja o Capítulo 8, Aspectos Legais).

APRESENTAÇÃO

Esta edição sedimenta o já conhecido livro *Introdução à Química Ambiental*, permitindo que seja um texto não apenas voltado para os alunos dos cursos de Química, mas que certamente poderá ser de grande valia para alunos de outras áreas (Física, Biologia, Engenharia Ambiental, Geografia, etc.) em função dos temas nele abordados. Novamente cabe ressaltar o agente inovador e meritório: o uso de exemplos baseados em experiências brasileiras.

Prof. Dr. Wilson F. Jardim
Instituto de Química da Unicamp

PREFÁCIO

A segunda edição deste livro busca suprir a falta de material didático e científico escrito em português sobre química ambiental. É destinada principalmente aos estudantes de cursos de graduação que têm em suas grades curriculares disciplinas relacionadas com ciências ambientais. Nesse contexto, discutem-se conceitos necessários para o entendimento das questões ambientais relevantes, tendo em vista não apenas os dias atuais, mas também o bem-estar das futuras gerações.

Embora, por motivos didáticos, os assuntos abordados tenham sido organizados em capítulos, os temas não estão compartimentalizados e procurou-se sempre tratá-los de forma integrada. Ou seja, no livro como um todo as ocorrências ambientais são sempre interpretadas considerando-se os importantes fluxos de matéria e energia entre os três grandes reservatórios reguladores, a saber: hidrosfera, atmosfera e litosfera.

No Capítulo 1, sobre amostragens de materiais líquidos, sólidos e constituintes atmosféricos, são apresentadas e discutidas técnicas e problemas inerentes a elas. Alguns equipamentos e técnicas descritos foram desenvolvidos pelos próprios autores trabalhando em projetos de pesquisas no Brasil e no exterior. Procurou-se mostrar ao estudante e/ou ao profissional de ciências ambientais que a amostragem de materiais, principalmente para fins de estudos e interpretações do ponto de vista ambiental, está intimamente relacionada com a representatividade do universo amostral, com o objetivo de que os dados gerados sejam utilizados, com a logística disponível e com o custo final do processo.

O Capítulo 2 apresenta um breve histórico acerca do saneamento básico, da Antiguidade até o momento atual. São citados vários dados históricos sobre impactos em recursos hídricos e sobre a busca do conhecimento humano para solucionar graves problemas de epidemias causadas por transmissão de doenças relacionadas à utilização de água. Como a água atua nas dissoluções, no transporte e na disponibilidade de espécies para o ambiente, é feita uma substancial discussão sobre fontes e rotas de transporte de contaminantes químicos até o aporte nos recursos hídricos. São citados e discutidos parâmetros indicadores da qualidade da água e é feita uma descrição detalhada de metodologias para a determinação desses parâmetros. Nesse caso, para correlacionar a teoria com a prática e também melhor informar estudantes e profissionais da área, exemplos de cálculos quantitativos são demonstrados e vários exercícios simulando situações reais são propostos.

O Capítulo 3 enfoca o compartimento atmosfera, sua origem, formação, estrutura e composição. Para melhor entendimento dos fenômenos ambientais é de fundamental importância sempre raciocinar levando em consideração o conceito dos ciclos biogeoquímicos. Nesse contexto, os ciclos do nitrogênio, enxofre, carbono e oxigênio são apresentados e discutidos caracterizando-se a dinâmica de fluxos de materiais entre os três compartimentos. Temas relevantes como fixação de nitrogênio no solo, efeito estufa, inversão térmica, queima de biomassa e suas inter-relações entre eles são tratados de forma global. Também é apresentado o tema atual sobre poluição em ambientes fechados.

No Capítulo 4 são apresentadas informações gerais sobre o tema produção/conservação de energia e suas relevantes consequências ambientais para o planeta. É dado destaque para processos de produção de energias renováveis e seus impactos ambientais.

O Capítulo 5 apresenta informações sobre a origem e a formação do compartimento litosfera, classificação, perfil e técnicas de manejo de solos e impactação, sequestro de carbono e ocupação urbana.

O Capítulo 6 traz um assunto que, embora antigo como ciência, é muito recente e atual, tratando do estado da arte do conhecimento sobre sua importância do ponto de vista ambiental, principalmente para estudantes em nível de graduação e pós-graduação. Trata-se das substâncias húmicas (SH) de solos e aquáticas, ou seja, a matéria orgânica natural. São fornecidas classificações, apresentadas metodologias de extração e sobretudo estudos de interações de SH com espécies metálicas, recentemente desenvolvidos pelos autores no Brasil e no exterior. Estudos de especiação de espécies metálicas/pesticidas com SH ajudam a interpretar fenômenos de transporte, trocas, acúmulo e disponibilidade dessas espécies em solos e sistemas aquáticos.

O Capítulo 7 aborda a questão dos resíduos sólidos gerados pelas atividades humanas e práticas de tratamentos, reúso e minimização. Este importante tema ambiental é frequentemente esquecido pelas autoridades e pela população, provavelmente porque o problema é transportado para as periferias dos centros urbanos.

O Capítulo 8 resume aspectos legais e institucionais sobre instituições governamentais e leis aprovadas e aprimoradas para regulamentar muitas das atividades humanas, procurando evitar ou minimizar impactos ambientais que tenham consequências negativas para a natureza, para a humanidade ou para seus bens materiais e/ou patrimônios culturais.

Os autores escreveram este livro com base na experiência profissional adquirida ao orientar alunos de graduação e pós-graduação no desenvolvimento de projetos científicos relacionados com ciências ambientais, ministrando a disciplina de Química Ambiental e nas discussões sobre diferentes abordagens didáticas de como apresentar os temas ambientais nos fóruns da Divisão de Química Ambiental (AB) da Sociedade Brasileira de Química – SBQ (Julio Rocha e Arnaldo Cardoso foram diretores da AB, e André Rosa é vice-diretor da AB). Portanto, esperam que este livro auxilie os jovens que buscam informações sobre o conhecimento químico e a sua relevância nos processos ambientais, principalmente entendendo fenômenos que envolvam os importantes fluxos de matéria e energia entre os três grandes reservatórios reguladores: hidrosfera, atmosfera e litosfera.

Disciplinas com o tema central Ambiente com abordagens químicas são relativamente recentes nas universidades brasileiras e seus conteúdos programáticos devem ser dinâmicos e sempre ministrados à luz de novos desenvolvimentos. Assim, como a busca do aperfeiçoamento do conhecimento constitui parte da investigação científica, toda crítica no sentido de melhorar este livro será bem aceita pelos autores.

SUMÁRIO

1 AMOSTRAGEM / 21

1.1	Análise química	21
1.2	Condições para uma boa amostragem	22
1.3	Coleta de amostras de líquidos	24
	1.3.1 Efluentes	24
	1.3.2 Poços de monitoramento	25
1.4	Coleta de amostras de sólidos	26
	1.4.1 Solos para análise de fertilidade	27
	1.4.2 Solos para estudo de perfil	27
	1.4.3 Sedimentos	28
	1.4.4 Minérios	31
	1.4.5 Ligas metálicas	32
	1.4.6 Grãos	32
1.5	Coleta de amostras de gases e particulados	33
	1.5.1 Particulados atmosféricos	38
Exercícios		39
Referências		40

2 RECURSOS HÍDRICOS / 41

2.1	Breve histórico sobre saneamento básico	41
	2.1.1 Introdução	41
	2.1.2 A história antiga	42
	2.1.3 A história contemporânea	45
	2.1.4 A situação atual	47
2.2	Contaminantes químicos em recursos hídricos: fontes e rotas de aporte	51
	2.2.1 Ciclo da água	51
	2.2.2 Poluição da água	52
	Tipos e fontes de emissões de poluentes	52
	2.2.3 Setores urbano e industrial	53
	Poluição pela matéria orgânica	53
	Poluição por resíduos industriais não-biodegradáveis	54

		Efluentes/Processos de tratamento	56
		Processos oxidativos avançados	58
		Flotação	59
		Descargas de efluentes após tratamentos químicos	59
		Reúso da água	60
		Enxurradas – rodovias	61
		Deposições atmosféricas	61
		Aporte de fosfatos: eutrofização	62
	2.2.4	Agricultura e florestas	63
		Agroquímicos	63
		Contaminação de águas de subsolo	64
	2.2.5	Comportamento ambiental e destinação final	64
		Transporte	64
		Bioacúmulo	64
		Mobilização	65
		Transformações	66
Exercícios			67
2.3	Indicadores de qualidade das águas		67
	2.3.1	Aspectos gerais	67
	2.3.2	Índice de qualidade das águas – IQA	68
		Testes de toxicidade	69
	2.3.3	Salinidade	69
	2.3.4	Classificação das águas	70
		Águas doces	71
		Águas salinas	71
		Águas salobras	71
	2.3.5	Determinação de alguns parâmetros indicadores da qualidade de águas	72
		Solução padrão direta	72
		Solução padrão secundária ou indireta	72
		2.3.5.1 Cálculo da concentração de soluções ácidas	72
		Procedimento e observações	73
		Procedimento e observações	73
Exercícios			74
		2.3.5.2 Padronização de soluções	74
Exercícios			76
		2.3.5.3 Determinação de nitrogênio amoniacal pelo método de Kjeldahl	76
		Exemplo de cálculo	77
Exercício			78
		2.3.5.4 Determinação de nitrogênio total pelo método de Kjeldahl	79
		Exemplo de cálculo	79
Exercício			81
		2.3.5.5 Determinação da dureza de águas	81
Exercício			84
		2.3.5.6 Determinação da demanda química de oxigênio – DQO	85
		2.3.5.7 Determinação de oxigênio dissolvido – OD	87
		2.3.5.8 Determinação da demanda bioquímica de oxigênio – DBO	89
Referências			90

3 QUÍMICA DA ATMOSFERA / 93

3.1	Importância da atmosfera para a Terra	93
3.2	A atmosfera	95
	3.2.1 Transformações químicas na atmosfera	97
3.3	Ciclos biogeoquímicos	99
	3.3.1 Ciclo do carbono	99
	3.3.2 Ciclo do nitrogênio	101
	3.3.3 Ciclo do enxofre	103
	3.3.4 Outros ciclos de elementos na natureza	103
3.4	A combustão de materiais e a poluição atmosférica	104
	3.4.1 A combustão de materiais	105
3.5	Óxidos de nitrogênio na atmosfera	105
	3.5.1 Formação de óxidos de nitrogênio por fontes de combustão	106
3.6	Química atmosférica: reações fotoquímicas	107
	3.6.1 O papel do NO_x na atmosfera, na formação de poluentes secundários	107
	3.6.2 Oxidantes na atmosfera	108
	3.6.3 Formação de poluentes secundários e o *smog* fotoquímico	109
	3.6.4 Minimizando as reações fotoquímicas na atmosfera	112
3.7	Modificando a propriedade ácido/básica da atmosfera	112
	3.7.1 Propriedade ácido/básica dos óxidos e da amônia	112
	3.7.2 A formação de ácidos na atmosfera	113
	3.7.3 Amônia atmosférica	115
	3.7.4 A importância ambiental da amônia atmosférica	116
3.8	Material particulado atmosférico	117
3.9	O balanço térmico do planeta	120
	3.9.1 O aumento dos gases-estufa, a globalização de poluentes	122
	3.9.2 O Protocolo de Kyoto	123
	3.9.3 Principais consequências de um aumento do efeito estufa	123
3.10	O ozônio da estratosfera	124
3.11	A poluição atmosférica de ambientes fechados	127
	3.11.1 Síndrome do edifício doente	129
3.12	Expressando composição de materiais	130
	3.12.1 Introdução	130
	3.12.2 Por que ppm, ppb e ppt?	131
	3.12.3 Ppm e mg L^{-1} não significam a mesma coisa	132
	3.12.4 Como expressar a composição de poluentes gasosos	133
Exercícios e temas de pesquisa		134
Referências		135

4 ENERGIA E AMBIENTE / 137

4.1	Introdução	137
	4.1.1 Unidades de energia	138
	A energia no mundo	138
4.2	Energia perdida	139
4.3	Fontes de energia	141
	4.3.1 Gás natural	141

	4.3.2	Carvão mineral	143
	4.3.3	Petróleo	145
		A gasolina combustível	146
		Danos causados pelo petróleo ao ambiente	148
	4.3.4	Álcool combustível	149
		Produção de álcool	150
		Processo de fabricação do açúcar e álcool	150
	4.3.5	Biodiesel	152
		O mito do biocombustível para salvar o ambiente	153
4.4	Processos de geração de energia elétrica		154
	4.4.1	Geração de energia por hidroelétrica	156
		Vantagens e desvantagens das hidroelétricas	156
	4.4.2	Termoelétricas	157
	4.4.3	Energia nuclear	158
	4.4.4	Energia solar	161
	4.4.5	Energia eólica	162
		Esquema de usina eólica para geração de energia elétrica	163
	4.4.6	Pilhas de combustível	164
Exercícios			166
Referências			166

5 LITOSFERA / 167

5.1	Origem e formação da litosfera		167
5.2	Composição dos solos		168
	5.2.1	Fase sólida	168
	5.2.2	Fase líquida	169
	5.2.3	Fase gasosa	171
5.3	Classificação dos solos		171
	5.3.1	Perfil do solo	173
5.4	Propriedades físico-químicas dos solos		174
	5.4.1	Capacidade de troca catiônica (CTC) de solos	174
	5.4.2	Acidez do solo	175
	5.4.3	Processos de oxidação e redução em solos	175
	5.4.4	Adsorção de metais em solos	177
		Descrição quantitativa da adsorção de metais	177
5.5	Fertilidade do solo		178
	5.5.1	Compostos de nitrogênio no ambiente	179
	5.5.2	Transformações microbiológicas do nitrogênio no solo	179
	5.5.3	Fixação de nitrogênio por processos naturais	180
		Ação bacteriana	180
		Nitirificação	180
		Redução de nitratos	181
		Raios e vulcões	181
	5.5.4	Fixação de nitrogênio por processos industriais	181
	5.5.5	Fixação de nitrogênio por processo de combustão	181
5.6	Desnitrificação		182

5.7	Interações solo-planta	182
	5.7.1 Produtividade do solo e lei do mínimo	182
	5.7.2 Manejo do solo e atividades antrópicas	183
	5.7.3 Aração/revolvimento do solo	184
	5.7.4 Adubação	184
	Qual é a importância do manejo do solo para o sequestro de carbono?	185
	5.7.5 Irrigação	185
5.8	Pesticidas/herbicidas	186
5.9	Ocupação e mineração	188
5.10	É possível recuperar um solo contaminado?	189
	5.10.1 Biorremediação	189
	5.10.2 Fitorremediação	192
5.11	Considerações	194
Exercícios		195
Referências		195

6 MATÉRIA ORGÂNICA (SUBSTÂNCIAS HÚMICAS) / 197

6.1	Classificação	197
	6.1.1 Substâncias húmicas de solos	198
	6.1.2 Substâncias húmicas aquáticas	198
6.2	Extração de substâncias húmicas	200
	6.2.1 Extração de substâncias húmicas de solos	200
	6.2.2 Extração de substâncias húmicas aquáticas	201
6.3	Fracionamento das substâncias húmicas	202
6.4	Interações de metais com matéria orgânica – especiação	203
	6.4.1 Metodologias utilizadas na determinação de metais em matéria orgânica natural	204
	6.4.2 Capacidade complexante	205
	Modelos de interpretação	207
	6.4.3 Labilidade relativa de espécies metálicas complexadas por matéria orgânica natural	209
	Processos de troca iônica	209
	6.4.4 Distribuição e rearranjos intermoleculares de espécies metálicas em frações de substâncias húmicas aquáticas com diferentes tamanhos moleculares	211
	6.4.5 Redução de mercúrio iônico por substâncias húmicas aquáticas	213
6.5	Interações entre matéria orgânica e pesticidas	214
6.6	Novas perspectivas e aplicações das substâncias húmicas	215
Exercício experimental		217
Referências		218

7 RESÍDUOS SÓLIDOS – LIXO / 223

7.1	Introdução	223
7.2	Classificação do resíduo	226
7.3	Destinação final	228
	7.3.1 Incineradores	228
	7.3.2 Lixões	228
	7.3.3 Aterros controlados	229
	7.3.4 Aterros sanitários	229

7.3.5	Reciclagem	230
7.3.6	Compostagem	232
7.3.7	Destinação final de embalagens vazias de agrotóxicos	235
	Tríplice lavagem	235
	Lavagem sob pressão	235
	Embalagens não-laváveis	235

7.4 Aspectos legais e institucionais 236
    Esfera federal 236
    Esfera estadual – (São Paulo) 237
    Esfera municipal 237
7.5 Considerações finais 238
Exercícios – *Para casa*! 238
Referências 239

8 ASPECTOS LEGAIS / 241

8.1 Leis, decretos e resoluções em vigor no Brasil com relação ao meio ambiente 244
    Recursos hídricos 244
    Resíduos 245
    Gerais em meio ambiente 246
    Licenciamento ambiental 248
    Fauna e flora 249
    Solos, minerais e agrotóxicos 250
    Atmosfera 251
Referências 251

ÍNDICE / 253

1
AMOSTRAGEM

A análise química inicia no planejamento da amostragem.

1.1 ANÁLISE QUÍMICA

Análises químicas feitas dos materiais do ambiente são importantes para prover relevantes informações a estudos ambientais ou ao monitoramento de espécies químicas em um determinado meio. Considera-se *estudo ou pesquisa* com propósito ambiental quando existe a busca de resposta para alguma questão não totalmente conhecida. Logo, como resultado do estudo, deve-se gerar informações inéditas. Quais os diferentes compostos de mercúrio existentes em uma lagoa que foi contaminada por efluentes? Qual é a origem da acidez da água da chuva de uma região? Estes são exemplos de questões que podem ser levantadas e que requerem um estudo ambiental. Por outro lado, no *monitoramento ambiental*, o objetivo da análise é obter dados analíticos que devem ser comparados com valores previamente estabelecidos e, assim, diagnosticar se o objeto em estudo está obedecendo a critérios ou a padrões de qualidade reconhecidos por normas técnicas. O efluente lançado pela indústria está dentro das normas estabelecidas pela agência de controle ambiental para aquele manancial? No ano, quantas vezes o padrão de monóxido de carbono foi ultrapassado na cidade de São Paulo? Estes são exemplos de questões que podem ser respondidas por um trabalho de monitoramento ambiental.

Seja no monitoramento ou no estudo ambiental, o ideal seria que existissem métodos que pudessem fazer a determinação química diretamente no ambiente (*in situ*) e em tempo real, ou seja, a medida é feita e o resultado prontamente conhecido. Infelizmente, poucas são as medidas que podem ser feitas dessa forma. A medida de pH da água de um rio é um exemplo. Nesse caso, o sensor de pH é colocado dentro da água, informando imediatamente o valor do pH. No entanto, na maioria das medidas não é possível a realização desse procedimento, ou porque o analito, isto é, a espécie a ser medida, precisa sofrer transformações químicas e passar por métodos de purificação para tornar possível a medida, ou ainda porque a técnica analítica não consegue medir o analito por ele estar em concentração muito baixa na matriz, isto é, no meio em que está disperso. Quando não é possível a medida direta para se proceder à análise, é necessário recolher amostra do material (etapa de amostragem), para que ela seja trabalhada no laboratório. A condição fundamental de uma amostra é que ela deve retratar o mais próximo possível o meio do qual foi retirada (universo amostral).

Um exemplo em que é necessário proceder à transformação no analito é a medida do oxigênio dissolvido na água (ver Capítulo 2). Nesse caso, o oxigênio dissolvido (O_2) presente na amostra é proporcionalmente transformado em iodo, I_2. O reagente tiossulfato pode então ser utilizado para quantificar o I_2, possibilitando conhecer a quantidade de O_2 presente na amostra.

Quando o método é pouco sensível e a espécie a ser estudada está em baixa concentração, uma forma usual de superar o problema é fazer uma etapa conhecida como pré-concentração. Se existem 20 µg (20 10^{-6} g) de formaldeído dispersos em amostra de 1 m^3 de ar (1.000 L), a concentração do formaldeído é de 20 µg/m^3 ou 0,02 µg L^{-1} de ar. Borbulhando toda a amostra de ar no interior de recipiente contendo 0,1 litro de água, por ser muito solúvel nesse líquido, durante o processo de borbulhamento o formaldeído sai da fase gasosa e dissolve-se na água. No final do processo, os 20 µg de formaldeído estarão dispersos nos 0,1 L de água, ou seja, a concentração de formaldeído na solução aquosa agora é de 200 µg L^{-1}. Comparando a concentração inicial do formaldeído no ar (0,02 µg L^{-1}) com sua concentração final na água (200 µg L^{-1}), chegamos à conclusão que a concentração final é dez mil vezes maior, isto é, o procedimento resultou em um aumento prévio da concentração (pré-concentração) do analito, formaldeído, antes da etapa de determinação pelo método analítico escolhido.

Para fazer uma boa coleta de amostra, é necessário ter claramente qual é o problema inicial, isto é, qual é o problema a ser resolvido com a análise química, seja ela um estudo ambiental ou uma operação de monitoramento ambiental. Conhecendo bem a natureza do problema, o analista pode estabelecer o protocolo analítico com três etapas gerais: *a coleta da amostra e o seu tratamento; a escolha e a aplicação do método para determinação do analito; e o tratamento e a avaliação dos dados obtidos com relação ao problema proposto.* Muitas vezes, a avaliação dos dados mostra que o problema não foi resolvido e que é necessário retornar ao trabalho. Os resultados encontrados para o mercúrio na água podem não explicar a presença elevada desse metal nos peixes de um lago. Responder ao problema proposto com qualidade significa que todas as etapas são importantes e devem ser trabalhadas com o máximo e igual cuidado. Não é o melhor e mais caro equipamento que garante o melhor resultado, mas sim o melhor procedimento analítico. Fazendo-se um paralelo, é como tirar uma boa foto: você pode ter a melhor câmera fotográfica, mas se não preparar a modelo com roupa apropriada, maquiagem e iluminação corretas, a qualidade da foto resultante deixará a desejar, comparada com a de um fotógrafo que usou câmera simples, mas que cuidou melhor da preparação da foto.

1.2 CONDIÇÕES PARA UMA BOA AMOSTRAGEM

Tendo sempre em mente o problema levantado, é possível buscar a melhor condição para propor um protocolo de análise química. O estudo prévio sobre o problema a ser resolvido deve buscar o histórico mais completo possível dele. Esse histórico com todas as informações relevantes pode servir de parâmetro no momento de se tomar decisões importantes nas três etapas da análise química. No caso específico do planejamento da amostragem, deve-se tomar decisões sobre questões como o local da amostragem, sua frequência, qual a quantidade ideal de amostra, que tipo de amostrador usar, quais cuidados devem ser tomados com a amostra antes e depois da coleta. Quanto tempo é possível guardá-la? A ilustração apresentada na Figura 1.1 relaciona os vários fatores a serem considerados na amostragem. O planejamento da amostragem deve resultar em um protocolo a ser seguido durante esta etapa de trabalho. Eis alguns exemplos a serem considerados no planejamento: a frequência da coleta da amostra depende de quão seguidamente ocorre a emissão de um certo poluente para o ambiente e qual é sua estabilidade no ambiente. Se o problema a ser estudado é avaliar a concentração de dióxido de nitrogênio na atmosfera sobre uma cidade, informações descritas na literatura relatam que tal dióxido tem um tempo de vida na atmosfera de um dia e que a emissão é feita ao longo deste. A frequência da coleta deve ser de várias vezes ao dia. Se o problema é avaliar a emissão de poluentes por uma indústria, a coleta deve ser, preferencialmente, feita no horário de maior atividade da mesma.

A escolha do local de coleta também deve estar descrita no protocolo. Na avaliação sobre a emissão gasosa de uma indústria, deve-se considerar fatores como direção do vento, altura da chaminé e posição de outras indústrias ao redor para a escolha de tal local. Se o problema for a emissão de efluentes líquidos, o local de coleta deve ser escolhido conhecendo-se previamente os pontos de lançamento do efluente.

A escolha da quantidade de amostra a ser coletada depende diretamente da senssibilidade do método analítico (expresso, por exemplo, como limite de quantificação) e do intervalo de concentração esperado para o composto na matriz. Grandes volumes de amostras são difíceis de manusear e armazenar, e pequenos volumes podem não ter quantidade suficiente da espécie química a ser determinada e, portanto, não resultar em sinal analítico.

O tipo de material de fabricação dos frascos utilizados para coletar e para guardar a amostra também deve ser especificado no protocolo. Utilizar um recipiente de metal para coletar água não é conveniente quando se deseja analisar metais. O mesmo ocorre com recipientes de plásticos, quando se deseja avaliar a contaminação por solventes orgânicos.

FIGURA 1.1 Aspectos relevantes a serem considerados na amostragem.

Analitos presentes em amostras podem se decompor com calor e luz ou até servir de alimento para micro-organismos. Nesses casos, o protocolo de amostragem deve especificar que as amostras serão estocadas em geladeira ou *freezer*, dentro de frasco escuro, e, caso necessário, especificar também o tipo e a quantidade do preservante a ser adicionado.

No *monitoramento ambiental* existem protocolos específicos de amostragens que foram previamente normatizados por agências como a Associação Brasileira de Normas Técnicas (ABNT). Esses protocolos devem ser seguidos com rigor, para, no final, resultarem em dados que possam ser comparados com padrões previamente estabelecidos. Em *estudos ambientais*, o mesmo não acontece, pois se busca algo desconhecido. Como não existem normas, *o bom senso*, baseado no *histórico do problema*, e a *experiência do analista* podem muitas vezes ser a melhor solução para a elaboração do protocolo de amostragem.

1.3 COLETA DE AMOSTRAS LÍQUIDAS

A coleta de amostra líquida, que no ambiente, em geral, é a coleta de amostra em corpos d'água, pode ser feita de várias formas: utilizando-se garrafas de vidro, plástico ou metal, dependendo do parâmetro ou analito a ser analisado. Quando a amostra pode ser recolhida próxima à superfície e o acesso é fácil, geralmente não existem dificuldades maiores na coleta. O cuidado maior deve ser o de não perturbar (misturar com sedimentos) a água de forma significativa ou de amostrar na região não-perturbada. Muitas vezes, porém, a coleta deve ser feita a diferentes profundidades de um corpo d'água. Condições como luz, calor, solubilidade de gases e contato com o leito influem na concentração de alguns compostos, com diferente intensidade nas diferentes profundidades. Assim, com frequência, o protocolo pede que se faça coleta de água a diferentes profundidades. Nesse caso, tal coleta deve ser feita com equipamentos especiais que se abrem na profundidade desejada. Existem equipamentos vendidos especialmente para esse fim, mas é possível construir outros de baixo custo e com excelente desempenho. A Figura 1.2 ilustra um amostrador de água para diferentes profundidades, construído no laboratório do Departamento de Química Analítica (IQ-Unesp Araraquara). Tal equipamento foi criado utilizando-se uma garrafa de polietileno de dois litros e fixando-se um lastro de metal no fundo dela. Uma corda marcada a cada dez centímetros foi fixada no suporte da garrafa. Outra corda foi fixada na rolha que a fecha. Para a coleta profunda, basta soltar a garrafa na água; quando ela atinge a profundidade desejada marcada pela corda, puxa-se a segunda corda fixada à rolha para soltá-la e permitir a entrada da água.

1.3.1 Efluentes

Efluente doméstico é o despejo líquido que provém principalmente de residências, estabelecimentos comerciais, instituições ou quaisquer edificações que dispõem de instalações de banheiros, lavanderias e cozinhas. Compõe-se essencialmente de água de banho, fezes humanas e urina, papel higiênico, restos de comida, sabão, detergentes e águas de lavagem. Efluente industrial é o despejo líquido resultante dos processos industriais, respeitados os padrões de lançamento. Caracteriza-se por uma enorme variedade de poluentes, tanto em tipo e composição, como em volumes e concentra-

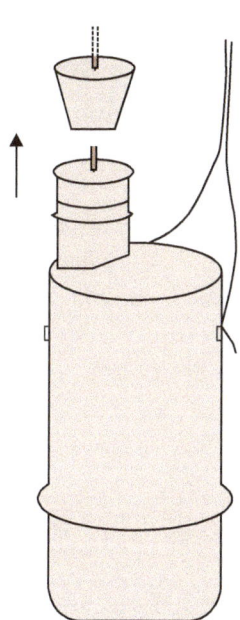

FIGURA 1.2 Frasco utilizado para coletar água abaixo da superfície de rios, reservatórios, lagos etc.

ções. Variam de indústria para indústria e, muitas vezes, dentro do mesmo grupo de fabricação. Além disso, em efluentes industriais podem ocorrer variações diárias e horárias, que fazem com que cada caso de poluição industrial deva ser investigado de forma específica, considerando o tipo de indústria que causou o problema. As amostras coletadas de efluentes podem ser caracterizadas como amostra simples (ou instantânea) ou composta. Na amostra simples, o volume do efluente líquido é coletado ao acaso, ou num determinado instante, proporcional à vazão de lançamento do efluente naquele instante. A amostra composta é oriunda da mistura de várias alíquotas (amostras simples) visando minimizar os efeitos de variabilidade da amostra individual, ou seja, garantir melhor representatividade do universo amostral. Efluentes domésticos e industriais podem também ser amostrados com amostradores automáticos. Eles podem ser programados para coletar amostras simples ou compostas em intervalos de tempo pré-determinados, em função de variações de vazão, alterações dos parâmetros físico-químicos do efluente (pH, temperatura e oxigênio dissolvido), ou em função de chuvas.

1.3.2 Poços de monitoramento

Os poços de monitoramento são utilizados em diversas circunstâncias para coleta de água subterrânea a fim de se verificar, através das análises químicas e físico-químicas, a qualidade hidrogeológica e os índices de contaminação. Geralmente são perfurados em área de disposição de resíduos sólidos poluentes, como aterros sanitários, lixões, cemitérios, postos de serviços para detecção de vazamentos, postos de gasolina, depósitos de combustíveis etc. A profundidade e o diâmetro de perfuração dos poços de monitoramento são geralmente menores que dos poços de captação de água para abastecimento. A instalação desses poços deve seguir rigorosamente as Normas da

ABNT, segundo a NBR 15495-1 (ABNT, 2007), e a coleta e o monitoramento de água subterrânea deve ser feita conforme Norma Cetesb 6410 – 1988 para o Estado de São Paulo.

Alguns parâmetros, como pH (potencial hidrogeniônico), Eh (potencial redox), condutividade elétrica, oxigênio dissolvido e temperatura, podem ser determinados/monitorados *in situ* por meio da utilização de eletrodos exclusivos e monitores portáteis. Entretanto, é necessária a coleta de amostras para a determinação em laboratório de outros importantes parâmetros indicadores da qualidade da água como, por exemplo, metais potencialmente tóxicos, hidrocarbonetos poliaromáticos etc. Antes da coleta, é necessária a purga dos poços para retirar a água estagnada a fim de permitir a coleta da água do lençol freático, mas ela deve ser feita tomando cuidado para não aumentar significativamente a turbidez das amostras e, consequentemente, alterar os resultados analíticos. Tanto para a purga quanto para a coleta há uma variedade de equipamentos disponíveis no mercado, como o *bailer* (Figura 1.3), bombas elétricas, pneumáticas, peristálticas etc.

1.4 COLETA DE AMOSTRAS SÓLIDAS

Geralmente, a coleta de amostras sólidas requer um tratamento especial, pois na maioria das situações o material é pouco homogêneo. Muitas vezes, a solução pode ser coletada em

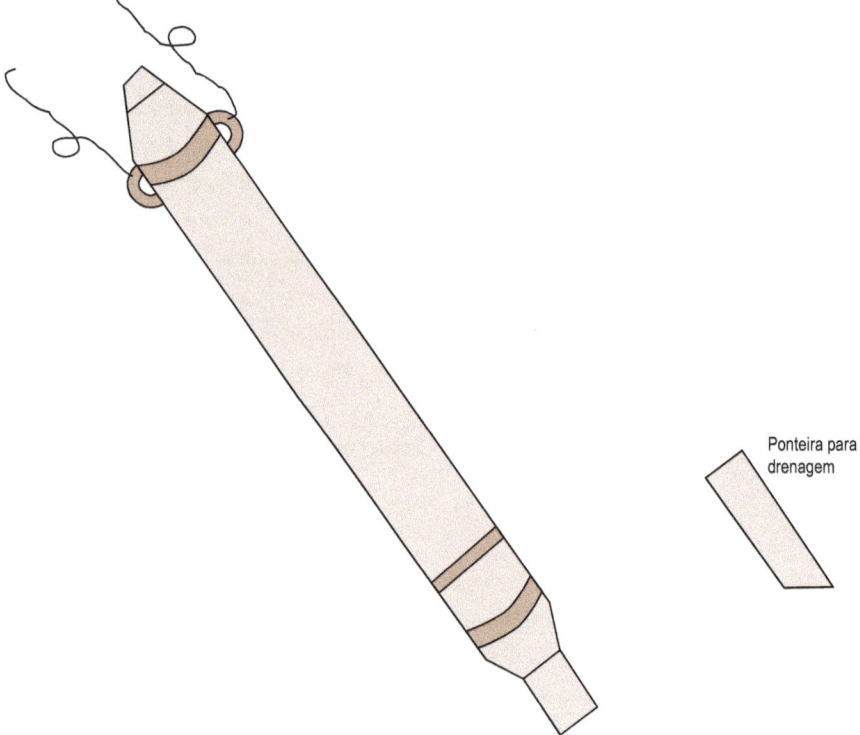

FIGURA 1.3 *Bailer de polietileno (descartável)*. Utilizado para coletar água em poços de monitoramento. Após coleta, a ponteira de drenagem é acoplada na parte inferior para escoamento da amostra para o frasco coletor.

vários pontos, sendo todo o material recolhido misturado e homogeneizado. Desse material, retira-se uma nova amostra, a qual é então posteriormente usada para análise química. Com relação ao solo, a questão da profundidade da coleta da amostra pode ser relevante. Nesse caso, dependendo do problema, a solução pode ser utilizar brocas, trados, tubos, metálicos ou não (um pedaço de cano, por exemplo) – que são cravados no solo ou equipamentos específicos para cortar o solo, como cavadeiras (conhecidas como "boca de lobo"). Outra técnica conveniente consiste em fazer um buraco ou uma trincheira até atingir a profundidade necessária e recolher diretamente o material.

1.4.1 Solos para análise de fertilidade

Sazonalmente, o setor agrícola tem necessidade de coletar e analisar amostras de solo agricultável para que sejam feitas as correções adequadas, por exemplo, adição de calcário (*calação*). Essas correções são feitas baseadas nos resultados da análise do solo para fins de fertilidade. De acordo com a Empresa Brasileira de Pesquisas Agropecuárias (EMBRAPA, 200?), a coleta de amostras de solo para fins de fertilidade deve seguir o seguinte protocolo:

1. Dividir a propriedade em áreas uniformes de até 10 hectares para retirada de amostras. Cada uma dessas áreas deve ser uniforme quanto à cor, topografia e textura, e quanto às adubações e calagens que recebeu. Áreas pequenas, diferentes da circunvizinha, não deverão ser amostradas juntas.
2. As amostras devem ser retiradas da camada superficial do solo, até a profundidade de 20 cm, tendo antes o cuidado de limpar a superfície dos locais escolhidos, removendo as folhas e outros detritos. Cada uma das áreas escolhidas deverá ser percorrida em ziguezague (Figura 1.4) retirando-se as amostras, com um trado, de 15 a 20 pontos diferentes, que deverão ser colocadas juntas em um recipiente limpo. Na falta de trado (Figura 1.5a) poderá ser usado um tubo (sonda) (Figura 1.5b) ou uma pá (Figura 1.5c). Todas as amostras individuais de uma mesma área uniforme deverão ser muito bem misturadas dentro do recipiente (Figuras 1.5d e 1.5e), retirando-se uma amostra composta final de aproximadamente 500 g para ser enviada ao laboratório (Figura 1.5f).
4. Não retirar amostras de locais próximos a residência, galpões, estradas, formigueiros, depósito de fertilizante etc. Não retirar amostras quando o terreno estiver encharcado.

1.4.2 Solos para estudo de perfil

Do ponto de vista ambiental, muitas vezes é necessário conhecer a concentração de um analito no perfil do solo. Por exemplo, antes de se implantar uma indústria, é necessário se conhecer o passivo ou diagnóstico ambiental de uma determinada área. Para isso, faz-se coletas de amostras de solo e análises para certificar se o local já está impactado com materiais potencialmente poluentes. Com isso, é possível, caso seja constatado um problema no futuro, saber se foi causado pela indústria ou se já existia no local antes da sua instalação. Para conhecer rotas

FIGURA 1.4 Esquema sugerido para coleta de amostra de solo para fins de fertilidade e terreno de baixada (amostra 1) e de meia encosta (amostra 2). As áreas dentro dos círculos não devem ser amostradas Adaptada de EMBRAPA (200?).

de aporte, mobilidade, acúmulo e destinação de espécies, nutrientes e/ou contaminantes, geralmente se utiliza a coleta de amostra no perfil do solo. A Figura 1.6 exemplifica uma coleta de amostra de solo feita na floresta amazônica, onde o objetivo principal era determinar o teor de matéria orgânica (ácidos húmicos e fúlvicos – ver Cap. 6) e a distribuição de mercúrio(II) no solo em função da profundidade. Para tal, em cada sítio amostral, as 12 amostras simples A_1-D_3 foram coletadas utilizando trincheiras abertas com cavadeira. Após mistura e homogeneização das respectivas amostras simples em bandejas de madeira, foram retirados cerca de 500 g de cada mistura, constituindo as quatro respectivas amostras compostas A-D, uma para cada perfil, as quais foram levadas ao laboratório para análise.

1.4.3 Sedimentos

Sedimentos consistem em partículas com diferentes tamanhos, formas e composição química, as quais foram transportadas pela água, ar ou gelo do ambiente terrestre de origem e

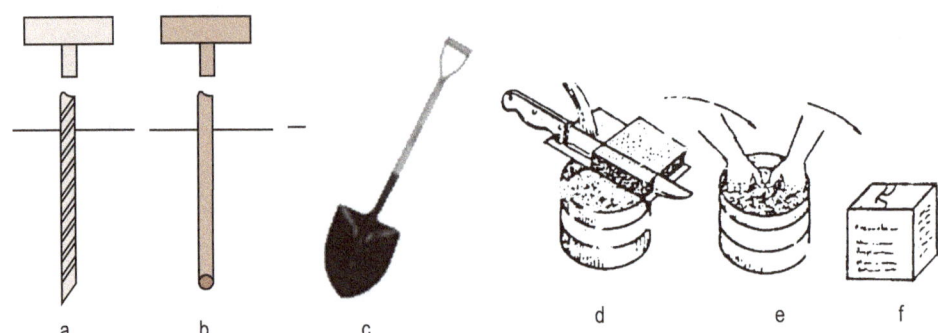

FIGURA 1.5 Amostradores e utensílios utilizados em coleta de amostra de solos. a) trado; b) sonda; c) pá; d e e) baldes para homogeneização; f) caixa de papelão para condicionamento e transporte da amostra composta para o laboratório.

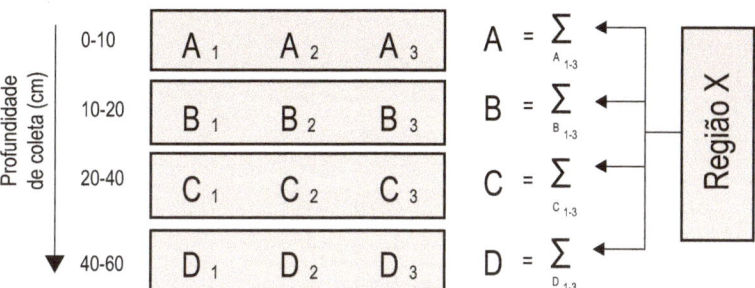

FIGURA 1.6 Esquema de procedimentos utilizados na coleta de amostras no perfil de solos.

depositadas no fundo de lagos, rios e oceanos. Essas partículas contêm quantidade variável de materiais coprecipitados dos recursos hídricos por processos químicos e biológicos. Partículas transportadas pela água ordenam-se e depositam-se de acordo com suas propriedades em diferentes áreas dos reservatórios. Geralmente, materiais grossos, como areia e cascalho, sedimentam-se nas zonas perto da orla e partículas de granulação fina, como silte ou argila, são depositadas em águas profundas levadas pela ação da correnteza. Diferentes conceitos são empregados para a classificação de sedimentos de águas doce e marinha. Por exemplo, são classificados pela sua origem geográfica, geológica, geoquímica e propriedades físico-químicas, como cor, textura, granulometria, estrutura, conteúdo de matéria orgânica etc.

Sedimentos desempenham uma importante função no processo de caracterização da poluição dos rios e lagos. Eles podem indicar a qualidade do sistema aquático e assim serem utilizados para detectar a presença de contaminantes. Por exemplo, alguns metais solúveis em água podem sofrer hidrólise e serem inicialmente depositados especialmente em locais de pouca correnteza. Posteriormente, eles voltam a se solubilizar pela ação de microorganismos. Esta dinâmica de algumas espécies químicas faz com que os sedimentos atuem como "estoque" e possíveis fontes de poluição, pois os contaminantes (espécies inorgânicas ou orgânicas) não permanentemente fixados por eles podem ser disponibilizados para a coluna d'água devido a mudanças em parâmetros, como pH, potencial redox ou ação de micro-organismos. Também podem ser importante fonte de contaminantes, mesmo quando as fontes de contaminações atmosféricas e/ou terrestres já tenham sido controladas ou eliminadas.

Os sedimentos se depositam continuamente ao longo dos anos. Modificações no ambiente influem diretamente na composição do sedimento. Na primavera, eles agregam pólens, e se ocorreu uma grande queimada são agregadas cinzas aos sedimentos. Dessa forma, as várias camadas dos sedimentos podem indicar não só como e quando ocorreu a contaminação de um estuário, lago ou reservatório, como também eventos naturais ou antrópicos que ocorreram na região. Pela análise do pólen é possível conhecer que tipo de vegetação existia na região em um passado bem distante. Quando se quer conhecer o histórico de um sedimento se faz necessária a coleta de suas várias camadas. Para tal, dependendo dos objetivos, várias técnicas como manual (cilindros ou cores), guincho, coletas de testemunhos (curtos, médios ou longos) ou de dragas podem

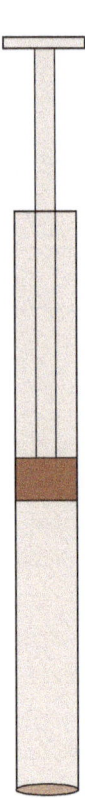

FIGURA 1.7 Amostrador de sedimentos construído em acrílico ou PVC.

ser utilizadas. Quando o manancial é raso, é possível coletar os sedimentos manualmente com um tubo de PVC ou acrílico chamado *core*. Eventualmente, se o local a ser amostrado não for muito profundo, pode-se também utilizar tubo de PVC tipo seringa com êmbolo para sucção da amostra (Figura 1.7). Para tal, geralmente a coleta é feita de cima de um pequeno barco ou canoa. Quando é mais profundo ou a quantidade a amostrar é maior, pode-se utilizar uma caçamba metálica suportada por um guincho e manejada de cima de embarcação. Quanto às dragas manuais, geralmente são utilizadas para coletar sedimentos superficiais não muito consolidados em ambientes com pequena correnteza.

A coleta de testemunhos tem grande importância tanto do ponto de vista científico como de monitoramento, por exemplo quando se deseja conhecer a dinâmica (arraste, sedimentação e acúmulo) dos sedimentos de um reservatório. Em função da altura dos testemunhos, das taxas e das velocidades de sedimentação, pode-se retroagir no tempo em escala bastante longa. A composição isotópica de alguns elementos modifica-se com o passar dos anos de forma bem estabelecida, com isto a determinação da composição isotópica de um sedimento possibilita saber quando ele foi formado. O isótopo ^{210}Pb pode ser utilizado para retroceder 100-120 anos. Testemunhos curtos da coluna sedimentar podem ser coletados utilizando coletor cilíndrico do tipo gravidade. Este coletor tem permitido a coleta de testemunhos de sedimentos praticamente não perturbados variando de 30 a 100 cm de coluna sedimentar. Além disso, possibilita também a coleta de uma amostra de água da interface sedimento-coluna d'água. Segundo Mozeto, Umbuzeiro e Jardim (2006), "a justificativa mais importante para extração das águas intersticiais vem da ecotoxicologia, pois as águas intersticiais são o meio e a rota principal pelos quais a toxicidade de um contaminante se manifesta a um organismo aquático". Como as diversidades são muitas, há várias opções quanto a coletores disponíveis para atender as diferentes finalidades específicas. Para detalhes sobre o assunto, recomenda-se a literatura oriunda do Projeto Qualised (Mozeto; Umbuzeiro; Jardim, 2006). Os dados gerados neste projeto (financiado pela Fapesp) constituem atualmente uma importante ferramenta para avaliação da qualidade dos sedimentos de água doce no Brasil.

1.4.4 Minérios

Minérios geralmente são extraídos na forma de fragmentos grosseiros de diferentes tamanhos e composição variável. Logo, manter a condição de representatividade é relativamente difícil e, preferencialmente, as amostras são tomadas do material em movimento. Frações do material a amostrar retiradas com pás ou cargas de carrinhos de mão são separadas e posteriormente reunidas (amostra composta). Quando a produção do minério é feita em larga escala, porções do material são intermitentemente removidas de uma correia transportadora ou o material pode ser forçado através de uma calha ou série de calhas resultando na separação contínua de certa fração do fluxo. Quando o material está armazenado em grandes depósitos, as amostras devem ser tomadas de diferentes pontos espaçados, de modo a assegurar uma coleta representativa. Alíquotas podem ser tomadas, de alto a baixo ou de lado a lado de cada unidade, com o auxílio, por exemplo, de sondas para sólidos (Figura 1.8). Para materiais estacionários, é preciso considerar que, raramente se tem uma completa distribuição ao acaso. Nestes casos, sugere-se dividir o depósito em seções pela superfície e, de cada seção, retira-se de alto a baixo um número regular de amostras.

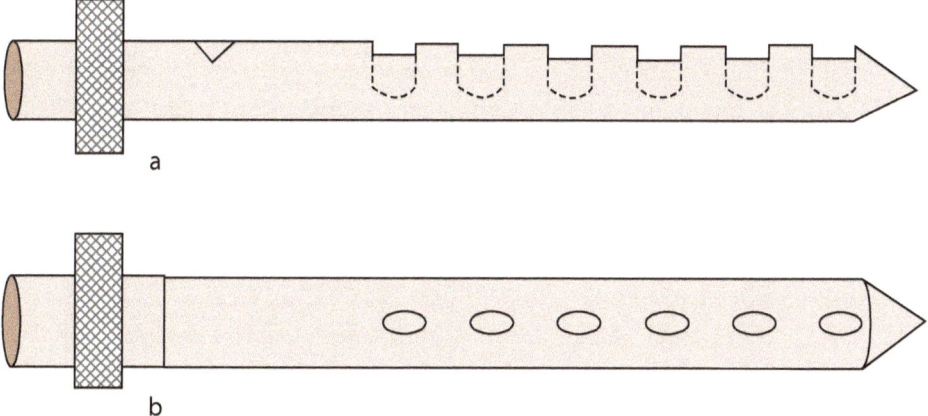

FIGURA 1.8 Sonda para coleta de amostras sólidas granuladas. a) vista lateral e b) vista frontal.

1.4.5 Ligas metálicas

A amostragem de ligas metálicas pode apresentar as mais diferentes situações, pois, dependendo do processo de fabricação, sua composição pode variar com as diferentes partes da peça. Portanto, selecionado um número adequado de peças, as amostras, em cada peça, devem ser tomadas em posições e profundidades adequadas e capazes de assegurar a representatividade do material amostrado. Geralmente, os materiais são perfurados com brocas, cortados ou serrados (coletam-se as aparas ou limalhas). Para evitar contaminação, as ferramentas utilizadas não devem conter o analito de interesse em suas composições e deve-se evitar aplicação de misturas refrigerantes.

1.4.6 Grãos

A produção de grãos em larga escala só é viável se houver rígido controle de qualidade. Após a colheita e antes do armazenamento do produto é feita coleta para determinar o teor de umidade, de impurezas e sua classificação. A coleta de amostras é feita tanto no recebimento do produto quanto durante o período de armazenamento. Durante o armazenamento, a coleta é feita para verificar a ocorrência de insetos, roedores, deterioração e o teor de umidade do produto, além da sua classificação. Antes da comercialização, deve ser feita a análise de possíveis resíduos tóxicos provenientes da produção ou armazenamento. Essa amostra deverá ter características similares, em todos os aspectos, às médias do lote do qual foi retirada, pois a quantidade de grãos a ser analisada é, em geral, muito pequena em relação ao tamanho do lote que se supõe representar. Para a classificação e determinação de um lote de grãos, leva-se em consideração o teor de umidade, impurezas e matérias estranhas, grãos trincados, quebrados e atacados por insetos. Um aparelho amostrador/homogeneizador de amostras pode facilitar o serviço e aumentar a homogeneização das mesmas. Ele tem um local de abastecimento no topo e o seu corpo é composto por cones de divisão com uma série de canais que se interconectam e terminam em dois ou mais lotes com massas uniformes, qualquer uma delas representativa da amostra original.

Quando a amostragem é de cargas a granel, as amostras devem ser colhidas utilizando-se caladores do tipo duplo, sonda ou pneumático. É necessário que a amostra seja coletada ao acaso, em locais e profundidades diferentes. A coleta da amostra deve ser feita utilizando-se um calador simples (Figura 1.8), introduzindo-o na diagonal, aproximadamente na região central superior da sacaria, procurando chegar o mais fundo possível (Figura 1.9). Os grãos localizados na parte superior do caminhão ou vagão podem ter sofrido influência de ventos, chuva ou sol. Além disso, durante o transporte do produto, as impurezas mais pesadas tendem a acomodar-se no fundo do caminhão e as mais leves, na parte superior. Esse fenômeno denomina-se "segregação", e os fatores nela envolvidos são o tamanho, a forma e a densidade da impureza.

No caso de transportadores por correia e gravidade, a amostra deve ser retirada em períodos determinados, de acordo com o fluxo de grãos, usando-se caneca ou equipamentos mecânicos. Informações complementares sobre o assunto pode ser consultadas no portal da Companhia de Armazéns e Selos do Estado de Minas Gerais (CASEMG, 200?)

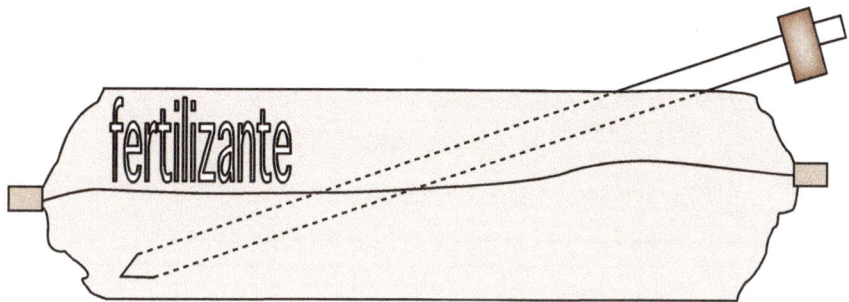

FIGURA 1.9 Posicionamento da sonda (ilustrada na Figura 1.8) durante a coleta de grãos.

1.5 COLETA DE AMOSTRAS DE GASES E PARTICULADOS

A coleta de amostra de gás no ambiente frequentemente tem como matriz a atmosfera, e esta, por sua vez, possui a propriedade de dispersar além de homogeneizar a mistura que a compõe. Como resultado, na maioria das vezes, a amostra é homogênea, ainda que muito diluída. Além disso, fatores como pressão atmosférica, temperatura, vento e chuva influem nas propriedades e na composição da atmosfera. Logo, conhecer as condições ambientais durante a etapa de coleta de amostra pode ser uma necessidade.

A coleta de amostras de pequenos volumes pode ser feita com seringas, como uma seringa hipodérmica; com balão de plástico, como um balão de festa, ou mesmo um saco plástico; ou ainda com um frasco de vidro que possa coletar a amostra e ser fechado posteriormente. Nesses casos, o método químico deve ser sensível o suficiente para determinar o analito no volume de ar coletado. Em ambientes industriais, nos quais a concentração de poluente costuma ser alta, podem ser utilizados pequenos tubos contendo reagentes que mudam de cor na presença de um poluente específico e com intensidade de cor proporcional à concentração do poluente no ambiente. Uma escala de intensidade de cor associada a intervalos de concentração possibilita conhecer com boa aproximação a concentração do poluente na atmosfera. A Figura 1.10 ilustra alguns possíveis arranjos para a coleta de materiais atmosféricos em pequenos volumes. Observe que, se necessário, tanto o frasco de vidro (Figura 1.10b) como o tubo colorimétrico (Figura 1.10c) podem ser acoplados à uma seringa ou a uma bomba de aspiração manual ou elétrica (Figura 1.10a).

Como o volume da atmosfera é muito grande, a diluição dos compostos é favorecida. Logo, na maioria das vezes, eles se encontram em baixas concentrações na atmosfera, não existindo técnicas analíticas sensíveis para proceder à determinação direta do analito. Assim, a pré-concentração é muito comum em coleta de materiais presentes na atmosfera, e os arranjos para realizá-la são diversos. Na Figura 1.11 está representada a unidade básica utilizada na coleta com pré-concentração. Os diferentes tipos de coletores (Figuras 1.11a, b e c) podem ser acoplados à unidade básica (Figura 1.11d). O procedimento geral consiste em fazer com que um grande volume de ar passe através ou sobre um meio sólido ou líquido com capacidade de reter a espécie

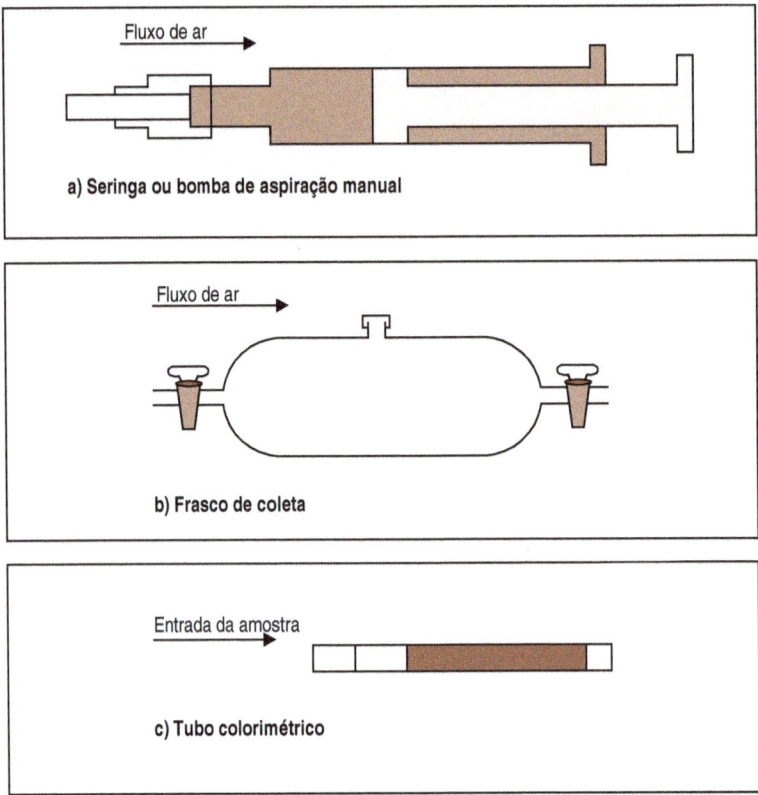

FIGURA 1.10 Equipamentos utilizados para coletas de pequenos volumes de amostras de gás. (a) seringa ou bomba manual; (b) frasco de coleta em vidro com torneiras nas extremidades; (c) tubo colorimétrico.

de interesse. Utilizam-se bombas elétricas aspiradoras de ar disponíveis no mercado para o uso específico em coletas de amostras gasosas. Não obstante, é possível adaptar. Um aspirador de pó pode ser modificado para operar como uma potente bomba de coleta, e pequenos compressores utilizados em aquários e em tratamentos médicos de inalação disponíveis no comércio também podem ser facilmente transformados em aspiradores. O totalizador de volume mede o volume total amostrado. Um medidor de gás encanado residencial pode ser adaptado para operar como totalizador para coletas de ar atmosférico.

Para coletar um analito gasoso, é importante conhecer suas propriedades químicas ou físicas. O vapor de álcool etílico pode ser coletado borbulhando-se o ar contaminado dentro de um pequeno volume de água (Figura 1.11a). Como o álcool é muito solúvel em água, ele fica retido. Para coletar o gás dióxido de enxofre, SO_2, utiliza-se uma solução diluída de água oxigenada, H_2O_2, em meio ligeiramente ácido. A água oxigenada transforma o dióxido de enxofre em ácido sulfúrico, um composto muito solúvel em água e mais fácil de determinar. A reação pode ser representada pela seguinte equação:

$$H_2O_2 + SO_2 \rightarrow H_2SO_4$$

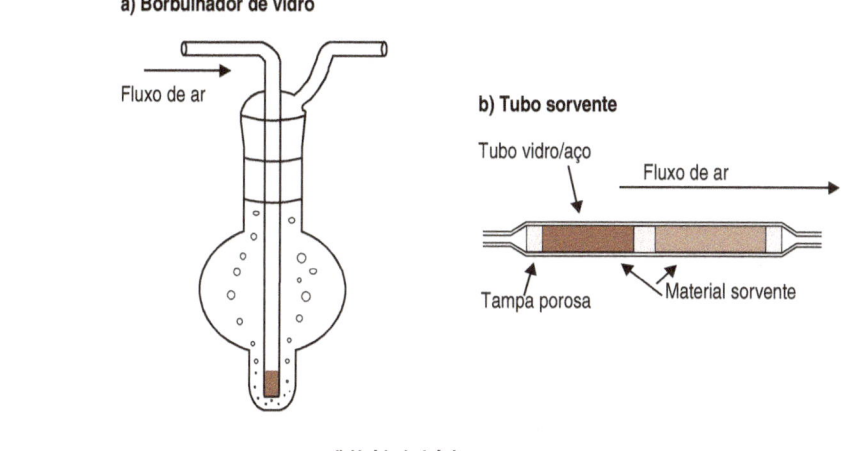
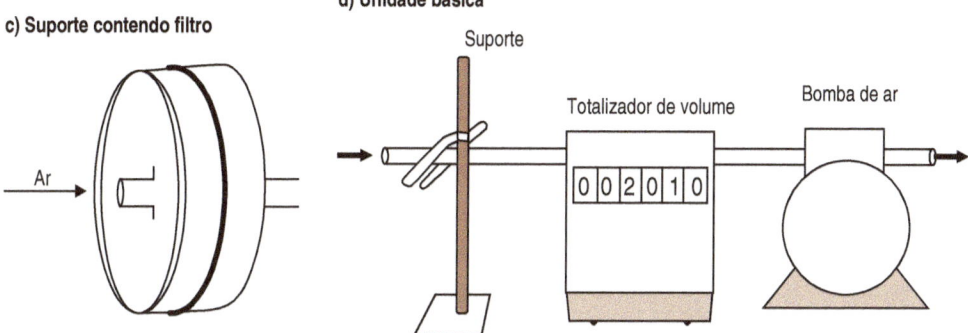

FIGURA 1.11 Esquemas de equipamentos utilizados na pré-concentração de gases. (a) borbulhador de vidro contendo líquido; (b) tubo contendo um sólido sorvente; (c) suporte contendo filtro impregnado de reagente específico; (d) unidade básica.

Conhecendo-se a quantidade de ar passada pela solução e a quantidade de ácido formada, é possível determinar a concentração do dióxido de enxofre no ar.

Outra possibilidade para coletar tal dióxido é usar um filtro de papel previamente embebido em uma solução de carbonato de sódio (Na_2CO_3) e posteriormente seco. Esse filtro pode ser colocado dentro de um suporte (Figura 1.11c) e ligado à bomba de aspiração (Figura 1.11d). O ar contaminado passa através do filtro, e o dióxido de enxofre fica retido na forma de sulfito de sódio (Na_2SO_3). A reação de transformação ocorrida durante a coleta pode ser representada pela seguinte equação:

$$Na_2CO_3 + SO_2 \rightarrow Na_2SO_3 + CO_2\uparrow$$

A coleta baseia-se na propriedade ácida do gás dióxido de enxofre que reage com o carbonato de sódio, o qual possui propriedades básicas. Finalizada a coleta, o material retido no filtro pode ser dissolvido em água, e o produto, determinado. Outra forma de coleta é usar sólidos que possuem a propriedade de reter compostos químicos. Nesse caso, o princípio de coleta é a semelhança de polaridade da molécula do gás e do sólido. O carvão ativo (Figura 1.11b), um sólido apolar, é utilizado para coletar compostos apolares como o benzeno presente no ar. A sílica-gel é um sólido polar frequentemente utilizado para coletar gases polares.

Outra possibilidade é impregnar reagentes específicos para gases na superfície de sólidos. Areia ou bolinhas de vidro podem ser recobertas com uma fina superfície de ouro e utilizadas para coletar mercúrio na atmosfera. Este fica retido porque é amalgamado com o ouro da superfície. Estudos recentes indicam que tanto o solo como a água (a matéria orgânica contida neles – ver Cap. 6) exercem importantes funções no ciclo biogeoquímico desse metal, como reservatórios receptores/emissores de Hg para a atmosfera. Dependendo do problema estudado, podem ser feitas adaptações. Estudos feitos na Bacia do Rio Negro-AM sobre a dinâmica do mercúrio mudando de fase entre os compartimentos atmosfera e água utilizaram uma caixa de acrílico (Figura 1.12) flutuando na água. Um tubo de teflon fixado no topo da caixa permitia que o ar do seu interior passasse por um coletor contendo areia impregnada com ouro. O sistema básico para aspiração do ar utiliza uma bomba elétrica de 12 volts, acionada por uma bateria. Conhecendo-se a quantidade de ar passada pelo coletor é possível calcular a concentração de mercúrio gasoso emitido pela área coberta pela câmara de acrílico (solo ou água) naquele intervalo de tempo.

Em alguns estudos que envolvem a determinação de compostos gasosos na atmosfera, muitas vezes é suficiente o conhecimento da concentração média do composto ao longo de um período de tempo. É o caso da determinação da qualidade do ar em ambiente de trabalho ao longo do dia ou da necessidade de mapear em uma região buscando os locais onde a concentração de um determinado poluente é maior. Nesses casos, os amostradores passivos têm sido utilizados com vantagens com relação às técnicas ativas convencionais, pois são simples de montar e operar, de custo reduzido por não necessitarem de fontes de energia e bombas de amostragem. Além dessas qualidades operacionais, por possuir dimensões pequenas e não emitir ruído, o uso desse amostrador passa desapercebido pelos usuários em ambientes fechados e, consequentemente, não interfere nas atividades diárias.

Os amostradores passivos são assim conhecidos porque a coleta das moléculas do gás de interesse presente na atmosfera pode ser governada pelo fenômeno de difusão e/ou permeação molecular. A *difusão molecular* é resultante do movimento casual das moléculas que ocorre no volume onde

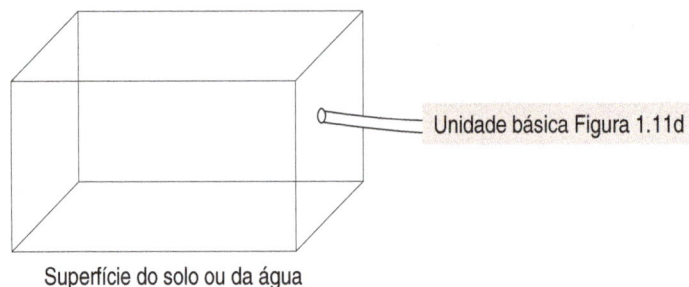

FIGURA 1.12 Câmara construída em acrílico utilizada para coletar mercúrio gasoso emitido nas interfaces solo/atmosfera e água/atmosfera acoplada a unidade básica (Figura 1.11 d).

o gás encontra-se contido. Como consequência desse movimento molecular, existe uma tendência natural dos gases de ocuparem com a mesma concentração o volume do recipiente no qual eles se encontram. Baseado neste princípio pode-se afirmar que um frasco vazio e aberto que foi levado para uma sala terá no seu interior, após certo tempo, a mesma composição da atmosfera local. A *permeação molecular* ocorre quando moléculas gasosas em contato com uma superfície porosa tendem a interpenetrar para o seu interior. Diferentes fenômenos físicos como solubilidade do gás no material, porosidade do material e pressão parcial do gás são responsáveis pela taxa de permeação.

Um amostrador passivo utilizado para coletar dióxido de nitrogênio (NO_2) é esquematizado na Figura 1.13. Neste caso a amostragem passiva é principalmente baseada no fluxo resultante da difusão molecular do dióxido de nitrogênio (NO_2) para o interior de um frasco que possui a forma de um tubo cilíndrico, o qual possui uma fina tela plástica recoberta com solução de trietanolamina na parte inferior, que coleta o gás NO_2. Uma outra tela recobre o amostrador para evitar a entrada de insetos e partículas grossas presentes no ar. Os amostradores ficam expostos por um período de um a sete dias em local apropriado para a coleta evitando correntes de ar e locais onde possam sofrer perturbações. Terminada a amostragem é feita a dessorção do NO_2 impregnado na trietanolamina e o analito determinado por uma técnica analítica conveniente. A concentração do dióxido de nitrogênio no ar é obtida utilizando-se uma equação derivada da primeira Lei de Fick que descreve a difusão molecular de gases:

$$Q = (D\ C\ \pi\ r^2\ t) / z$$

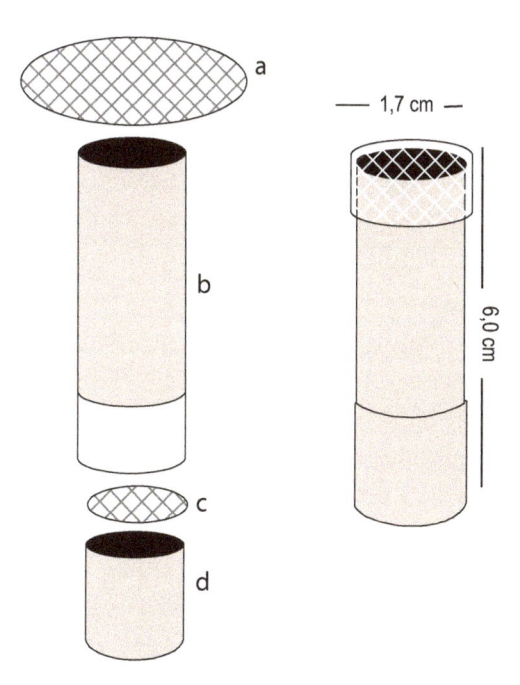

FIGURA 1.13 Esquema de um amostrador passivo construído usando-se um tubo de cola. a) tela de algodão, b) corpo do amostrador, c) tela plástica impregnada e d) tampa inferior. Ao lado um amostrador montado para ser utilizado.

Nesta equação, Q é o número de mol de dióxido de nitrogênio coletado, D o coeficiente de difusão do dióxido de nitrogênio no ar (tabelado em 0,1361 cm² s⁻¹), C a concentração do gás no ar (mol cm⁻³), r o raio do cilindro formado pelo corpo do amostrador (cm), t o tempo de coleta (segundos) e z o caminho entre a extremidade superior do cilindro e o ponto onde foi colocada a superfície coletora (cm). Vários gases e vapores podem ser amostrados dessa maneira, desde que se encontrem superfícies coletoras eficientes.

Na montagem descrita, a parte superior do tubo por onde entra o ar pode ser vedada por uma película de teflon. Neste caso, o gás amostrado passa por uma etapa prévia de permeação com posterior difusão. Opções para fazer a coleta de gases são inúmeras e aqui foram descritas as mais utilizadas. Novos procedimentos são frequentemente apresentados como resultados de pesquisa, pois sem uma boa amostragem específica e reprodutiva, a determinação analítica fica totalmente comprometida gerando no final um resultado sem qualquer significado para o objetivo inicial da medida.

1.5.1 Particulados atmosféricos

O material particulado atmosférico pode ser dividido em dois grandes grupos distintos relacionados ao tamanho das partículas:

a) Partículas com diâmetro médio menor que 10 μm são consideradas partículas em suspensão, pois são pequenas e podem permanecer flutuando no ar por longos períodos. Essas partículas afetam o microclima local e são perigosas à saúde das pessoas. Existe legislação em quase todos os países especificando seus valores máximos na atmosfera.

b) Partículas com diâmetro médio maior que 10 μm são consideradas partículas sedimentáveis que, devido ao tamanho, depositam-se próximo à fonte de emissão. Em geral, o impacto visual é grande devido ao depósito de material nas diversas superfícies, mas o impacto na saúde é pequeno, com exceção do material composto de substâncias tóxicas perigosas.

Os métodos mais comuns para coletas das partículas em suspensão utilizam o mecanismo de filtração, com o ar sendo aspirado por bombas de sucção. Existem diversos tipos de filtros, tanto em relação à composição (por exemplo: celulose, teflon e quartzo) como em relação ao diâmetro dos poros (por exemplo: 0,8 μm, 0,45 μm e 0,2 μm). A escolha do filtro depende da finalidade da coleta. A coleta pode ter o objetivo de conhecer a quantidade de material em suspensão limitado a um intervalo de tamanho, expresso em unidades de massa por volume (por exemplo: μg m⁻³) ou também de conhecer a composição do material particulado (por exemplo: íons, espécies metálicas ou compostos orgânicos). A composição do material particulado é importante para conhecer sua fonte e assim possibilitar que leis de controle sejam estabelecidas e cumpridas. Filtros de celulose podem ser utilizados para avaliar a presença de metais e íons inorgânicos e filtros em quartzo para avaliar a presença de compostos orgânicos no material particulado.

Um amostrador similar ao apresentado na Figura 1.11 (c) pode ser montado com filtro para material particulado e, em geral, é utilizado em ambientes fechados. A vazão de coleta deve ser superior a 2 L min⁻¹. Para ambientes abertos é comum utilizar grandes filtros (20 cm por 25 cm) com

CAPÍTULO 1 ▶ AMOSTRAGEM

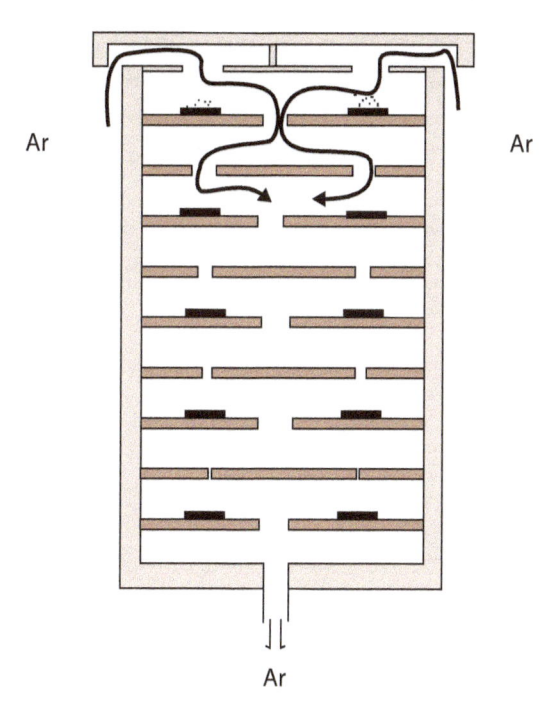

FIGURA 1.14 Esquema de um impactador de cascata utilizado para coleta de material atmosférico particulado.

amostragem utilizando grandes vazões (maiores que 50 m³ h⁻¹) e com tempo de coleta variando entre 1 a 24 horas para regiões menos e mais impactadas.

Quando o material particulado em suspensão deve ser coletado e separado por intervalos de tamanho com objetivo de conhecer sua distribuição na atmosfera, utiliza-se um amostrador conhecido como impactador de cascata (Figura 1.14). Esse tipo de amostrador é dividido em vários compartimentos onde o material é coletado separadamente. Esses compartimentos são separados por anteparos possuindo orifícios que diminuem de tamanho ao longo do amostrador. O ar é coletado a uma vazão constante (por exemplo: 30 L min⁻¹) e devido aos estreitamento dos orifícios, a velocidade das partículas aumenta (o fenômeno é idêntico àquele que você faz para jogar a água de uma mangueira em um ponto distante do jardim). Ou seja, quanto menor a partícula, mais longo é o seu caminho dentro do amostrador até ser finalmente retida. Para coletar as partículas, pode-se usar um filtro impregnado com glicerina. Elas aderem por colisão se o impacto ocorrer acima de determinado momento (momento = massa × velocidade).

EXERCÍCIOS

▶ O que é necessário para garantir a qualidade de um resultado de análise, quando uma amostra desconhecida chega ao laboratório com o pedido de determinação de um analito específico?
▶ Quais são as possíveis consequências de uma análise errada? Onde pode ocorrer erros durante uma análise?

- Um resultado errado de uma determinação pode ser detectado por um analista na etapa de interpretação dos resultados? Qual é a condição necessária para que isso ocorra?
- Qual é a responsabilidade e o papel esperado de um químico, um procurador da Justiça, um político e um representante de um órgão de fiscalização ambiental perante um problema ambiental?
- Qual é o melhor horário e dia para a coleta de sangue de trabalhadores de uma empresa expostos a um poluente que é metabolizado e expelido pelo organismo humano em dez horas?

REFERÊNCIAS

ABNT (ASSOCIAÇÃO BRASILEIRA DE NORMAS TÉCNICAS). *NBR15495-1:* poços de monitoramento de águas subterrâneas em aqüíferos granulares - Parte 1: projeto e construção. Rio de Janeiro, 2007.

AXELROD, H. D.; LODGE, J. P. In: STERN, A. C. (Ed.) *Air pollution*. 3rd ed. New York: Academic Press, 1976. v. 3, p. 145-182.

CASEMG (COMPANHIA DE ARMAZÉNS E SILOS DO ESTADO DE MINAS GERAIS). *Amostragem de produtos*. Araguari, MG, [200?]. Disponível em: <http://www.casemg.com.br/servicos/amost_index.htm>. Acesso em: 20 jan. 2009.

CLESCERI, L. S.; GREENBERG, A. E.; TRUSSELL, R. R. *Standard methods for examination of water and wastewater*. 17th ed. Washington, DC: American Public Health Association, 1989.

EMBRAPA (EMPRESA BRASILEIRA DE PESQUISAS AGROPECUÁRIAS). *Procedimento para coleta de amostra de solos*. Seropédica, RJ, [200?]. Disponível em: <http://www.cnpab.embrapa.br/servicos/analise_solos_coleta.html>. Acesso em: 20 jan. 2009.

FADINI, P.; JARDIM, W. F. Is the Negro River Basin (Amazon) impacted by naturally occuring mercury? Sci. *Total Environment*, v. 275, p. 71-82, 2001.

FURMAN, N. H. (Ed.). *Standard methods of chemical analysis*. New York: D. Van Nostrand Company, 1958.

Keith, L. H. (Ed.). *Principles of environmental sampling*. 2nd ed. Washington: American Chemical Society, 1998.

LACERDA, D.L.; SALOMONS, W. *Mercury from gold and silver mining:* a chemical time bomb? Berlin: Springer, 1998.

LODGE Jr., J. P. (Ed.). *Methods of air sampling and analysis*. 3rd ed. Chelsea: Lewis, 1989.

MELCHERT, W. R. E CARDOSO, A. A. Construção de amostrador de baixo custo para determinação de dióxido de nitrogênio. *Química Nova*, v. 29, p. 365-367, 2006.

MOZETO, A. A.; UMBUZEIRO, G. A.; JARDIM, W. F. *Métodos de coleta, análises físico-químicas e ensaios biológicos e ecotoxicológicos de sedimentos de água doce*. São Carlos: Cubo, 2006.

MUDROCK, A.; MACKNIGTH, S. D. *Handbook of techniques for aquatic sediments sampling*. Boca Raton: CRC Press, 1991.

NAMIESNIK, J. Preconcentration of gaseous organic polutants in the atmosphere. *Talanta*, v. 35, p. 567-587, 1988.

OHLWEILER, O. A. *Química analítica quantitativa*. 2nd. ed. Rio de. Janeiro: LTC, 1978.

PROJETO QUALISED. Disponível em: <http://www.biogeoquimica.dq.ufscar.br>

REEVE, R. N. *Environmental analysis*: analytical chemistry by open learning. Chichester: Wiley & Sons, 1994.

2
RECURSOS HÍDRICOS

2.1 BREVE HISTÓRICO SOBRE SANEAMENTO BÁSICO

Pecados contra a higiene podem ser castigados com a morte.

(Max von Pettencofer)

2.1.1 Introdução

Sem intenção de originalidade nem de tratamento exaustivo do assunto abordado, vamos, neste capítulo, apresentar um breve histórico sobre o saneamento básico na Antiguidade, sobre os problemas causados pela falta de saneamento na Idade Média, da busca científica das causas de epidemias a partir do século XVIII e de algumas medidas tomadas no presente. Como indispensável subsídio científico, buscou-se na literatura dados sobre saneamento básico que pudessem ser apresentados de maneira simples, sem exigir conhecimentos prévios de história, geografia, biologia, química etc. Este texto foi escrito tomando como principais referências introduções de artigos científicos, livros didáticos e livros-texto históricos. Partes mais significativas de algumas referências bibliográficas consultadas foram transcritas *ipsis verbis* e citadas.

De acordo com Ferri (1976), a palavra *ecologia* deriva do grego *oikos*, que significa casa, e de *logos*, que significa estudo. Assim, ecologia é o termo utilizado para indicar a ciência da casa, dedicando-se ela ao estudo da interação entre os seres vivos e o ambiente em que vivem. *Ecossistema* é um conjunto de condições físicas e químicas de um determinado lugar, reunido a um conjunto de seres vivos que habitam esse lugar. Assim, um ecossistema dispõe de duas componentes, o ambiente povoado pelos seres vivos e o conjunto de seres que povoam esse ambiente. As alterações introduzidas pelo ser humano no ecossistema causam desequilíbrios, ou melhor, levam a novos equilíbrios, diferentes dos anteriores. Costuma-se chamar essas alterações de *poluição*, e são denominados *poluentes* os agentes causadores de tais alterações. A definição ou a conceituação de poluição pode variar de um autor para outro. Entende-se por poluição tudo que causa desequilíbrios ecológicos, ou seja, perturbações nos ecossistemas.

De forma mais ampla, uma definição de poluição é a introdução pelo ser humano, direta ou indiretamente, de substância ou energia no ambiente com resultados de efeitos deletérios à natureza, colocando em risco a saúde humana, prejudicando os seres vivos e interferindo no bem-estar das pessoas.

2.1.2 A história antiga

Segundo Imhoff (1979) e Mann (1991), a poluição de origem antrópica (causada pelo ser humano) é um fenômeno iniciado há centenas de anos. Na Bíblia Sagrada (1979, Êxodo, cap. 2, vers. 17-18), está descrito e documentado um desequilíbrio ambiental, a saber "Eis aqui pois o que diz o Senhor: Nisto conhecerás tu que eu sou o Senhor: eis aí ferirei eu a água do rio com a vara, que tenho na minha mão, e essa água se converterá em sangue. Os peixes também, que estão no rio, morrerão; as águas se corromperão; e os egípcios, que as beberem, serão atormentados". Hoje se sabe que o excesso de matéria orgânica aportada nos sedimentos do rio Nilo causou rápido crescimento de um tipo de alga vermelha. Esse crescimento acelerado elevou o consumo de oxigênio necessário para oxidar a matéria orgânica contida no rio (alta Demanda Bioquímica de Oxigênio – DBO, ver 2.3.5.8) e provocou a consequente morte dos peixes.

No decorrer dos milhares de anos, a população aumentou significativamente. No início, poucos humanos viviam sobre a Terra e andavam pelas savanas em pequenos grupos como pastores e/ou caçadores. Com o passar dos anos, o ser humano aprendeu a utilizar o ambiente para obter benefícios e conforto, e os mais importantes fatores para o desenvolvimento da humanidade foram algumas habilidades como domar, criar e disciplinar animais. O ser humano tornou-se nômade; viajava com seu rebanho em busca de novas pastagens e posteriormente aprendeu a plantar, utilizando as plantas para seu benefício, e com isso tornou-se sedentário. O sedentarismo levou a humanidade à especialização; iniciou-se, pois, a manufatura, a urbanização e a industrialização. Entretanto, quando o homem se tornou sedentário surgiu a necessidade de abastecimento de víveres em mercado e destinação de detritos provenientes de todas as atividades humanas. "Ao ser promovido de caçador nômade a aldeão parece se incorporar definitivamente no homem a intenção de poluir, quando na manhã da história ele reboca com mistura de lama com excremento as paredes de junco nas tendas da Mesopotâmia" (Carvalho, 1975). De acordo com Branco (1972), "a poluição dos rios é fenômeno conhecido de longa data. Aristóteles, já na antiga Macedônia, estudou com interesse alguns tipos de organismos que se desenvolviam nas águas poluídas. Atualmente, conhece-se esses organismos pelo nome de *Sphaerotilus* e tratam-se de bactérias 'gigantes' (pois formam densas massas enoveladas, perceptíveis visualmente), ainda hoje reconhecidas como importantes indicadores de poluição".

Conceitos básicos de higiene eram difundidos pelos sacerdotes, e uma das primeiras instruções de higiene (talvez há cerca de 3 mil anos) está na Bíblia Sagrada (1979, Deuteronômio, cap. 5, vers. 12-14): "Terás fora do arraial um lugar, onde vais satisfazer as necessidades da natureza, levando um pauzinho no cinto e, tendo satisfeito à tua necessidade, cavarás ao redor e cobrirás com a terra que tiraste. Aquilo de que te aliviaste (porque o Senhor teu Deus anda no meio do campo, para te livrar de todo o perigo, e para te entregar os teus inimigos) e o teu campo seja santo, e não apareça nele coisa de fealdade, para que te não desampare". Várias são as citações bíblicas sobre pestes, pragas de roedores, insetos etc. relacionadas com a disposição inadequada de resíduos líquidos e sólidos. "Como se verifica das narrativas do Gênesis – Êxodo, Levítico, Deuteronômio – e dos profetas no Novo Testamento, existia a preocupação com o destino do lixo, possíveis problemas à saúde e constantemente são feitas referências aos materiais impuros. O homem ou animal que tocasse qualquer imundície abominável, ou um cadáver, tornava-se impuro, sendo excluído da comunidade para sempre ou por determinados períodos" (Rocha, 1993, p. 7). Textos clássicos da medicina relatam que diversos povos da Antiguidade, como gregos, chineses e indianos, já sofriam com as coceiras na cabeça causadas por piolhos e, de acordo com Rick e colaboradores (2001), o hábito de pentear os cabelos nasceu de uma prática para retirá-los.

O primeiro sistema de distribuição de água surgiu há cerca de 4.500 anos, mas a humanidade aprendeu a armazená-la para benefício próprio muito antes. Potes de barro não-cozidos foram fabricados por volta de 9000 a.C, e a cerâmica, em 7000 a.C., passando a ser fundamental para o incremento da capacidade de armazenamento de água. A irrigação começa a ser utilizada em 5000 a.C., na Mesopotâmia e no Egito, juntamente com os canais de drenagem, os quais recuperaram áreas pantanosas do delta do Nilo e dos rios Tigre e Eufrates. A primeira represa para armazenar água foi construída no Egito, em 2900 a.C., pelo faraó Menes, para abastecer a capital, Memphis, e a primeira represa de pedra foi erguida pelos assírios em 1300 a.C. O primeiro aqueduto conhecido foi criado em 700 a.C. por Ezequiel, rei de Judá, para abastecer Jerusalém. Em 691 a.C., Senaqueribe, da Assíria, construiu um canal de 80 km e um aqueduto de 330 metros.

Há cerca de 4 mil anos foi construído pelos hindus o primeiro sistema eficiente de distribuição de água em Mohenjo-Daro, no vale do Indo, na Índia. Na época, Mohenjo-Daro devia ter cerca de 40 mil habitantes e um perfeito sistema de poços e canais de lançamentos de efluentes (Mann, 1991). Grandes obras de saneamento foram desenvolvidas já nas antigas Grécia e Roma com elevado padrão de engenharia civil e hidráulica. Os imensos aquedutos romanos, construídos para transporte de água das fontes situadas nas montanhas até as cidades, utilizando a gravidade, são atualmente visitados por centenas de turistas. Também havia o hábito de a nobreza da corte frequentar imensas saunas e termas (Rocha; Oliveira; Santos, 1996). A população abastecia-se de água em fontes e utilizava latrinas, ambas públicas. A Figura 2.1 detalha parte da construção de uma latrina pública (*Toalete de Ephesus*), do século 1 d.C. Observamos o alto nível de higiene pessoal atingida pelos povos da época. Sob os assentos corria água frequentemente para levar os dejetos. Na canaleta situada no piso de frente para os assentos corria também água para que o usuário lavasse a mão esquerda, utilizada na limpeza. Não existia papel higiênico! Daí credita-se o hábito de vários povos cumprimentarem-se com a mão direita. Ou seja, só a mão "limpa" deveria entrar em contato com outras pessoas (Imhoff, 1979).

Canais para receber efluentes também foram construídos na Roma Antiga. Quando eles eram obstruídos, como na Cloaca Máxima de Roma, os escravos eram designados para a remoção dos detritos. Os romanos também utilizaram o efluente doméstico como fonte de renda quando o imperador Vespasiano instituiu o irônico *imposto da urina*. A cidade de Pompeia (soterrada pela erupção do vulcão Vesúvio, em 24 de agosto de 79 d.C.) já dispunha de serviço de lavanderia para atendimento ao público. Mediante pagamento, além de lavar as roupas, podia-se também tomar banho, utilizar as latrinas e algumas lavanderias dispunham de serviço de cozinha. Curioso é que,

FIGURA 2.1 Latrina pública construída no século I d.C. (*Toalete de Ephesus*).

no processo de lavagem de roupas, estas ficavam de molho em tanques contendo água e urina (humana e/ou animal), por determinado período. Na época não existia sabão, e a urina fornecia o componente alcalino necessário para auxiliar na limpeza. Posteriormente, as peças de roupas eram tratadas com um tipo especial de areia, enxaguadas, esfregadas, prensadas e postas para secar. A urina era obtida convidando-se clientes da lavanderia e transeuntes a urinar em ânforas (grandes vasos de barros), nas quais o líquido era estocado (Art and history of Pompeii, 1989).

De acordo com Branco (1972), a poluição generalizada de rios mais ou menos caudalosos só se iniciou com a introdução de sistemas de efluentes domésticos nas cidades. Tais sistemas já existiam na antiga Babilônia, mas foi no Império Romano, desde o século VI a.C., que passaram a ter longo emprego. A Idade Média (400 a 1400 d. C.) constituiu um período caracterizado por 10 séculos de estagnação ou mesmo de retrocesso cultural sob muitos aspectos, inclusive os sanitários. Os fossos dos castelos feudais recebiam toda espécie de imundícies, adquirindo características de verdadeiras cloacas. Detritos de todo tipo acumulavam-se nas ruas e imediações das cidades, facilitando a proliferação de ratos e criando sérios problemas de saúde pública – o mais grave foi a epidemia de peste bubônica, que só na Europa, causou cerca de 25 milhões de mortes.

Durante o século XVIII, a situação agravou-se ainda mais com lixo e excrementos sendo acumulados nas ruas, ao mesmo tempo em que as populações cresciam. O início da era industrial tornou indispensável a adoção de medidas visando o afastamento de resíduos. Dessa forma, surgiram novamente sistemas de efluentes sanitários e também industriais, cujo destino final era os rios, que passaram a sofrer, rapidamente, os efeitos da poluição, caracterizados pela morte de peixes e também pela transmissão de doenças como a cólera. A Inglaterra foi um dos primeiros países a ser atingido, quer por constituir a sede da Revolução Industrial, quer por não dispor de rios de grande volume e extensão. Por tal razão, foi nesse país que surgiram as primeiras tentativas de medir e caracterizar a poluição, os primeiros regulamentos visando à proteção sanitária dos cursos d'água e os primeiros processos de tratamento de águas residuais. Todas essas iniciativas foram, pouco a pouco, estendendo-se a outros países da Europa e América, à medida que foram sendo industrializados (Branco, 1972).

2.1.3 A história contemporânea

As calamidades públicas surgidas pela falta de saneamento básico levaram cientistas do século XIX a concentrar esforços para combater as causas das diferentes doenças. Em 1840, Justus von Liebig (1803-1873) observou a relação entre o crescimento de plantas e a utilização de fezes de animais como adubo. Louis Pasteur (1822-1895) descobriu, em 1863, que a fermentação é um processo biológico, e Robert Koch (1843-1910) explicou que doenças eram transmitidas via bactérias (Baceira – 1876, Tuberculose – 1882 e Cólera – 1883) (Mann, 1991).

Em 1884, o higienista Max von Pettenkofer (1818-1901) alertava para os perigos de contaminação das fontes de água via infiltração, devido às proximidades com que eram cavadas as fossas destinadas à coleta de efluentes domésticos e os poços de água para abastecimento. Nessa época, em Munique (Alemanha) já existiam 6.388 fossas. É de Pettenkofer a seguinte frase: "Pecados contra a higiene podem ser castigados com a morte". Ele defendia a ideia que as doenças eram transmitidas pelo ar. Segundo seus cálculos, em média uma pessoa respira diariamente 9 mil litros de ar e bebe de 2 a 3 litros de água. Com tamanha diferença quantitativa de consumo, ele pensava ser o ar o responsável pelas transmissões de doenças. Essa hipótese não era correta, mas ele estava absolutamente certo quanto à contaminação das fontes decorrer da proximidade de fossas.

Em 1847, foi iniciada na Inglaterra a construção de redes de efluentes domésticos ("reforma sanitária"), aportando os resíduos diretamente nos mananciais e, consequentemente, aumentando em demasia o teor de matéria orgânica nos corpos d'água. Como consequência da deterioração da qualidade da água nos mananciais (alta DBO), uma comissão de cientistas reuniu-se em 1868, para discutir sobre tratamento e destinação de esgotos, podendo ser essa data considerada como marco inicial de futuros desenvolvimentos no setor. Em 1887 começou a funcionar em Frankfurt, na Alemanha, o primeiro sistema de tratamento de efluentes domésticos completamente mecânico (Imhoff, 1979), e, em 1829, foi construída, em Londres, a primeira estação de tratamento de água, cuja função era coar a água do rio Tâmisa em filtros de areia. John Snow demonstrou, em 1885, que a transmissão da cólera dava-se por intermédio da água, determinando como a causa de uma epidemia em Londres que matou 521 pessoas, a água de um poço situado no centro dessa área, que recebia contaminação de efluente doméstico (Branco, 1978).

Segundo Grassi (1993), a primeira suspeita de que algumas doenças poderiam ser transmitidas pelo consumo de água data de 1849, quando se aventou que a água poderia ser o agente transmissor do vibrião do cólera. De fato, o rápido desenvolvimento da microbiologia, durante a segunda metade do século XIX, demonstrou que os principais vetores de doenças eram os micro-organismos, principalmente bactérias e vírus. A Figura 2.2 apresenta um esquema sobre as principais rotas de transmissão de doenças, e o Quadro 2.1 apresenta um sumário de algumas doenças transmitidas por via hídrica. Posteriormente, constatou-se que a filtração poderia eliminar a turbidez e a coloração, bem como remover cerca de 99% das bactérias e dos vírus originalmente presentes em águas. Estudos epidemiológicos demonstraram que o processo de filtração possibilitou grande redução na incidência de cólera e febre tifoide nos Estados Unidos. Até o ano de 1907, a filtração permaneceu como o método recomendado no tratamento de água potável. A partir de 1902, o cloro começou a ser empregado como agente desinfetante de águas destinadas ao abastecimento público e, desde então, vem sendo muito utilizado nos Estados Unidos, em alguns países da Europa e na maioria dos países em desenvolvimento, como o Brasil.

A primeira usina de dessalinização da água foi construída no Chile, em Las Salinas, no século XVIII, e o sistema utilizava energia solar para evaporar e condensar a água, mas a primeira grande usina de dessalinização foi instalada no Kuwait, em 1949.

Desde o período colonial no Estado brasileiro a política nacional de saneamento básico foi objeto de disputa pelo poder. De acordo com Heller (2006), assumir a responsabilidade por essa área de infra-estrutura "tem sido objeto de ambição por parte de grupos de interesse, como uma importante forma de prática de poder – político, econômico e social e, como consequência, vem ensejando disputas entre agentes públicos e privados e entre instâncias federativas". Heller aponta como entrave para a homogeneização das ações sanitárias no país a característica de descentralização do poder político, iniciada com as Capitanias Hereditárias e reafirmada, depois, na primeira Constituição Republicana, que deu autonomia aos Estados para prestarem serviços de saúde. Posteriormente, no

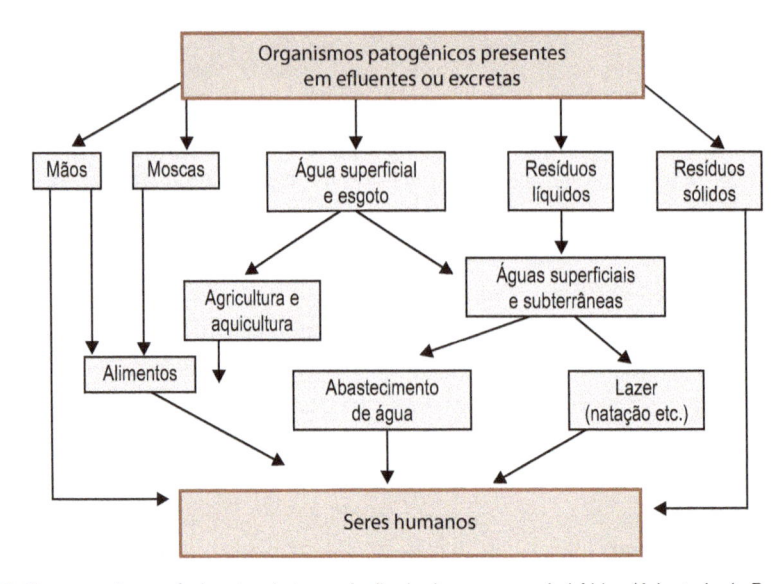

FIGURA 2.2 Esquema de possíveis rotas de transmissão de doenças por via hídrica (Adaptada de Branco, 1999).

QUADRO 2.1 Algumas doenças infecciosas de veiculação hídrica

Categoria	Exemplo	Transmissão	Prevenção
Suporte na água	Cólera e febre tifoide	Por meio do sistema de distribuição.	Desinfecção adequada e não-utilização de fontes opcionais não-tratadas.
Associadas à higiene	Sarna, infecções oculares e diarreia	Causadas por falta de água suficiente para um consumo adequado.	Provisão de quantidades suficientes para banhos e limpezas gerais.
Contato com a água	Esquistossomose	Transmitidas por invertebrados aquáticos. As larvas penetram por ingestão ou contato com a pele.	Distribuição de água potável, conscientização de grupos de risco, educação sanitária etc.
Associadas a vetores	Malária, febre amarela e dengue	Transmitidas por organismos patogênicos, por intermédio de insetos.	Aplicação de inseticidas, evitar acúmulo de água em recipientes abertos, drenar áreas inundadas e evitar saturação de áreas agrícolas.

início do século XX tais serviços foram assumidos por companhias estrangeiras de capital privado, que "atuavam, prioritariamente, nos locais onde se concentravam as elites nacionais, intervindo, preferencialmente, nas regiões centrais das cidades, cujos habitantes eram capazes de lhes restituir os investimentos". A ocupação desordenada dos espaços urbanos e a consciência que a saúde dos mais ricos também dependia das condições sanitárias dos mais pobres fez com que o Estado reassumisse os serviços de abastecimento de água e esgotamento sanitário, inclusive na área rural, acelerando a expansão das ações de saneamento (IDEC, 2007).

2.1.4 A situação atual

Em 1999, Rebouças e colaboradores publicaram uma avaliação sobre as condições de atendimento das demandas consuptivas totais de água dos países da Comunidade Econômica Europeia (CEE). Com base nos critérios adotados, cerca de 30% dos países da CEE já se apresentavam em condições críticas de abastecimento das suas demandas consumptivas de águas. Os problemas de deterioração da qualidade são, sem dúvida, muito mais preocupantes, haja vista a proclamação da Carta da Água pelo Conselho da Europa, em 1968. Os seus princípios básicos podem ser assim resumidos: (i) Os recursos hídricos não são inesgotáveis, sendo necessário preservá-los, controlá-los e, se possível, aumentá-los. (ii) A água é um patrimônio comum, cujo valor deve ser reconhecido por todos. (iii) Cada um tem o dever de economizar água e de utilizá-la com cuidado. (iv) Deteriorar a qualidade da água é prejudicar a vida do homem e dos outros seres vivos que dela dependem.

A Conferência das Nações Unidas sobre o Ambiente Humano, reunida em Estocolmo, em 1972, cita, em seu Princípio 2, que: "Os recursos naturais da Terra, inclusos o ar, a água, a terra, a flora e a fauna, e especialmente as amostras representativas dos ecossistemas naturais devem ser preservados, em benefício das gerações presentes e futuras, mediante uma cuidadosa planificação ou regulamentação segundo seja mais conveniente".

No Preâmbulo da Agenda 21 (1992), adotada pelo Plenário da Conferência das Nações Unidas sobre o Meio Ambiente e Desenvolvimento, ocorrido no Rio de Janeiro em 1992, lê-se o seguinte: "A humanidade se encontra em um momento histórico de definição. Nós nos deparamos com a perpetuação das disparidades entre nações e, no interior delas próprias, com o agravamento da pobreza, da saúde precária e do analfabetismo, e com a permanente degradação dos ecossistemas dos quais depende nosso bem-estar. Todavia, a integração das questões ambientais, do desenvolvimento e uma maior atenção a elas dedicada conduzirão à satisfação das necessidades básicas, a uma qualidade de vida mais digna, a uma conservação e manejo mais adequado dos ecossistemas e a um futuro mais seguro e promissor para todos" (CETESB, 200?).

Conforme Weber (1992), o planeta Terra é o único do nosso sistema solar que apresenta as moléculas de água, em forma líquida, na maior parte de sua superfície, sendo marinha cerca de 97% da água existente no nosso planeta. Dos 3% resultantes, apenas 2% constituem rios, lagos e águas subterrâneas (água doce). Praticamente 1% é neve e geleiras permanentes e apenas 0,0005% é vapor de água presente na atmosfera. Do total de água doce, quase a metade encontra-se na América do Sul. O Dia Mundial da Água, 22 de março, foi instituído pelas Nações Unidas durante a Rio 92. Segundo a Organização das Nações Unidas (ONU), a data é "uma ocasião especial para lembrar a todos que esforços concretos para fornecer água limpa e potável é elevar a consciência em todo o mundo dos problemas e das soluções".

O Fórum Mundial da Água é uma iniciativa do Conselho Mundial da Água (CMA) que tem por objetivo despertar a consciência sobre a temática da água no mundo todo. Como evento internacional mais importante sobre o tema, o Fórum busca favorecer a participação e o diálogo de múltiplos representantes visando influir na condução de políticas em nível global, garantindo melhor qualidade de vida para a humanidade em todo o planeta e um comportamento social mais responsável no que diz respeito aos usos da água, em congruência com a meta de atingir um desenvolvimento sustentável. As cidades que sediaram o Fórum Mundial foram Marrocos (1997), Haia (2000), Kyoto (2003) e Cidade do México (2006). A cidade turca de Istambul se apresentou como a primeira candidata a sediar o próximo V Fórum Mundial da Água, em março de 2009 (World Water Forum, 2007).

De acordo com relatório divulgado pela Organização das Nações Unidas para Educação, Ciência e Cultura (Unesco) – durante a terceira edição do Fórum Mundial da Água, ocorrido em março de 2003, em Kyoto, no Japão –, o Brasil é o país mais rico do mundo em recursos hídricos, com 6,2 bilhões de m^3 de água doce (17% do total disponível no planeta). Em segundo lugar vem a Rússia, com 4 bilhões, seguida de Estados Unidos, com 3,7 bilhões; Canadá, com 3,2 bilhões; China, com 2,8 bilhões; os 15 países da União Europeia têm juntos 1,7 bilhões de m^3. Comparando o volume de água disponível por habitante, a maior oferta do mundo é da Guiana Francesa com 812 m^3 *per capita*. O Brasil está em 25º lugar, com 48,3 m^3 por pessoa, e em último vem, o Kuwait com 10 m^3 para cada habitante. Os maiores consumidores são a Índia (552 km^3 por ano), a China (500 km^3) e os Estados Unidos (467 km^3), considerando todas as utilizações possíveis. De acordo com dados da Unesco, atualmente cerca de 1,1 bilhão de pessoas não têm acesso à água potável, e entre 2 a 7 bilhões de pessoas serão afetadas pela falta do insumo em

2050. Durante a Reunião Anual de 2008 do World Economic Forum, ocorrido em Davos, o Secretário Geral da ONU, Ban Ki-Moon, alertou que a falta de água representa "risco para o crescimento econômico, para os direitos humanos, para a saúde e para a segurança nacional". Resolver as crises geradas pela crescente demanda de água doce combinada com a escassez desse recurso é tão urgente quanto os trabalhos para enfrentar as complicadas mudanças climáticas (Água: Fórum ..., 2008).

A quantidade diária mínima de água necessária para a vida de um ser humano varia, conforme o padrão de vida e os hábitos tradicionais deste. Em 1994, a Organização Mundial de Saúde (OMS) considerou que o consumo médio diário de água potável por indivíduo deveria ser da ordem de 300 litros, levando-se em conta todas as necessidades de um ser humano participante de uma sociedade desenvolvida. Com base nesse índice, o consumo diário de 6 bilhões de seres humanos (população estimada da Terra) seria de 1,8 trilhão de litros, os quais correspondem à vazão total do rio Amazonas (o mais volumoso do mundo) durante seis horas. Entretanto, devido ao aumento populacional e à consequente escassez mundial de água, a mesma OMS atualmente faz uma avaliação bem mais modesta considerando que são necessários, no mínimo, 50 litros de água para um indivíduo suprir suas necessidades básicas diárias: cinco litros para ingestão direta, 20 para higiene e saneamento, 15 para banho e 10 para preparação de alimentos. Uma das metas da entidade é, em 2015, diminuir à metade o número de pessoas que não contam com água potável e saneamento – 1,1 bilhão e 2,7 bilhões de habitantes, respectivamente. De acordo com a ONU, se a tendência atual se mantiver, é provável que a água se torne cada vez mais uma fonte de tensão e fruto de ferozes competições entre as nações. Por outro lado, em pesquisa feita pela Consultoria e Planejamento de Uso Racional da Água, verificou-se que o brasileiro gasta, em média, cinco vezes mais água que o volume indicado como suficiente pela OMS. O relatório dessa pesquisa menciona que faltam políticas globais de incentivo ao uso racional da água, e as iniciativas existentes estão sempre voltadas para o aumento da produção de água, e não para a diminuição do consumo (Água: Fórum ..., 2008). Quanto aos investimentos no setor, segundo o Fundo Monetário Internacional (FMI) estima-se que é necessário, pelo menos, duplicar o gasto anual em infra-estrutura com insumo nos próximos 20 anos. Atualmente gasta-se cerca de US$ 80 bilhões por ano em saneamento domiciliar, tratamento de efluentes domésticos, lixo industrial, dentre outras atividades.

Um dos principais problemas que o Brasil enfrenta, no tocante à preservação e ao manejo dos recursos hídricos continentais e costeiros, diz respeito à contaminação por efluentes domésticos. Em nosso país, é bastante difundida a crença que os efluentes industriais são os grandes responsáveis pela degradação dos recursos hídricos. Salvo para alguns bolsões de alta concentração industrial, os efluentes domésticos ainda são os principais responsáveis pela situação em que se encontram os nossos mananciais. O rio Tietê, na região da Grande São Paulo, é um exemplo clássico de recurso hídrico altamente contaminado, não apenas por efluentes domésticos, mas também por alta carga orgânica industrial (Jardim, 1992). Ele nasce a 95 km da capital São Paulo e deságua a 1.100 km, no rio Paraná. Seu trecho mais alto atravessa a Região Metropolitana em cerca de 100 km, com vazão média de 82 metros cúbicos por segundo, dos quais 40% são esgotos não-tratados. Com o processo de urbanização acelerada no início da década de 1970, o governo do regime militar considerou os investimentos em sistemas de abastecimento de água e esgotamento sanitário como parte de uma estratégia para gerar empregos e impulsionar o desenvolvimento econômico. Nesse contexto foi lançado o Plano Nacional de Saneamento (Planasa), financiado com recursos do Banco Nacional da Habitação (BNH) e do Fundo de Garantia por Tempo de Serviço (FGTS). A partir daí, a União e os Estados, que atuavam basicamente nos níveis de assistência técnica e financiamento das ações, passaram a atuar diretamente na prestação dos serviços. Os municípios, titulares desses serviços conforme disposto na Constituição, foram impelidos a transferir a responsabilidade para os Estados, por meio dos contratos de concessão, "sob o risco de não mais terem acesso a recursos financeiros federais e estaduais". Com a extinção do BNH em 1985/1986, a política de saneamento, a qual não havia melhorado muito, voltou a piorar (IDEC, 2007).

É preciso ter em mente que dados de saneamento básico variam muito, e a confiabilidade depende de informações obtidas via censos e/ou de órgãos governamentais. Os censos no Brasil enfrentam problemas relacionados como a vasta extensão territorial e, consequentemente, dificuldades de atingir algumas regiões devido a diferenças geográficas. Além disso, parte das pessoas questionadas geralmente responde as perguntas inadequadamente, sonega informações ou, o que é pior, mente. Essa postura inadequada da pessoa entrevistada aumenta muito a margem de erro dos levantamentos feitos. Por outro lado, dados de relatórios sobre saneamento básico publicados por órgãos governamentais podem estar "viciados" em função de diferentes interesses políticos. Embora às vezes contraditórios, esses dados não são animadores. Segundo projeção feita pela Fundação Getulio Vargas, se for mantido o ritmo dos últimos 14 anos, o Brasil precisará de pelo menos 56 anos para reduzir à metade o déficit de saneamento básico (Brasil ..., 2007). Essa falta de saneamento básico é o principal obstáculo para o Brasil atingir as Metas do Milênio, fixadas há sete anos pela ONU. Relatório divulgado pelo Fundo das Nações Unidas para a Infância (Unicef) mostra que o país ainda deixa a desejar no ritmo de expansão das redes de coleta de efluentes. O texto classifica a evolução brasileira como insuficiente para atingir os objetivos que devem ser alcançados até 2015 (Franco, 2007).

Como visto, o saneamento básico no Brasil enfrenta imensos obstáculos de origem educacional, cultural, política, financeira etc. Além da falta de informação de grande parte da população quanto aos princípios básicos de higiene, há o descaso por parte das autoridades que deveriam cuidar dos problemas relacionados à saúde pública. Basta lembrar os recentes focos de doenças como dengue, febre amarela, cólera, leptospirose, esquistossomose etc., as quais foram consideradas erradicadas no passado e frequentemente infectam as populações brasileiras, principalmente as mais pobres.

Embora no Brasil não se tenha muito a comemorar quando o assunto é saneamento básico, nem tudo está abandonado. Com muitas dificuldades, alguns setores da sociedade têm se preocupado com a deterioração do ambiente e, consequentemente, com a qualidade de vida. No Estado de São Paulo, a Companhia de Tecnologia de Saneamento Ambiental (Cetesb) desempenha importante função no controle da poluição ambiental e no monitoramento de recursos hídricos; desenvolve e difunde tecnologia de saneamento básico, orienta, controla e pune abusos de agressões ao ambiente. Outros Estados também têm criado órgãos com objetivos semelhantes. Quanto à União, para tentar evitar entraves administrativos responsáveis pela maioria dos atrasos na área científica, importantes órgãos federais têm assinado acordos de cooperação. Por exemplo, a Empresa Brasileira de Pesquisa Agropecuária (Embrapa) e a Agência Nacional de Águas (ANA) assinaram acordos de cooperação técnica que tem como meta definir, planejar, coordenar e executar estudos, levantamentos, pesquisas, planos e programas destinados ao aprofundamento do conhecimento técnico-científico no âmbito dos recursos hídricos, da irrigação, agricultura, pecuária, silvicultura e demais áreas afins. O documento inclui ainda áreas de desenvolvimento institucional, monitoramento ambiental, informática, instrumentação agrícola, zoneamento agroecológico e tecnologia de alimentos. Outro fato promissor foi a promulgação da Lei 11.445/07 em 05 de Janeiro de 2007, estabelecendo as diretrizes nacionais para o saneamento básico e para a política federal de saneamento básico.

Em várias universidades e institutos de pesquisa do Brasil têm surgido grupos de pesquisa voltados para ciências ambientais, os quais podem ser consultados, por exemplo, no *site* do Conselho Nacional de Desenvolvimento Científico e Tecnológico (http://www.cnpq.br/gpesq/apresentaçao.htm). Esses grupos estudam, adaptam e desenvolvem tecnologias para, por exemplo, monitoramento e controle de emissões gasosas, tratamentos de efluentes domésticos e industriais, compostagem, coleta seletiva/reciclagem, destinação de resíduos sólidos, remediação de solos contaminados, energia limpa etc. Além disso, Secretarias do Meio Ambiente e órgãos Estaduais colocam à disposição material destinado à Educação Ambiental, o qual já faz parte das grades curriculares de algumas escolas. A questão econômica para a gestão qualitativa e quantitativa dos recursos hídricos também tem sido abordada por especialistas em saúde pública e, de acordo com a OMS, para cada US$ 1 investido em saneamento básico são economizados cerca de US$ 4 em tratamentos de saúde.

2.2 CONTAMINANTES QUÍMICOS EM RECURSOS HÍDRICOS: FONTES E ROTAS DE APORTE

...pois a chuva voltando pra terra traz coisas do ar...

(Raul Seixas/Paulo Coelho)

2.2.1 Ciclo da água

Os ciclos biogeoquímicos são importantes na autorregulação da biosfera, com uma constante permuta de matéria/energia entre os três grandes reservatórios (hidrosfera, atmosfera e litosfera), mantendo um intercâmbio equilibrado entre o meio físico (abiótico) e o biológico (biótico). Em tais ciclos há sempre um compartimento maior que os demais, funcionando como reservatório de nutriente para garantir escoamento lento e regularizado da espécie em questão.

O ciclo hidrológico está intimamente ligado ao ciclo energético terrestre, isto é, à distribuição da energia solar. Por processos de evaporação, essa energia é responsável pelo transporte da água dos compartimentos hidrosfera e litosfera ao compartimento atmosfera. Após a precipitação da água na forma de chuva ou neve, por infiltração no solo, ocorre a renovação das águas subterrâneas, ou lençol freático (recarga dos aquíferos), e essa água pode afluir em determinados pontos, formando as nascentes. A água acumulada pela infiltração é devolvida à atmosfera por efeito de evaporação direta dos sistemas aquáticos, solos e pela transpiração das folhas dos vegetais. O Quadro 2.2 apresenta algumas das mais importantes propriedades da água e suas respectivas funções no transporte de espécies entre os compartimentos litosfera, hidrosfera e atmosfera, durante o ciclo hidrológico.

2.2.2 Poluição da água

Mesmo que primitiva, uma comunidade necessita de água para suas necessidades higiênicas, alimentares etc., pois se trata de um recurso fundamental para a existência da vida. Devido à escassez de água, existem inúmeras situações de ecossistemas em estresse no planeta, e são vários os casos de disputas existentes entre países que dispõem da mesma fonte de água. Acredita-se que, em poucos anos, haverá no mundo uma crise semelhante à do petróleo, ocorrida em 1973, relacionada à disponibilidade de água de boa qualidade. Assim como ocorreu no passado com os derivados de petróleo, a água está se tornando uma *commodity* em crise.

Tipos e fontes de emissões de poluentes

Emissões para os compartimentos atmosfera, litosfera e hidrosfera estão sempre aumentando em razão das atividades humanas e dos processos naturais. Embora vários esforços tenham sido feitos para reduzir as emissões decorrentes das atividades humanas, é praticamente impossível evitar contaminações ambientais. A *contaminação* ocorre quando alguma substância estranha ao meio está presente. A *poluição* é a alteração de alguma qualidade ambiental a qual a comunidade exposta é incapaz de neutralizar os efeitos negativos, sendo algum tipo de risco identificado. Porém, nem todos os problemas relacionados com a qualidade da água são devido a impactos causados pela atividade humana. Por exemplo, metais presentes na litosfera podem ciclar no am-

QUADRO 2.2 Importantes propriedades da água e suas respectivas funções no transporte de espécies entre os compartimentos litosfera, hidrosfera e atmosfera, durante o ciclo hidrológico

Propriedades	Funções
Ótimo solvente	Transporte de nutrientes possibilitando processos biológicos no meio aquoso
Constante dielétrica maior que outros líquidos	Alta solubilidade de espécies iônicas e ionização em solução
Alta tensão superficial	Controle de fatores fisiológicos e de fenômenos de superfície em gotas
Transparência em comprimentos de onda nas regiões do visível e em parte do ultravioleta	É incolor e permite incidência de luz necessária para a ocorrência de processos fotossintéticos abaixo da superfície dos corpos d'água
Densidade máxima com líquido a 4°C	Flutuação do gelo e circulação vertical de nutrientes na coluna d'água
Alto calor de evaporação	Controla a transferência de espécies
Alto calor latente de fusão	Estabilização de temperatura no ponto de congelamento
Alta capacidade calorífica	Estabilização da temperatura de organismos vivos

biente tanto como resultado de atividade geológica quanto de atividade humana. Relatos sobre o aumento de ferro reduzido na Dinamarca, fluoreto na Bavária, arsênio e estrôncio em algumas regiões montanhosas e mercúrio na bacia do Médio Rio Negro, AM, ilustram a possibilidade de as condições geoquímicas elevarem as concentrações de metais em algumas localidades. Processos geológicos, incluindo ação vulcânica, atividades hidrotérmicas e longos períodos chuvosos, também podem causar problemas locais. Uma classificação das fontes de poluição pode ser:

- *Fontes pontuais:* redes de efluentes domésticos e industriais, derramamentos acidentais, atividades de mineração, etc.
- *Fontes não-pontuais:* práticas agrícolas, deposições atmosféricas, trabalhos de construção, enxurradas em solos etc.
- *Fontes lineares:* enxurradas em autoestradas.

As características dessas fontes podem variar amplamente desde pontos bem definidos (que podem ser simples ou múltiplos) ou emissões difusas originadas de pequenos pontos múltiplos, como exaustores de gases (indústrias, residências) ou escoamento de rodovias. Fontes pontuais e não-pontuais também diferem nas rotas pelas quais os poluentes emitidos aportam nos mananciais. As fontes pontuais geralmente resultam em descargas diretas para os corpos d'água, enquanto as fontes não-pontuais podem ter rotas resultando em deposições parciais dos poluentes antes de atingirem os mananciais. Assim, a concentração de contaminantes originários de fontes não-pontuais pode variar de forma significativa, espacial e temporalmente.

Emissões contínuas caracterizam-se por serem praticamente constantes por um longo período – por exemplo, efluentes de estações de tratamento e descargas de processos de produção continuados. *Emissões descontínuas* apresentam, com o tempo, variações no volume e na concentração e podem ser de picos ou de blocos. As emissões de picos são caracterizadas por grandes descargas em pouco tempo, e a altura do pico (concentração das espécies) pode variar muito. As emissões de bloco, por sua parte, são caracterizadas por fluxo relativamente constante por determinados períodos, mas com intervalos regulares de emissões praticamente zero. A quantidade exata das diferentes fontes por meio das quais os poluentes podem atingir os sistemas aquáticos é muito grande, mas, por simplicidade e conveniência, elas podem ser separadas em duas categorias, ou seja, *urbanização/industrialização* e *agricultura/florestas* (Manahan, 1994).

2.2.3 Setores urbano e industrial

Poluição pela matéria orgânica

Por mais paradoxal que possa parecer, a deterioração dos mananciais agravou-se muito com o advento das construções das redes de efluentes sanitários, aportando grandes quantidades de matéria orgânica nos rios. Isso ocorreu após a "reforma sanitária" iniciada na Inglaterra, em 1847, que introduziu o uso generalizado da descarga hidráulica nos vasos sanitários, ligando-os aos sistemas de efluentes e, consequentemente, fazendo descargas diretamente nos rios. Em *pequenas quantidades*, o efluente sanitário, bem como alguns poucos efluentes industriais tratados, podem ser integrados à matéria orgânica originalmente existente e servir de alimento à flora e à fauna.

A sobra desse *alimento*, que poderia ser chamada de *início da poluição pela matéria orgânica*, seria consumida por bactérias que têm a propriedade de se multiplicar rapidamente. Entretanto, o grande excesso de efluentes causa uma demanda (consumo) de oxigênio que é sempre resultante de uma atividade biológica ou bioquímica. A medida deste parâmetro é denominada Demanda Bioquímica de Oxigênio (DBO), sendo proporcional à concentração de matéria orgânica assimilável pelas bactérias aeróbicas. A DBO determina a quantidade equivalente de oxigênio necessária para total decomposição da matéria orgânica e sua posterior transformação em matéria inorgânica. Em locais que tenham captação de efluentes domésticos, com dados da DBO desses efluentes, é possível estimar o número de pessoas de uma comunidade. Por exemplo, sabe-se que a DBO de uma pessoa, por dia, está próxima de 54 g O_2 L^{-1}. Se a carga poluidora dos efluentes domésticos é conhecida, dividindo seu valor por 54 obtém-se o número aproximado de pessoas – valor este que tem o nome de *equivalente populacional*. Logo, se um efluente tiver DBO 38.880 g dia^{-1} = 720 pessoas, tal valor representa o equivalente populacional daquele esgoto.

Outra utilização do parâmetro DBO é prever o impacto de uma indústria ou mesmo de uma cidade em construção à beira de um rio. Como a média de oxigênio dissolvido para um rio limpo é de 6 mg L^{-1}, isto significa que são necessários 9 mil litros de água para decompor os dejetos de uma pessoa. Uma pequena cidade de 10 mil habitantes requer 90 milhões de litros de água por dia para decompor o esgoto ou, visto sob outro aspecto, a cidade gera 90 milhões de litros de água poluída com zero de oxigênio dissolvido.

Poluição por resíduos industriais não-biodegradáveis

O desenvolvimento econômico e a melhoria nos padrões de vida da sociedade levam ao aumento na utilização de novos materiais. Assim, produtos químicos desempenham importante função em setores como os de agricultura, indústria, doméstico, têxteis, transporte e saúde. Eles têm contribuído significativamente para a melhora do padrão de vida em todo o mundo. Entretanto, sua utilização está associada à contínua liberação de substâncias de ocorrência natural e manufaturada – por exemplo, gases, metais potencialmente tóxicos, compostos orgânicos voláteis e solúveis, sólidos suspensos, corantes, compostos nitrogenados e fosforados no ar, na água e no solo.

Estima-se que cerca de 90 a 100 mil compostos químicos estejam em uso diariamente. A produção, distribuição, utilização e disposição desses compostos levam inevitavelmente à presença deles no ambiente, de maneira localizada ou difundida. Os ciclos biogeoquímicos e as instalações dos pólos industriais responsáveis pela produção desses compostos podem ser utilizados para predizer as fontes de emissões e os prováveis compartimentos ambientais a serem impactados. A dispersão de poluentes químicos no ambiente pode ocorrer na extração/mineração, manufatura (formulação), utilização, disposição final ou destruição. As quantidades dispersas nos diferentes compartimentos ambientais e o número de pontos de emissões podem variar muito entre as substâncias. Por exemplo, no caso de um reagente intermediário utilizado na indústria farmacêutica somente uma pequena fração eventualmente poderá ser dispersa no ambiente. Entretanto, no caso dos detergentes, quase 100% do total produzido irá para os efluentes domésticos. As mais importantes rotas pelas quais os poluentes podem aportar nos sistemas aquáticos estão ilustradas na Figura 2.3.

CAPÍTULO 2 ▸ RECURSOS HÍDRICOS ▸ ▸ ▸ ▸ ▸ ▸ ▸ ▸

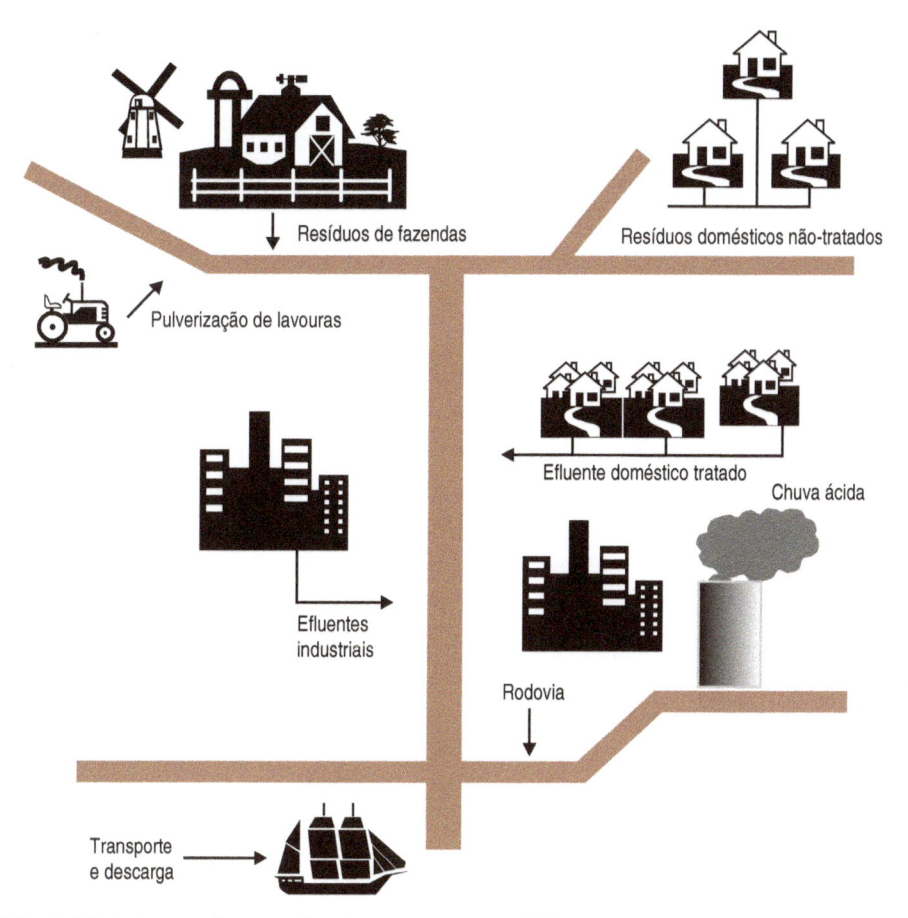

FIGURA 2.3 Principais rotas de aporte de poluentes nos recursos hídricos.

Grande parte dos compostos orgânicos é biodegradável, ou seja, após mineralização eles se tornam inorgânicos. Entretanto, há várias exceções quando se trata de compostos sintetizados industrialmente, os quais não são biodegradáveis. Tais compostos são biologicamente resistentes e não podem servir de alimento aos seres vivos, nem mesmo às bactérias. Por não serem digeridos por micro-organismos, eles não são decompostos biologicamente. É o caso da maioria das substâncias plásticas de grande utilização doméstica e industrial. No caso da poluição da água, particularmente o que interessa são as substâncias chamadas tensoativas, mais conhecidas como detergentes sintéticos. Suas moléculas se caracterizam por ligações sulfônicas – extremamente resistentes às ações químicas ou biológicas. A estabilidade dessas substâncias em relação à degradação imposta pelo meio é muito vantajosa para as indústrias, pois tais substâncias podem permanecer armazenadas por tempo indefinido, sem se deteriorar. Se por um lado a limpeza é facilitada, por outro, sua resistência à deterioração pode interferir no equilíbrio ecológico, levando à mortalidade de insetos e organismos aquáticos. Mesmo não sendo providos de ação tóxica, como o são os defensivos agrícolas, os detergentes sulfônicos causam grandes prejuízos ambientais pelo poder tensoativo sobre as células microbianas, inibindo-as em seu poder antipoluente.

Efluentes/Processos de tratamento

As mais importantes fontes de matéria orgânica para águas de superfície são os efluentes domésticos e industriais. Vários são os processos disponíveis para tratamento de efluentes, dependendo da natureza e da característica do efluente final. Em uma estação de tratamento de efluentes (ETE), as etapas de floculação, sedimentação e tratamento biológico (aeróbico e/ou anaeróbico) são controladas e otimizadas (Figura 2.4). As ETEs têm sido planejadas de acordo com os poluentes orgânicos encontrados nos efluentes domésticos e industriais. Geralmente, elas apresentam níveis de tratamentos primários, secundários e terciários, e o número de estágios depende do custo financeiro (infelizmente), do tipo de efluente de entrada e da qualidade desejada para o efluente final. A capacidade de tratamento de muitas ETEs tem sido estendida à remoção de carbono orgânico, de nitrogênio (por nitrificação e desnitrificação), bem como à remoção de fosfato e metais potencialmente tóxicos. Consequentemente, a configuração das ETEs tem aumentado de complexidade e o número de processos físicos, biológicos e químicos que influenciam na qualidade do efluente final tem se expandido. Contudo, em muitas ETEs uma melhora na eficiência de remoção pode ser obtida somente pela redução da concentração de sólidos suspensos, e isso, muitas vezes, pode ser conseguido sem grandes custos adicionais de equipamentos de filtração. Basta melhorar as características do decantador secundário e a floculação.

Em algumas ETEs é feito o tratamento preliminar de efluentes, o qual consiste na remoção de sólidos grosseiros e areia. Essa etapa tem a finalidade de proteger bombas e tubulações, evitando abrasão e obstrução, facilitando o transporte do líquido para a próxima etapa do tratamento. O tratamento primário remove sólidos sedimentáveis em suspensão, óleos, graxas e parte da matéria orgânica em suspensão. Nessa etapa, aproximadamente 30% da DBO da água é removida.

No tratamento secundário, ocorre a remoção da matéria orgânica dissolvida e em suspensão (não removida no tratamento primário). Este tratamento é caracterizado pela oxidação da matéria orgânica por micro-organismos, reduzindo a DBO a aproximadamente 10% da concentração do efluente não tratado. O precipitado gerado nas etapas dos tratamentos primário e secundário é denominado *lodo* (Figura 2.4) e seu destino final pode ser a incineração, aterro sanitário, ou simplesmente a liberação em corpos d´água. Uma alternativa que tem sido experimentada é a utilização do lodo como fertilizante agrícola. Entretanto, como além de nutrientes, essa matriz pode conter espécies (inorgânicas e orgânicas) potencialmente tóxicas, tem-se procurado a minimização/eliminação dessas espécies antes da disposição final. O tratamento terciário tem por objetivo a remoção de poluentes específicos e/ou remoção complementar daqueles não suficientemente removidos no tratamento secundário como, por exemplo, compostos orgânicos dissolvidos, fosfatos, metais potencialmente tóxicos, dentre outros. A remoção de compostos orgânicos dissolvidos pode ser feita com o uso de carvão ativado. Compostos orgânicos dissolvidos, como tri-halometanos (por exemplo, clorofórmio), dicloroeteno e pesticidas (por exemplo, dieldrin, heptaclor), são adsorvidos na superfície do carvão vegetal.

CAPÍTULO 2 ▶ RECURSOS HÍDRICOS ▶ ▶ ▶ ▶ ▶ ▶ ▶

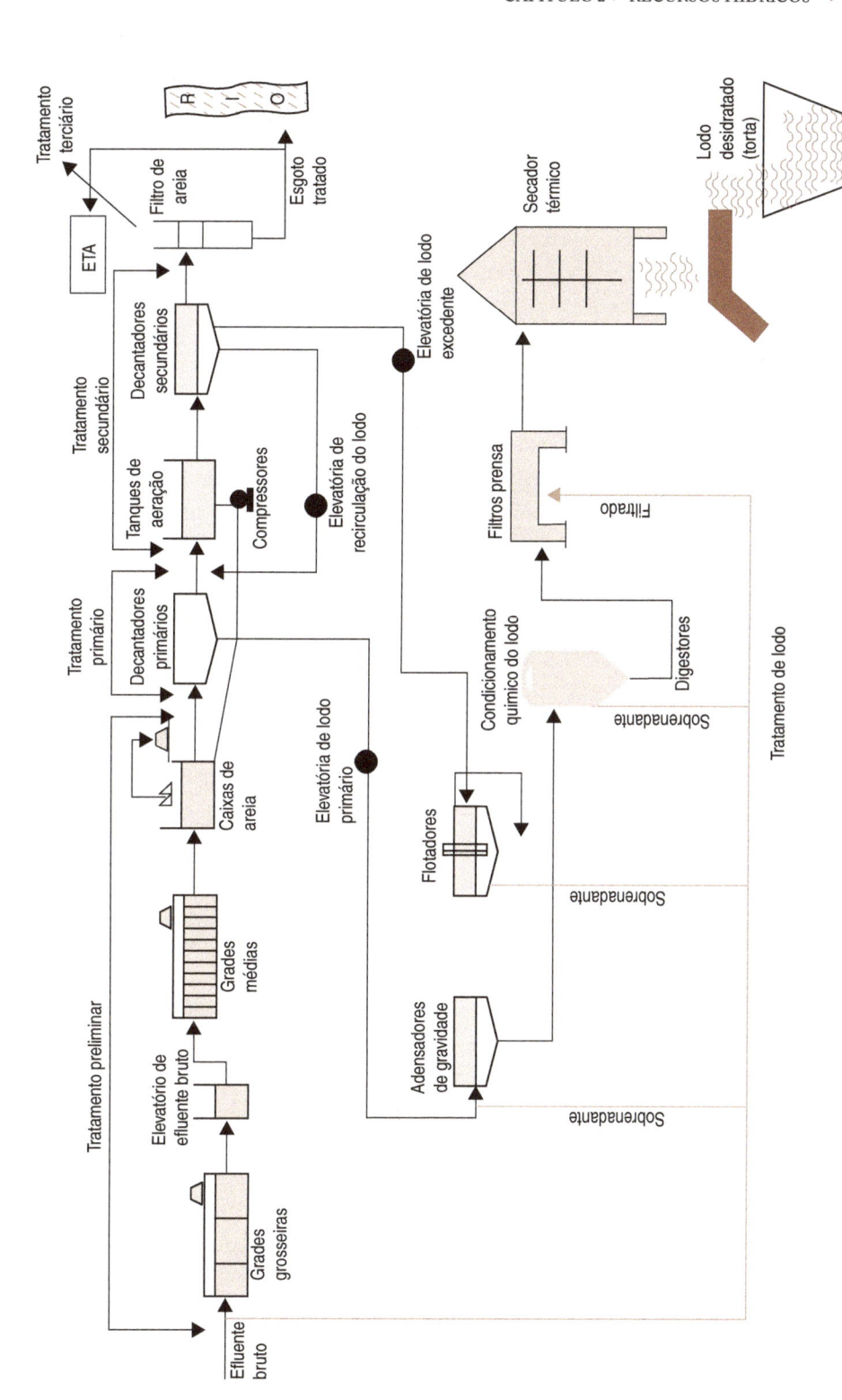

FIGURA 2.4 Esquema de uma estação de tratamento de efluentes.

A remoção de fosfatos pode ser feita adicionando hidróxido de cálcio, $Ca(OH)_2$ à solução, para sua precipitação como $Ca_5(PO_4)_3OH$. Espécies metálicas potencialmente tóxicas podem ser removidas por técnicas, como, por exemplo, a osmose reversa. Ela consiste em aplicar ao sistema uma alta pressão forçando a passagem do efluente por uma membrana semipermeável, constituída de uma substância orgânica polimérica como, por exemplo, acetato de celulose. Neste caso, o efluente que passa pelos poros da membrana tem sua concentração iônica diminuída. Além da osmose reversa, outra alternativa é a adição de íons, hidróxido ou sulfeto, para formar hidróxidos ou sulfetos metálicos pouco solúveis.

Processos oxidativos avançados

Processos oxidativos avançados (POAs) como alternativas interessantes para o tratamento de efluentes têm sido amplamente estudados e utilizados. Tratam-se de processos baseados na formação de radical hidroxila ($^\bullet OH$), o qual é eficaz na oxidação de uma ampla variedade de compostos orgânicos a CO_2, H_2O e íons inorgânicos (Nogueira et al., 2007). Dentre os POAs destacam-se os processos Fenton, foto-Fenton, ozonização, fotólise de peróxido de hidrogênio e a fotocatálise heterogênea (Bautitz, 2006). O processo Fenton é caracterizado pela reação de decomposição do peróxido de hidrogênio (H_2O_2), catalisado por íons Fe^{2+}, em meio ácido, para geração de radicais hidroxilas ($^\bullet OH$) (Reação 2.1).

$$Fe^{2+} + H_2O_2 \rightleftharpoons Fe^{3+} + OH^- + {^\bullet OH} \quad\quad \text{(Reação 2.1)}$$

Neste processo, pode-se utilizar a irradiação solar para aumentar a eficiência de degradação e, neste caso, tem-se o sistema foto-Fenton. Os íons Fe^{3+} formados durante a decomposição do peróxido de hidrogênio (Reação 2.1) são hidrolisados formando hidroxi complexos. A irradiação dos hidroxi complexos (Reação 2.2) na região UV-Vis, produz Fe^{2+} e radicais hidroxilas. Os íons Fe^{2+} podem ser novamente consumidos na reação de Fenton.

$$Fe(OH)^{2+} + h\upsilon \rightleftharpoons Fe^{2+} + {^\bullet OH} \quad\quad \text{(Reação 2.2)}$$

Estudos recentes citados na literatura mostram que em alguns tipos de efluentes industriais, por exemplo, da indústria de laticínios, o processo foto-Fenton pode ser utilizado como pré-tratamento ou tratamento emergencial. Embora os processos biológicos sejam os mais utilizados nesses efluentes, eles possuem uma série de limitações práticas, como controle de pH, temperatura, tempo de tratamento e a área necessária para implantação das estações de tratamento. Como nesse tipo de efluente o teor da carga orgânica pode variar comprometendo o tratamento biológico, isto é, podendo causar intumescimento do lodo, é interessante um pré-tratamento para reduzir rapidamente a carga orgânica e permitir o prosseguimento do tratamento biológico.

A ozonização consiste na utilização de ozônio para formação do radical hidroxila, podendo ser formado na presença de radiação ultravioleta (UV), e pela combinação de O_3 e H_2O_2 na presença ou ausência de radiação UV. A fotólise (decomposição por radiação) de peróxido de hidrogênio pela radiação ultravioleta gera radicais hidroxilas:

$$H_2O_2 + h\upsilon \rightleftharpoons 2\,{^\bullet OH} \quad\quad \text{(Reação 2.3)}$$

É um processo simples e apresenta a vantagem do peróxido de hidrogênio ser comercialmente disponível e altamente solúvel em água, podendo ser utilizado como alternativa para compostos recalcitrantes. Para melhorar a eficiência do processo, têm sido utilizadas diferentes fontes de luz violeta, o que acaba encarecendo o processo.

A fotocatálise heterogênea consiste na ativação de um semicondutor (geralmente TiO_2) por luz solar ou artificial. Após ativação, o semicondutor apresenta potencial suficiente para gerar radicais hidroxila a partir de moléculas de água adsorvidas em sua superfície. A fotocatálise heterogênea apresenta elevado potencial de aplicação como método de descontaminação, tanto para soluções aquosas como para gás.

Flotação

Em tratamento de efluentes, a flotação também tem sido utilizada para remoção de óleos, gorduras e sólidos suspensos e na separação e concentração de lamas. Neste processo, as impurezas são retiradas pela parte superior e na parte inferior permanece o efluente tratado. Isso pode ocorrer por diferença de densidade ou por outros processos (por exemplo, flotação por ar dissolvido). Primeiramente, o efluente é passado por uma grade para retirar o lixo trazido pelas chuvas. Em seguida, adicionam-se agentes coagulantes (como por exemplo, sulfato de alumínio) para iniciar a coagulação dos poluentes. Injeta-se ar na parte inferior do tanque, para suspensão do material particulado e/ou coagulado. O resíduo é deslocado para a parte superior do tanque pelas microbolhas formadas, podendo ser removido por processos físicos convencionais, como raspagem e sucção, dentre outros.

A técnica de flotação é utilizada em projetos de despoluição, como nos Lagos do Ibirapuera e da Aclimação, em São Paulo, e nos córregos que abastecem esses lagos. As Estações de Flotação instaladas nesses locais utilizam tecnologia 100% nacional para tratamento dos efluentes. Uma variação desse processo consiste em utilizar um reator eletroquímico para a geração do agente coagulante. Neste caso, a técnica é denominada eletroflotação (EF) também conhecida por eletrocoagulação (EC), ou eletrofloculação. Para maiores informações sobre a EF, sugere-se consultar literatura específica, como Crespilho e Rezende (2004).

Descargas de efluentes após tratamentos químicos

Além das ETEs, as estações de tratamento de águas para abastecimento público (ETAs) também produzem efluentes com altas concentrações de produtos químicos utilizados para facilitar a remoção de impurezas nos respectivos processos de tratamentos. Além disso, a utilização de produtos químicos impuros nas estações de tratamento prejudica a qualidade final do efluente e da água destinada ao consumo público. Hipoclorito de sódio é empregado para oxidar compostos orgânicos e como desinfetante no tratamento de efluentes, resultando na formação de subprodutos no efluente final a ser aportado nos mananciais. Uma das maiores fontes de alumínio em águas superficiais é a descarga do material retirado após a limpeza de filtros e decantadores em estações de tratamento de águas. O alumínio é originário do sulfato de alumínio utilizado para floculação/coagulação de material particulado nas ETAs. De acordo com Parsekian e Cordeiro (2003), foi constatado aumento da concentração de chumbo e crômio em manancial, após lançamento de rejeito de ETA. Também, segundo esses autores, a qualidade dos produtos químicos empregados no tratamento da água pode estar interferindo nas características do lodo gerado, que tem apresentado substâncias anteriormente não-detectadas. Processos de desinfecção podem produzir alguns subprodutos como, por exemplo, a possibilidade de formação de halometanos (compostos clorados), devido à utilização de cloro. A ozonização de água contendo íons brometos produz vários compostos orgânicos bromados. Espécies químicas como chumbo, organoestanhos e hidrocarbonetos polinucleares podem atingir as ETAs por lixiviação. A detecção de chumbo em águas potáveis geralmente indica dissolução de soldas, latão e outros materiais das conexões da rede de abastecimento. Organoestanhos podem ser introduzidos na água tratada oriundos de certos tipos de cloretos de polivinila constituintes de reservatórios. Hidrocarbonetos policíclicos aromáticos (HPAs) podem provir de velhos reservatórios revestidos com carvão ou piche para evitar vazamentos. A Figura 2.5 esquematiza possíveis utilidades para águas de efluentes domésticos e industriais após tratamentos nas ETEs.

Reúso da água

O reuso da água tratada apresenta como vantagens a contribuição para conservação, acrescentando uma dimensão econômica ao planejamento dos recursos hídricos. Os tipos de reuso podem ser diretos ou indiretos, planejados ou não. No reuso direto planejado das águas, efluentes tratados são enviados diretamente dos pontos de descarga até o local de reuso, com maior ocor-

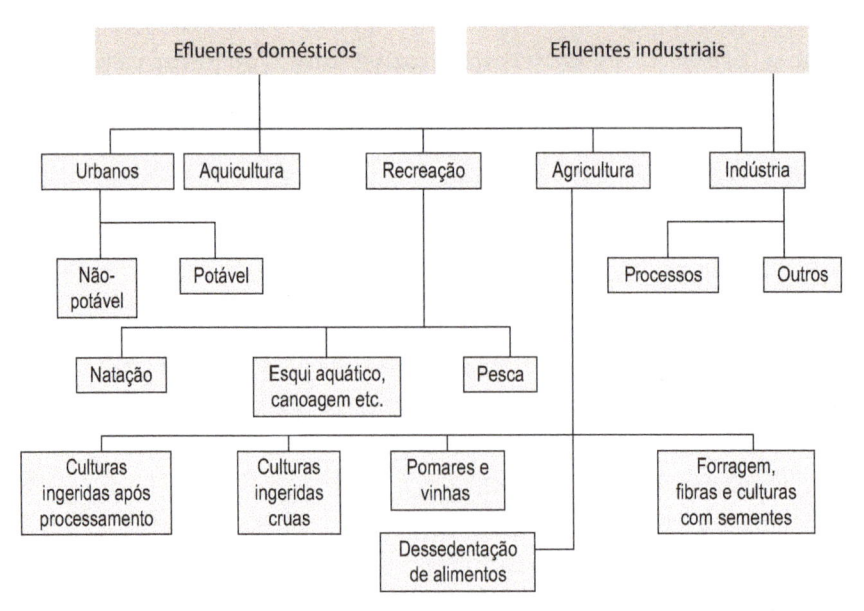

FIGURA 2.5 Esquema de possíveis utilidades para águas de efluentes domésticos e industriais após tratamentos nas ETEs (Adaptada de Branco, 1999).

rência, destinando-se a uso em indústrias ou irrigação. Os principais tipos de reuso são: agrícola, urbano, industrial e diretamente no ambiente. No reuso de efluentes tratados para fins agrícolas, eles podem ser utilizados em diferentes tipos de culturas alimentícias ou não. No setor urbano, as principais utilizações são: irrigação de gramados e parques, faixas verdes decorativas ao longo de ruas e estradas, torres de resfriamento, parques e cemitérios, descarga em toaletes, lavagem de veículos, reserva de incêndio, recreação, construção civil (compactação do solo, controle de poeira, lavagem de agregados, produção de concreto), limpeza de tubulações e de sistemas decorativos, como espelhos d'água, chafarizes, fontes luminosas etc. A recarga artificial de aquíferos com efluentes tratados pode ser empregada para finalidades diversas, incluindo o aumento de disponibilidade e armazenamento de água, controle de salinização em aquíferos costeiros e controle do movimento vertical da litosfera (subsidência de solos). Essa prática pode ser relevante em alguns municípios, abastecidos por água subterrânea, onde a recarga natural de aquíferos vem sendo reduzida pelo aumento de áreas impermeabilizadas.

Enxurradas – rodovias

Tem sido constatado que águas pluviais representam potencial rota de contaminantes para os mananciais. Mesmo não sendo efluentes domésticos, causam danos como infiltrações em fundações, inundações em subsolos, interconexões e erosão carregando dejetos e poluentes para áreas distantes. Além disso, são muito comuns retornos de efluentes no interior de residências após fortes chuvas; tais problemas são causados principalmente por ligações clandestinas de efluentes em rede de águas pluviais. Por isso, águas pluviais necessitam ser captadas em calhas localizadas nos telhados e nas coberturas, de onde descem por condutores até as sarjetas e coletores, sendo então encaminhadas para a rede externa de águas pluviais. Contaminantes contidos em enxurradas de rodovias podem ser gerados de uma ampla variedade de fontes. *Tráfego*: fuligens, gases de escapes e particulados. *Manutenção*: degelo, capinas, produtos usados no controle de pestes e restos de construções. *Acidentes*: acidentes e derramamentos.

Deposições atmosféricas

A deposição atmosférica representa a principal fonte difusa de contaminantes químicos. Combustão de combustíveis fósseis, industrialização de produtos químicos e incineração de lixos têm contribuído substancialmente para a emissão de produtos químicos no compartimento atmosfera. Substâncias nela dispostas estão presentes nas fases gasosas e aerossóis, ou estão adsorvidas por particulados. As deposições atmosféricas dependem do clima – particularmente, da direção dos ventos, da intensidade luminosa (fotodegradação), de chuvas ou nebrascas. O principal mecanismo de deposição são as chuvas e nebrascas, e outro mecanismo é a deposição seca de poluentes adsorvidos em particulados. A acidificação de solos detectada na Europa central tem sido atribuída a deposições atmosféricas resultantes de atividades humanas. Como resultado de tal acidificação, as concentrações de íons alumínio, sulfatos e hidrogênio têm aumentado em águas de subsolo. A consequência mais séria da acidificação de águas de subsolo é o aumento da mobilização de elementos-traço, especialmente alumínio.

Aporte de fosfatos: eutrofização

Os maiores reservatórios de fósforo são as rochas fosfáticas sedimentares formadas em remotas eras geológicas, e a sua decomposição por fenômenos de erosão gradativa libera fosfatos que entram nos ecossistemas e são ciclados. Grande parte desse fósforo mineral é levado por lixiviação aos oceanos. Entretanto, só uma pequena parte é aproveitada por seres marinhos e a maioria restante fica praticamente indisponível em sedimentos profundos.

Nos sistemas aquáticos, fosfatos dissolvidos são aportados na forma de fertilizantes, detergentes, anticorrosivos, efluentes domésticos, aditivos etc. O fósforo cicla por meio de cadeias alimentares, voltando ao solo como restos mortais ou como excrementos (principalmente de aves marinhas). Ele tem função relevante na produtividade aquática e na qualidade de águas interiores, devido ao fenômeno de *eutrofização* (excesso de nutrientes nos mananciais).

Fosfatos inorgânicos são adicionados aos detergentes em pó (não-biodegradáveis), para complexar íons metálicos (principalmente cálcio e magnésio), os quais dão dureza à água, tornando o meio alcalino e melhorando a limpeza. No entanto, quando aportados nos efluentes e acumulados nos mananciais e nas estações de tratamento, esses fosfatos geram densas camadas de espuma, diminuindo a tensão superficial da água e, consequentemente, causando graves problemas ambientais. A partir de 1964, foram introduzidos no mercado os detergentes biodegradáveis (os alquilsulfonatos lineares, ou detergentes ASL), os quais dispõem de uma cadeia alquílica linear. Essas moléculas são degradadas por micro-organismos aeróbicos como a *Escherichia coli*. Entretanto, no Brasil, só a partir de 1982 passou-se a utilizar os alquilbenzenossulfonatos lineares. O uso de detergentes e a aplicação de fertilizantes nas lavouras provocam sérios problemas de poluição aquática, pois, embora os fosfatos não apresentem toxicidade, eles são excelentes nutrientes. Por conseguinte, há excessivo crescimento de algas que podem causar o fenômeno da *eutrofização*. Isso altera as trocas de matéria e energia entre os compartimentos, com a consequente deterioração da qualidade do manancial. Por exemplo, há aumento da DBO necessária para oxidar o excesso de matéria orgânica e consequente morte da flora aquática. Com o aumento da população de algas, a luz solar fica impedida de penetrar no corpo d'água, diminuindo o processo de fotossíntese e, conseqüentemente, a concentração de O_2. Quando a concentração de oxigênio é muito baixa, as bactérias anaeróbicas assumem o processo de decomposição e, nesse caso, ao invés de oxidar a matéria orgânica, essas bactérias fazem a redução. Como resultado, compostos contendo enxofre são convertidos em espécies fétidas, como ácido sulfídrico (H_2S) e metanotiol (CH_3SH); além disso, compostos nitrogenados são reduzidos a NH_3 (amônia) e aminas, que também têm mau cheiro (Osório; Oliveira, 2001).

Por muitos anos, a prioridade máxima era a produtividade a qualquer custo, e esse conceito tem sido modificado devido às prioridades ambientais. Por exemplo, historicamente o controle de fósforo em águas superficiais era feito direcionado para fontes pontuais, controlando fosfatos em detergentes e efluentes domésticos. Atualmente, o balanço de fósforo passou a ser redirecionado e o impacto de fontes difusas tem sido questionado. Na Europa, estima-se que 50% do fósforo nas águas superficiais provêm de fontes difusas, devido à agricultura. Além dos produtos aplicados nas plantações, outros utilizados na pecuária também têm sido identificados como grandes contaminantes.

2.2.4 Agricultura e florestas

A poluição decorrente do manejo do solo pode influir na qualidade da água pelo menos por quatro vias (Holt, 2000): (1) emissão direta de agroquímicos durante a aplicação ou a disposição; (2) descargas de águas resultantes de irrigação ou drenagem; (3) lixiviação e (4) criadouros dentro ou fora dos mananciais (carcinicultura-camarões, caranguejos, peixes etc.).

Agroquímicos

Existem mais de 600 diferentes pesticidas utilizados na agricultura, no florestamento e na horticultura (ver Capítulo 5, Item 5.7.4). Agroquímicos têm sido aplicados no campo mediante pulverizadores, bombas e aviões (Figura 2.6). Como o produto em spray possui partículas de vários tamanhos, a influência dos ventos não pode ser evitada e o aerossol de pesticida carregado pelo vento pode atingir diretamente as águas superficiais. Vários fatores influem na dispersão do pesticida: (a) tamanho da gota (tensão superficial, tamanho do orifício de saída e pressão do líquido); (b) dosagem, formulação e volume do spray e solventes utilizados no preparo; (c) condições ambientais (velocidade e direção dos ventos, umidade, temperatura); (d) altura da plantação (a dispersão aumenta com a altura da plantação) e altura do spray. Pesticidas lixiviados por águas pluviais podem atingir a zona insaturada da coluna do solo ao serem transportados por gravidade/capilaridade até águas do subsolo. Enxurradas e erosões constituem fontes adicionais para facilitar as contaminações, e as maiores ocorrem quando há fortes chuvas logo após as aplicações. Outras fontes de contaminação de águas por práticas agricultáveis são as lavagens de utensílios diretamente nos mananciais ou a disposição inadequada de embalagens nas margens. Entretanto, felizmente essas práticas tendem a diminuir devido à publicação e entrada em vigor da Resolução Conama N° 334, de 3 de Abril de 2003, que dispõe sobre os procedimentos de licenciamento ambiental de estabelecimentos destinados ao recebimento de embalagens vazias de agrotóxicos (ver Capítulo 7, Item 7.3.7 e Capítulo 8).

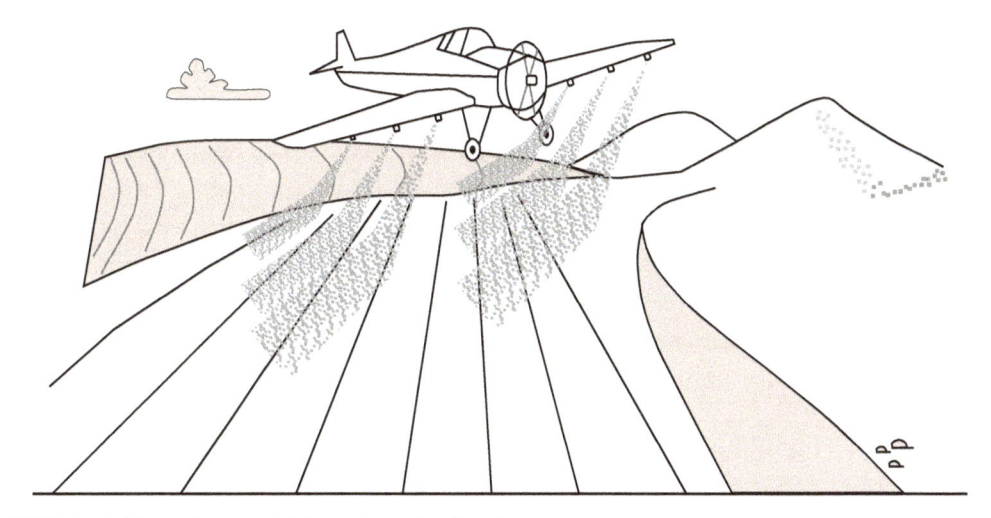

FIGURA 2.6 Dispersão de pesticidas em área de aplicação.

Contaminação de águas de subsolo

As rotas de poluentes para as águas de subsolo geralmente são diferentes daquelas para as águas superficiais. A natureza química das rochas através das quais as águas de subsolos se movem influencia nas características das águas. Rochas vulcânicas compostas, na maioria, por silicatos de baixa solubilidade aumentam a quantidade de águas com baixos teores de sólidos dissolvidos. Por outro lado, rochas sedimentares são mais solúveis, pois consistem em materiais acumulados oriundos de várias fontes e, consequentemente, favorecem a existência de águas com alto conteúdo de sólidos. As principais rotas para a contaminação de águas de subsolo são: (a) disposição inadequada de lixos (domésticos, industriais, de mineração, agricultura etc. – ver Capítulo 7), incluindo ampla variedade de contaminantes orgânicos e inorgânicos; (b) lixiviação de produtos utilizados na agricultura; (c) superbombeamentos (por exemplo, introdução de águas salinas); (d) acidificação (chuvas ácidas), ver Capítulo 3, Itens 3.5, 3.6 e 3.7.

O uso de metil-tércio-butil-éter (MTBE), – desenvolvido pela indústria de combustíveis – para ser utilizado como aditivo de gasolina, constitui um bom exemplo de substância que pode surgir de fontes pontuais ou não-pontuais. O MTBE pode influir na qualidade de águas superficiais e de subsolo, pois, dos 60 compostos orgânicos voláteis detectados em camadas de subsolos nos EUA, ele foi o segundo, após o clorofórmio. O Brasil não utiliza o MTBE, pois o etanol desempenha o papel de aditivo da gasolina.

2.2.5 Comportamento ambiental e destinação final

Quando dispostas no ambiente, as substâncias estão sujeitas a uma combinação de vários processos que podem influir no destino e no comportamento ambiental do poluente. O efeito de cada um desses processos na concentração da substância em um dado compartimento ambiental (água, ar, solo, sedimento, biomassa) depende de propriedades físico-químicas, de condições ambientais e da distribuição.

Transporte

Volatilização, convecção, dispersão, adsorção, deposição úmida e seca, sedimentação, ressuspensão, difusão, mistura de solos e sedimentos são exemplos de tipos de transporte de substâncias. O processo de transporte determina a variação espacial e temporal da distribuição de uma substância no ambiente. Velocidades de convecção e difusão são determinadas somente pelas correntes ou velocidades de ventos. No ar, as velocidades são muito rápidas, enquanto na água, variam de muito rápidas (em rios correntes) a lentas ou estagnadas (em lagos ou pântanos). Em solos e sedimentos essas velocidades são insignificantes.

Bioacúmulo

A fração da substância que está disponível para acúmulo em organismos vivos é definida como fração biodisponível. Acúmulo e, consequentemente, concentração na biomassa, dependem da biodisponibilidade da substância. Por exemplo, a biodisponibilidade de metais depende das várias formas físico-químicas em que eles podem ocorrer (íons livres, formas orgânicas e inorgânicas complexadas e particulados). Parâmetros como dureza, salinidade e pH têm grande influência na especiação de metais, e, em geral, íons livres são mais biodisponíveis. Dois diferentes acúmulos são distinguidos: acúmulo passivo e acúmulo ativo. *Acúmulo passivo* ocorre via pele e guelra, e *acúmulo ativo*, no trato digestivo. Na fauna aquática, o mecanismo predominante é o acúmulo passivo. Entretanto, para organismos que vivem nos sedimentos e solos, ambos os mecanismos podem ocorrer. Nas plantas pode acontecer o acúmulo passivo via folhas (ar ou água), mas também ocorre o acúmulo ativo e/ou passivo via raízes.

Compostos orgânicos pouco solúveis em água são muito solúveis em gorduras. Com isto, quanto menos solúvel é o composto na água, mais se dissolverá na gordura. Este é o mecanismo que faz com que pesticidas, como o DDT, passem da solução aquosa para a gordura dos animais, resultando em uma concentração final muitas vezes maior que a do corpo d'água em contato com o animal. A cadeia alimentar favorece o acúmulo do composto, pois a alimentação dos organismos é feita com organismos já contendo o composto pré-concentrado (Figura 2.7).

Mobilização

A mobilização de poluentes a partir do material suspenso e dos sedimentos de fundo é potencialmente perigosa para o ecossistema e pode influir na qualidade da água a ser tratada para fins de abastecimento público. Além da influência de solos e sedimentos contendo argilominerais com diferentes capacidades de troca iônica e diferentes teores de matéria orgânica, a mobilização de metais nos sistemas aquáticos é causada, principalmente, por quatro tipos de mudanças

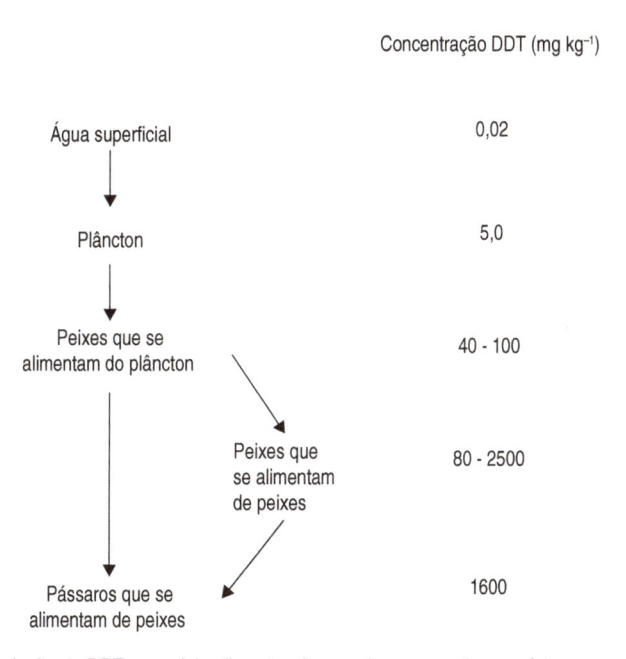

	Concentração DDT (mg kg^{-1})
Água superficial	0,02
Plâncton	5,0
Peixes que se alimentam do plâncton	40 - 100
Peixes que se alimentam de peixes	80 - 2500
Pássaros que se alimentam de peixes	1600

FIGURA 2.7 Bioacumulação de DDT na cadeia alimentar de organismos que vivem próximos a um reservatório de água.

químicas na água. A Figura 2.7 esquematiza alguns processos ambientais ocorridos nos reservatórios litosfera, hidrosfera e atmosfera relacionados com transportes de poluentes.

- *Elevada concentração salina:* neste caso, cátions alcalinos e alcalinos terrosos competem com metais pelos sítios de complexação.
- *Modificações nas condições redox:* pode ocorrer diminuição da concentração de oxigênio via eutrofização do manancial (excesso de matéria orgânica aportada), e parte de óxidos de ferro e manganês é parcialmente dissolvida, com a consequente liberação de metais incorporados ou adsorvidos.
- *Diminuição do pH:* o aumento da acidez da água causada por fatores antrópicos, como, por exemplo, aporte de efluentes ácidos e/ou chuvas ácidas, causa dissolução de carbonatos e hidróxidos, modificando a dessorção de cátions metálicos complexados pela matéria orgânica, devido à competição desses cátions com íons H^+.
- *Aumento de agentes complexantes naturais e sintéticos:* podem formar complexos solúveis de alta estabilidade com metais até então adsorvidos em material particulado – por exemplo, material húmico (ver Capítulo 6).

Transformações

A transformação é muito importante para determinar a persistência de um contaminante. O mecanismo desses processos e suas velocidades podem variar muito entre e dentro

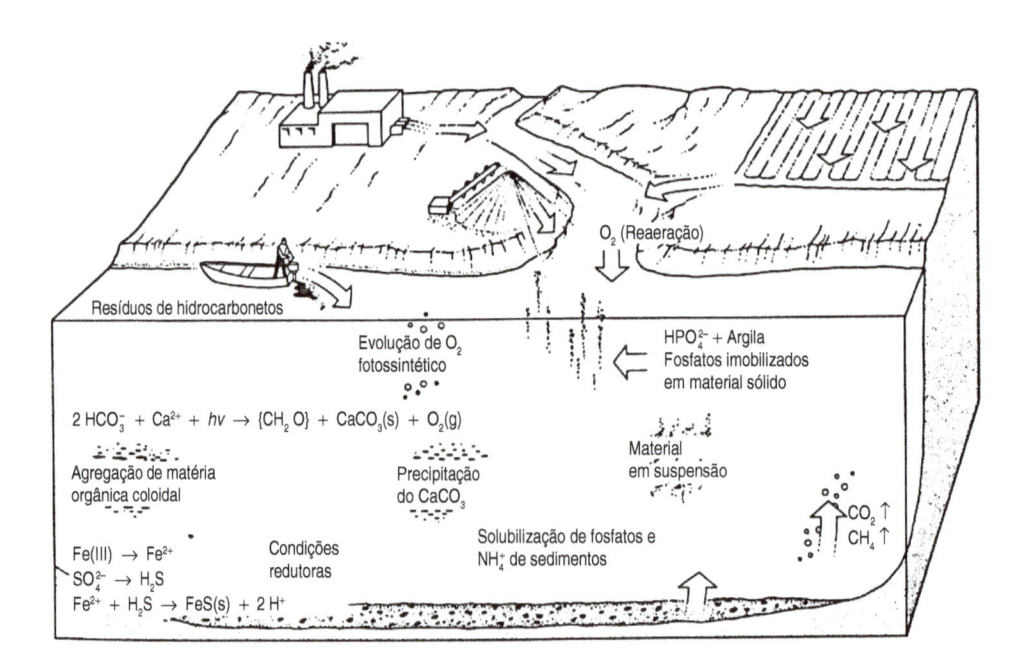

FIGURA 2.8 Alguns processos ambientais ocorridos nos reservatórios litosfera, hidrosfera e atmosfera relacionados com transportes de poluentes (Adaptada de Manahan, 1994).

de compartimentos, dependendo da reatividade da substância e de parâmetros ambientais como temperatura, pH, intensidade luminosa e micro-organismos. Importantes propriedades físico-químicas que influem no destino e na distribuição de compostos químicos são ponto de ebulição, ponto de fusão, coeficiente de partição octanol/água e pressão de vapor. A legislação da Comunidade Europeia considera informações sobre essas propriedades como básicas para a classificação de substâncias perigosas. *Biodegradação* é a propriedade intrínseca que determina o destino e a distribuição de poluentes. Entende-se por biodegradação o processo pelo qual os materiais orgânicos são transformados em gás carbônico e água, por exemplo, por atividade enzimática de micro-organismos. As legislações brasileira e da Comunidade Europeia exigem dados de biodegradabilidade para classificação das substâncias quanto a perigos ambientais. Embora atualmente sejam produzidos detergentes biodegradáveis, os primeiros detergentes sintéticos introduzidos no mercado (cerca de 1950) não o eram e provocaram graves problemas de formação de espumas e eutrofização dos mananciais. Os testes de biodegradabilidade em condições aeróbicas se dão em três níveis: (a) *nível 0:* feito com pouco nutriente e baixa quantidade de bactéria. Passar nesse teste significa que a substância é rapidamente biodegradável; (b) *nível 1:* feito com alto número de população microbiológica, sendo permitido um tempo para adaptação; (c) *nível 2:* é simulado o comportamento da substância durante o tratamento de efluente.

EXERCÍCIOS

- Cite vantagens da aplicação de cloro como agente desinfetante de águas para abastecimento público e questionamentos quanto à sua aplicação.
- Defina "eutrofização" e descreva os fatores que a influenciam.
- Por mais paradoxal que possa ser, o tratamento de água para abastecimento público nas Estações de Tratamento de Águas (ETAs) tem causado problemas de aportes de contaminantes aos mananciais. Comente sobre este assunto.
- Considere um agroquímico sendo aplicado em uma plantação com auxílio de aeronave. Faça uma descrição de rotas pelas quais ele pode se dispersar e aportar em um manancial.

2.3 INDICADORES DE QUALIDADE DAS ÁGUAS

2.3.1 Aspectos gerais

Como descrito no tópico anterior, o aporte de substâncias nos mananciais origina-se de várias fontes, dentre as quais se destacam os efluentes domésticos e industriais, e os escoamentos superficial urbano e agrícola. Portanto, dependem do tipo de uso e ocupação do solo. Cada uma dessas fontes possui características próprias quanto aos poluentes que transportam, como os efluentes domésticos, que por exemplo, contêm contaminantes orgânicos biodegradáveis, nutrientes e bactérias. Ademais, a grande diversidade das indústrias existentes contribui para aumentar a variabilidade dos contaminantes aportados nos corpos d'água.

Devido às diferentes espécies aportadas, torna-se praticamente impossível a determinação sistemática de todos os poluentes que possam estar presentes nas águas superficiais, em tempo relativamente curto. Assim, no Estado de São Paulo, a Cetesb selecionou parâmetros físicos, químicos e microbiológicos mais representativos, listados no Quadro 2.3, para indicar a qualidade das águas. No caso de haver necessidade de estudos específicos de qualidade de águas em trechos de rios ou em reservatórios, com vistas a diagnósticos mais detalhados, outros parâmetros podem vir a ser determinados (CETESB, 200?a).

2.3.2 Índice de qualidade das águas – IQA

Para facilitar a interpretação das informações sobre qualidade da água de forma abrangente e útil, para especialistas ou não, a partir de um estudo feito em 1970 pela National Sanitation Foundation dos Estados Unidos, a Cetesb adaptou e desenvolveu o Índice de Qualidade das Águas – IQA. Tal índice incorpora nove parâmetros considerados relevantes para a avaliação da qualidade das águas, tendo como determinante principal a utilização das mesmas para abastecimento público. Utilizando uma equação matemática, o IQA é determinado pelo produto ponderado das qualidades da água correspondentes aos parâmetros temperatura da amostra, pH, oxigênio dissolvido, demanda bioquímica de oxigênio (cinco dias, 20°C), coliformes fecais, nitrogênio total, fósforo total, resíduo total e turbidez. No caso de não se dispor do valor de algum desses nove parâmetros, o cálculo do IQA fica inviabilizado. A partir do cálculo, pode-se determinar a

QUADRO 2.3 Parâmetros indicadores de qualidade de águas

Temperatura da água	Coloração da água
Temperatura do ar	Surfactantes
pH e oxigênio dissolvido	Fenol
Demanda bioquímica de oxigênio (DBO)	Cloretos
Demanda química de oxigênio (DQO)	Ferro total
Coliformes totais	Manganês
Coliformes fecais	Turbidez
Nitrato	Cádmio
Nitrito	Chumbo
Nitrogênio amoniacal	Cobre
Nitrogênio Kjeldahl (total)	Crômio total
Fosfato total	Níquel
Ortofosfato solúvel	Zinco
Mercúrio	Resíduo não-filtrável
Resíduo total	Condutividade

qualidade das águas brutas que, indicada pelo IQA em uma escala de 0 a 100, é classificada para abastecimento público, de acordo com o Quadro 2.4.

Testes de toxicidade

Para aprimoramento das informações referentes à toxicidade das águas, a Cetesb tem feito testes de toxicidade em organismos aquáticos, em diferentes pontos da Rede Básica de Monitoramento da Qualidade das Águas Interiores do Estado de São Paulo. Os pontos de amostragem são escolhidos em locais próximos a captações de água para abastecimento público e outros locais com águas cuja qualidade estiver comprometida pela presença de poluentes. O teste de toxicidade consiste na determinação do potencial tóxico de um agente químico ou de uma mistura complexa, sendo os efeitos desses poluentes medidos pela resposta dos organismos vivos. Para a descrição de efeitos deletérios de amostras sobre os organismos aquáticos, utiliza-se os termos *efeito agudo* e *efeito crônico*.

O efeito agudo caracteriza-se por uma resposta severa e rápida a um estímulo, resposta esta que se manifesta nos organismos aquáticos, geralmente em um intervalo de 0 a 96 horas. Via de regra, o efeito observado é a letalidade ou alguma outra manifestação que a antecede, como o estado de imobilidade em alguns crustáceos. O efeito crônico traduz-se pela resposta a um estímulo que continua por longo tempo, normalmente por períodos que vão de 1/10 do ciclo vital até a totalidade da vida do organismo. Esse efeito geralmente é observado quando concentrações de agentes tóxicos afetam uma ou várias funções biológicas dos organismos, como reprodução, crescimento, comportamento etc. A detecção de efeitos agudos ou crônicos mediante testes de toxicidade evidencia que os corpos d'água testados não apresentam condições adequadas para a manutenção da vida aquática (CETESB, 200?).

2.3.3 Salinidade

Os sais dissolvidos na água encontram-se em quantidades relativamente pequenas, porém significativas, e têm origens na dissolução ou intemperização das rochas e solos, inclusive a dissolução lenta do calcário, gesso e outros minerais. A qualidade da água está relacionada aos

QUADRO 2.4 Intervalos calculados com base nos nove parâmetros indicadores e respectivos índices de qualidade de águas para abastecimento público

Intervalo	Qualidade
80-100	Ótima
52-79	Boa
37-51	Aceitável
20-36	Ruim
0-19	Péssima

usos preponderantes. Assim, um tipo de água pode apresentar-se favorável a um determinado uso (por exemplo, a água do mar para navegação) e a outros, não. Para ser utilizada na irrigação, aspectos relacionados com os parâmetros físicos, químicos e microbiológicos são essenciais, sendo a salinidade um dos mais importantes. Por exemplo, quando os sais, geralmente aqueles provenientes de águas de irrigação, se acumulam na zona radicular rizossoma, eles reduzem a disponibilidade da água para as plantas causando perdas na produção.

Em 1902, a salinidade foi definida como a massa total, expressa em gramas, de todas as substâncias dissolvidas em um quilo de água do mar quando todo o carbonato for substituído por uma quantidade equivalente de óxido, todo brometo e iodeto forem substituídos por cloreto e todos os compostos orgânicos oxidados em uma temperatura de 480°C. Entretanto, devido à demora na determinação gravimétrica e, consequentemente, ao custo relativamente alto, foram desenvolvidas novas técnicas para se medir a salinidade. A partir de 1978, tem sido utilizada a Escala de Salinidade Prática (*Practical Salinity Scale*), que tem o símbolo *S*. Ela é calculada utilizando uma razão entre medidas de condutividade elétrica e, consequentemente, é expressa como um número adimensional (não tem unidade), pois se origina da divisão de dois termos com a mesma unidade. Entretanto, encontram-se resultados expressos como *psu – Practical Scale Unit* (UNESCO, 1978).

$$S = 0,0080 - 0,1692\, K_{15}^{1/2} + 25,3851\, K_{15} + 14,0941\, K_{15}^{3/2} - 7,0261\, K_{15}^{2} + 2,7081\, K_{15}^{5/2}$$

$$\text{onde } K_{15} = \frac{\text{Condutividade da amostra de água}}{\text{Condutividade da solução padrão de KCl}}$$

A amostra de água e a solução padrão de KCl (32,4356 g L^{-1}) têm que estar nas mesmas condições de pressão e temperatura ou seja, a 15°C e 1 atm.

2.3.4 Classificação das águas

Segundo a Resolução Conama 157 de 17 de Março de 2005 do Conselho Nacional do Meio Ambiente, as águas de todo o território nacional foram classificadas, de acordo com sua *salinidade*, como águas doces, salobras e salinas. Águas com valores de salinidade iguais ou inferiores a 0,50% são consideradas doces; águas com valores entre 0,50 e 30,0% são salobras e águas com valores iguais ou superiores a 30,0% são ditas salinas. Em função dos usos, foram estabelecidos *níveis de qualidade* (classes) a serem alcançados e/ou mantidos em um segmento de um corpo d'água ao longo do tempo, e foram estabelecidas nove classes em função dos usos preponderantes.

Também, conforme essa Resolução Conama, para cada classe foram estabelecidos limites e condições tanto em relação aos corpos d'água quanto aos efluentes líquidos aportados. Por exemplo, a temperatura do efluente final deverá sempre ser inferior a 40°C. Além disso, foram estabelecidos limites para águas utilizadas para fins de balneabilidade (recreação de contato primário). Em função principalmente da *quantidade de organismos do grupo coliformes*, as águas para fins de banho podem ser classificadas como excelente, muito boa, satisfatória e imprópria.

Águas doces

Classe especial

Destinadas ao abastecimento doméstico sem prévia ou com simples desinfecção e também à preservação do equilíbrio natural das comunidades aquáticas.

Classe 1

Abastecimento doméstico após tratamento simplificado; proteção das comunidades aquáticas; recreação de contato primário (natação, esqui aquático e mergulho); irrigação de hortaliças que são consumidas cruas e de frutas que se desenvolvem rentes ao solo, sem ser ingeridas cruas e sem remoção de película; e criação natural e/ou intensiva (aquicultura) de espécies destinadas à alimentação humana.

Classe 2

Abastecimento doméstico, após tratamento convencional; proteção das comunidades aquáticas; recreação de contato primário, natação, esqui aquático e mergulho; irrigação de hortaliças e plantas frutíferas; e criação natural e/ou intensiva (aquicultura) de espécies destinadas à alimentação humana.

Classe 3

Abastecimento doméstico, após tratamento convencional; irrigação de culturas arbóreas, cerealíferas e forrageiras; e dessedentação de animais.

Classe 4

Navegação; harmonia paisagística; e usos menos exigentes.

Águas salinas

Classe 5

Recreação de contato primário; proteção das comunidades aquáticas; e criação natural e/ou intensiva (aquicultura) de espécies destinadas à alimentação humana.

Classe 6

Navegação comercial; harmonia paisagística; e recreação de contato secundário.

Águas salobras

Classe 7

Recreação de contato primário; proteção das comunidades aquáticas; e criação natural e/ou intensiva (aquicultura) de espécies destinadas à alimentação humana.

Classe 8

Navegação comercial; harmonia paisagística; e recreação de contato secundário.

2.3.5 Determinação de alguns parâmetros indicadores da qualidade de águas

Alguns parâmetros indicadores da qualidade da água são determinados por titulometria. Esta análise é feita utilizando-se um volume conhecido de amostra, que reage com um volume medido de uma solução de concentração conhecida (solução padrão). Uma solução padrão pode ser preparada diretamente pesando-se uma massa conhecida de uma substância de pureza conhecida (padrão primário ou direta) ou pode-se preparar uma solução de uma substância de pureza aproximada e determinar por titulação sua concentração com uma solução padrão primário. Esta solução passa a ser conhecida como padrão secundário ou indireta.

Solução padrão direta

Quando o reagente titulante é um padrão primário, como, por exemplo, o hidrogenoftalato ácido de potássio (FAP) ou o dicromato de potássio, a solução padrão é preparada diretamente a partir de uma massa conhecida do reagente. A preparação da solução padrão direta requer o uso de um reagente com composição perfeitamente definida de massa molar elevada, fácil secagem, não-higroscópicos e solúveis em água. Os reagentes com essas características são chamados de padrões primários.

Solução padrão secundária ou indireta

Prepara-se uma solução com concentração próxima à desejada e, depois, encontra-se a concentração exata mediante a determinação do volume de solução do padrão primário de concentração conhecida que reage com o volume conhecido da solução a ser padronizada. Ex.: padronização de solução de hidróxido de sódio com solução de hidrogenoftalato ácido de potássio.

2.3.5.1 Cálculo da concentração de soluções ácidas

Solução concentrada de ácido sulfúrico

Um frasco de ácido sulfúrico é vendido no comércio com as seguintes especificações: fórmula molecular H_2SO_4; massa molar (M): 98,1 g mol^{-1}; título (τ): 96%-97% (m/m); densidade (d): 1,84 g/cm$^3 \Rightarrow \{d = m\ (g) / v\ (cm^3)\}$. Como calcular a concentração (mol L^{-1}) do ácido?

Considerando a densidade em 1 litro de solução de H_2SO_4 haveria 1.840 g de H_2SO_4, se a solução tivesse título de 100%; como a solução é de 96% (m/m):

$$1.840\ (g) \longrightarrow 100\%$$
$$m\ (g) \longrightarrow 96\%$$
$$\text{logo, } \{m = 1.766\ g\}$$

Concentração (C) = m(g) / M × V (L)

$$C = 1.766 / 98,1 \times 1 \Rightarrow 18,0\ \text{mol L}^{-1}$$

ou seja, a solução concentrada de H_2SO_4 tem concentração molar igual a 18,0 mol L^{-1}. Como a solução possui título aproximado, a solução não pode ser um padrão primário.

CAPÍTULO 2 ▸ RECURSOS HÍDRICOS

Preparação de soluções diluídas partindo de sólidos

Ex_1.: Que massa deve ser pesada de NaOH para preparar 500 mL de uma solução com concentração 0,1 mol L^{-1} ? [Dados: massa molar (M) NaOH: 40,0 g mol^{-1}]

$$\text{Concentração (C)} = m(g) / M \times V (L)$$
$$m(g) = 0,1 \times 40 \times 0,5 \Rightarrow 2,0 \text{ g}$$

Procedimento e observações

Pesar a massa de 2,0 g de hidróxido de sódio (NaOH), dissolver em água, completar o volume para 500 mL. Guardar a solução em frasco plástico.

Informação: o NaOH reage com vidro e com gás dióxido de carbono presente na atmosfera. Como logo após a fabricação do sólido NaOH, ele passa a ter contato com CO_2, e no momento do preparo da solução não é possível conhecer sua pureza, assim, a solução preparada não é padrão, isto é, sua concentração está em valor aproximado.

Ex_2.: Que massa de hidrogenoftalato de potássio (FAP) deve ser pesada para preparar 1,0 L de solução com concentração 0,100 mol L^{-1} ? [Dados: massa molar (M) FAP: 204,23 g mol^{-1} Pureza 99,999%]

$$\text{Concentração (C)} = m(g) / M \times V (L)$$
$$m(g) = 0,160 \times 204,23 \times 1,00 \Rightarrow 20,423 \text{ g}$$

Procedimento e observações

Após secar a 120°C por duas horas, esfriar em dessecador, pesar a massa de 20,423 g de FAP e dissolver em água até completar 1,00 L de solução.

Informação: O FAP é comercializado em frasco com pureza definida (99,999%) e estável. A solução preparada adequadamente é um padrão primário.

Preparação de soluções diluídas partindo de soluções concentradas de ácidos

Após calcular a concentração da solução de ácido concentrado, como exemplificado anteriormente, com a solução concentrada de ácido sulfúrico, e sabendo-se o volume desejado da solução diluída a ser preparada, aplica-se a equação da diluição:

$$(C_1) \times (V_1) = (C_2) \times (V_2)$$

onde C_1: concentração da solução do ácido concentrado; V_1: volume da alíquota de solução de ácido concentrado a ser tomada para diluição; C_2 e V_2: concentração e volume da solução a ser preparada, respectivamente. Ou fazer o cálculo diretamente.

Ex.: Qual é o volume (mL) necessário de uma solução concentrada de H_2SO_4 para preparar 500 mL de uma solução com concentração de 0,045 mol L^{-1}?

a) Cálculo utilizando as especificações do rótulo

$$\text{Concentração (C)} = m (g) / M \times V (L)$$
$$m (g) = (0,045) \times (98,1) \times (0,5) \Rightarrow 2,21 \text{ g}$$

Como a solução concentrada de ácido sulfúrico tem título 96% (m/m):

Solução H_2SO_4

100 (g) — 96 (g)

m (g) — 2,21(g)

logo, {m = 2,30 g}

A densidade é definida como d = m(g) / V (cm³); logo, V (mL) = (2,30) / 1,84

V (mL) = 1,25 mL da solução concentrada

b) Cálculo pela equação de diluição

$$(C_1) \times (V_1) = (C_2) \times (V_2)$$

$$18,0 \times (V_1) = 0,045 \times 500$$

$$V_1 = 1,25 \text{ mL}$$

Ou seja, é necessário tomar alíquota de 1,25 mL da solução concentrada de ácido sulfúrico, transferir para balão volumétrico de 500 mL, completar o volume com água e a solução resultante terá então concentração de 0,045 mol L⁻¹ em ácido sulfúrico. Como a solução foi preparada a partir da solução concentrada com título aproximado, ela não é padrão.

EXERCÍCIOS

- Qual é a concentração (mol L⁻¹) de uma solução concentrada de ácido clorídrico? [Título: 37% (m/m); d: 1,19 (g/cm³); massa molar (M) do HCl: 36,5 g mol⁻¹]. *Resposta: 12,08 mol L⁻¹.*
- Qual é o volume (mL) necessário de uma solução concentrada de ácido nítrico para preparar 250 mL de uma solução de 0,50 mol L⁻¹? [Título: 65% (m/m); d:1,4 g/cm³; H: 1,008; N: 14,006; e O: 16,00 g mol⁻¹]. *Resposta: 8,66 mL.*

2.3.5.2 Padronização de soluções

Padronização de soluções NaOH e H_2SO_4

Para padronizar a solução de NaOH 0,1 mol L⁻¹ deve ser feita uma titulação com a solução padrão de FAP.

Procedimento e resultado

Transfere-se para um erlenmeyer uma alíquota de 25,00 mL da solução de NaOH com concentração próxima de 0,1 mol L⁻¹ e adicionam-se 4-5 gotas de solução indicadora fenolftaleína. Utilizando-se uma bureta de 50,00 mL contendo a solução de FAP (0,100 mol L⁻¹) faz-se a titulação da amostra de NaOH, gastando, por exemplo, um volume de 22,50 mL de FAP ao final.

CAPÍTULO 2 ▶ RECURSOS HÍDRICOS ▶ ▶ ▶ ▶ ▶ ▶ ▶ ▶

Cálculos para determinação da concentração real de NaOH (Padronização)
Reação envolvida:

$$1\ C_6H_4COOKCOOH + 1\ NaOH \rightleftharpoons C_6H_4COOKCOONa + H_2O$$

Proporção da reação: 1 mol : 1 mol : 1 mol : 1 mol

a) Cálculo do número de mol presente nos 22,50 mL de solução de FAP 0,100 mol L^{-1}:

0,100 mol FAP — 1000,0 mL solução
n — 22,50 mL solução

n = 2,25 10^{-3} mol FAP

b) Cálculo do número de mol de NaOH presente na amostra de 25,00 mL:

Como a razão de reação é 1 mol NaOH : 1 mol FAP, o número de mol de NaOH é igual ao número de mol de FAP gasto na titulação:

n (NaOH) = 2,25 10^{-3} mol

c) Cálculo da concentração real da solução de NaOH

2,25 10^{-3} mol NaOH — 25,00 mL alíquota
C — 1000,00 mL solução

C = 9,00 10^{-2} mol L^{-1} concentração real ou padronizada

Pode-se agora padronizar a solução de H$_2$SO$_4$ C = 0,45 mol L^{-1} (concentração aproximada) usando-se a solução padronizada de NaOH 9,00 10^{-2} mol L^{-1}

Procedimento

Transfere-se para um erlenmeyer uma alíquota de 25,00 mL da solução de H$_2$SO$_4$ e adicionam-se 4-5 gotas de solução indicadora vermelho de metila. Usando uma bureta de 50,00 mL contendo a solução de NaOH com concentração 9,00 10^{-2} mol L^{-1} faz-se a titulação, gastando-se, por exemplo, um volume de 23,80 mL de NaOH.

Cálculo para determinação da concentração real do H$_2$SO$_4$ (padronização)
Reação envolvida:

$$1\ H_2SO_4 + 2\ NaOH \rightleftharpoons Na_2SO_4 + 2\ H_2O$$

Proporção da reação: 1 mol : 2 mol : 1 mol : 2 mol

a) Cálculo do número de mol de NaOH presente nos 23,80 mL da solução de NaOH 9,00 10^{-2} mol L^{-1}:

9,00 10^{-2} mol NaOH — 1000 mL solução
n — 23,80 mL solução

n = 2,14 10^{-3} mol NaOH

b) Cálculo do número de mol de H_2SO_4 presente na amostra de 25,00 mL:

Como a razão de reação é 1 mol H_2SO_4 : 2 mol NaOH, pode-se escrever:

$$1 \text{ mol } H_2SO_4 \text{ — } 2 \text{ mol NaOH}$$
$$n \text{ — } 2{,}14 \cdot 10^{-3} \text{ mol NaOH}$$
$$n = 1{,}07 \cdot 10^{-3} \text{ mol } H_2SO_4$$

c) Cálculo da concentração real da solução de H_2SO_4:

$$1{,}07 \cdot 10^{-3} \text{ mol } H_2SO_4 \text{ — } 25{,}00 \text{ mL solução}$$
$$C \text{ — } 1000{,}00 \text{ mL solução}$$

$C = 0{,}0428$ mol L^{-1} concentração real ou padronizada da solução de H_2SO_4

EXERCÍCIOS

▶ Na padronização de uma solução de NaOH, utilizaram-se 1,5947 g de hidrogenoftalato ácido de potássio (FAP) e solução indicadora de fenolftaleína. Foram consumidos 27,50 mL de solução de NaOH até o ponto final da titulação. Qual é a concentração (mol L^{-1}) da solução de NaOH? [FAP: $C_6H_4COOKCOOH$; C: 12,011; H: 1,008; K: 39,09; O: 16,00; e Na: 22,99 g mol^{-1}]. *Resposta: 0,28 mol L^{-1}.*

▶ Em uma titulação, utilizando vermelho de metila como indicador, foram consumidos 34,55 mL de uma solução de hidróxido de sódio 0,9987 mol L^{-1} para padronizar 25,00 mL de uma solução de ácido sulfúrico. Qual é a concentração (mol L^{-1}) da solução de ácido sulfúrico? [H: 1,008; S: 32,06; O: 16,00; e Na: 22,99 g mol^{-1}]. *Resposta: 0,68 mol L^{-1}.*

2.3.5.3 Determinação de nitrogênio amoniacal pelo método de Kjeldahl

Introdução

Conhecer o nitrogênio presente em uma amostra na forma de NH_4^+, NO_3^- e NO_2^- é importante sob vários aspectos ambientais. A determinação pode ser feita transformando o NO_2^- e NO_3^- em íon amônio (NH_4^+) (processo de digestão), que é mais fácil de determinar por titulação. O resultado é expresso na forma de nitrogênio total como NH_4^+.

Princípio do método

O íon amônio da amostra é transformado em amônia (espécie volátil) pela adição de excesso de base forte (NaOH):

$$NH_4^+ + OH^- \rightleftharpoons NH_3\uparrow + H_2O$$

Antes da adição da base forte, adiciona-se cerca de 1 g de zinco granulado, para redução de nitratos à amônia, e fragmentos de porcelana porosa, para impedir superaquecimento. A amônia liberada é quantitativamente separada da mistura por destilação, recolhida em quantidade conhecida de solução ácida em excesso. O recolhimento da amônia liberada em solução de ácido bórico (H_3BO_3) *requer apenas uma solução ácida padronizada* e solução indicadora verde de bromocresol/vermelho de metila para a titulação do borato formado (Figura 2.9, p. 80).

Reações envolvidas em cada uma das etapas:

- Adição de solução concentrada de NaOH:

$$NH_4^+ + OH^- \rightleftharpoons NH_3\uparrow + H_2O$$

- Recolhimento de NH_3 (gás amônia) em solução de ácido bórico:

$$NH_3 + H_3BO_3 \rightleftharpoons NH_4^+ + H_2BO_3^-$$

Em presença do indicador a solução tem cor verde

- Titulação do borato formado com solução padronizada de H_2SO_4

$$2\,H_2BO_3^- + 1\,H_2SO_4 \rightleftharpoons 2\,H_3BO_3 + SO_4^{2-}$$

Em presença do indicador, após completar reação a solução tem cor vermelha

Exemplo de cálculo

A amônia formada na digestão de 2,10 g de uma amostra de ureia foi absorvida em uma solução de H_3BO_3. A titulação da solução de $NH_4^+/H_2BO_3^-$ requer 21,05 mL de solução de H_2SO_4 0,2396 mol L^{-1}. Qual é a porcentagem (m/m) de nitrogênio (N) na amostra? Apresente o resultado na forma de $(NH_4)_2SO_4$.

a) Cálculo do número de mol de H_2SO_4 presente nos 21,05 mL

$$0{,}2396\ \text{mol} \longrightarrow 1000{,}00\ \text{mL}$$
$$n \longrightarrow 21{,}05\ \text{mL}$$
$$n = 5{,}04\ 10^{-3}\ \text{mol de } H_2SO_4$$

b) Cálculo do número de mol de $H_2BO_3^-$ (borato formado)

$$\text{Reação: } 2\,H_2BO_3^- + 1\,H_2SO_4 \rightleftharpoons 2\,H_3BO_3 + SO_4^{2-}$$

Relação: 2 mol $H_2BO_3^-$: 1 mol H_2SO_4

$$2\ \text{mol } H_2BO_3^- \longrightarrow 1\ \text{mol } H_2SO_4$$
$$n \longrightarrow 5{,}04\ 10^{-3}\ \text{mol}$$
$$n = 10{,}08\ 10^{-3}\ \text{mol } H_2BO_3^-$$

c) Cálculo do número de mol de NH_4^+

$$NH_3 + H_3BO_3 \rightarrow NH_4^+ + H_2BO_3^-$$

Pela reação, 1 mol de NH_3 reage com 1 mol de H_3BO_3 formando 1 mol de NH_4^+. Portanto, o número de mol de NH_4^+ é igual ao $H_2BO_3^-$ formado, ou seja, 10,08 10^{-3}.

d) Apresentação do resultado como porcentagem de N e de $(NH_4)_2SO_4$, [N = 14,006 e $(NH_4)_2SO_4$ = 132,13 g mol^{-1}]

1 mol NH_3 possui 1 mol de N, ou seja, $10,08 \cdot 10^{-3}$ mol de N

Massa de nitrogênio

1 mol de N — 14,006 g

$10,08 \cdot 10^{-3}$ mol de N — m

m = 0,141 g de N

Porcentagem de N na amostra

Amostra   N

2,10 g — 0,141

100 g — x

x = 6,72% (m/m) de N

Porcentagem de $(NH_4)_2SO_4$ na amostra

1 mol de NH_3 pode fazer 0,5 mol $(NH_4)_2SO_4$, logo, $5,04 \cdot 10^{-3}$ mol de $(NH_4)_2SO_4$

Massa de $(NH_4)_2SO_4$

1 mol de $(NH_4)_2SO_4$ — 132,13 g

$5,04 \cdot 10^{-3}$ mol — m

m = 0,666 g de $(NH_4)_2SO_4$

Amostra $(NH_4)_2SO_4$

2,10 g — 0,666 g

100 g — y

y = 31,71% (m/m) de $(NH_4)_2SO_4$ na amostra

EXERCÍCIO

Foram alcalinizados 25,00 mL de uma amostra de efluente com densidade de 1,42 g/cm³ com excesso de solução de hidróxido de sódio e, após destilação, a amônia liberada foi recolhida em excesso de ácido bórico. A titulação do borato formado consumiu 22,00 mL de ácido sulfúrico 0,500 mol L^{-1}. [H: 1,008; S: 32,06; O: 16,00; e N: 14,006 g mol^{-1}].

▶ Qual é a massa de sulfato de amônio na amostra? *Resposta: 1,452 g.*
▶ Qual é a porcentagem de sulfato de amônio na amostra? *Resposta: 4,09 %.*
▶ Qual é a massa de nitrogênio na amostra? *Resposta: 308 mg ou 0,308 g.*

2.3.5.4 Determinação de nitrogênio total pelo método de Kjeldahl

Princípio do método

Do ponto de vista ambiental, industrial, agronômico etc., é muito importante a determinação da concentração de nitrogênio total (N_t) em diversas matrizes. Por exemplo, para se conhecer o teor de N_t em um efluente tratado antes do seu aporte em um manancial (ver Item 2.2.3); determinar o teor de proteína total em um alimento (precisa saber o teor de N_t e fazer a conversão utilizando fatores tabelados disponíveis na literatura); saber se o nitrogênio da formulação de um determinado fertilizante está ou não sendo absorvido pela planta ou por partes dela (ver Capítulo 5, Item 5.5.1). Ou seja, todas essas questões são respondidas e/ou esclarecidas com a determinação de N_t. Esta geralmente é feita através do íon amônio, após digestão sulfúrica das matrizes, a quente (cerca de 350 – 400°C), em presença de catalisador. Na digestão, o conteúdo proteico dessas matrizes hidrolisa à gelatina, e ela hidrolisa a aminoácidos para, finalmente, originar sulfato de amônio na solução sulfúrica final. A condição redutora do meio, essencial ao processo de conversão do nitrogênio proteico a amoniacal, é conseguida pelo "carvão" proveniente da desidratação/carbonização da matéria orgânica pelo ácido sulfúrico. Assim como no caso de nitrogênio amoniacal discutido anteriormente, a dosagem do íon amônio é feita pela tradicional titulometria de neutralização da amônia liberada por forte alcalinização do digerido ácido e, posteriormente, recolhida em solução de ácido bórico. Uma opção ao ácido bórico é recolher a amônia em um volume conhecido de solução de ácido sulfúrico padronizado em excesso (Figura 2.8) (Rocha et al., 1986; Rocha et al., 1990).

Reações envolvidas:

$$1\ NH_4^+ + 1\ OH^- \rightleftharpoons 1\ NH_3 \uparrow + 1\ H_2O$$

$$2\ NH_3 + 1\ H_2SO_4 \rightleftharpoons 2\ NH_4^+ + SO_4^{2-}$$

O excesso de H_2SO_4 é titulado com solução padronizada de NaOH

$$1\ H_2SO_4 + 2\ NaOH \rightleftharpoons Na_2SO_4 + 2\ H_2O$$

Exemplo de cálculo

Uma amostra de biofertilizante, com massa igual a 0,992 g, foi digerida e o nitrogênio determinado pelo método Kjeldahl. A amônia liberada foi coletada em 50,00 mL de solução de H_2SO_4 0,0531 mol L^{-1}. O excesso do ácido quando titulado requereu 11,90 mL de solução de NaOH 0,0930 mol L^{-1}. Expresse o resultado em termos de porcentagem de nitrogênio.

Princípio do método

a) Coleta da amônia em ácido sulfúrico

$$2NH_3 + 1\ H_2SO_4 \rightleftharpoons (NH_4)_2SO_4$$

Relação: 2 mol NH_3 : 1 mol H_2SO_4

b) Neutralização do excesso de H_2SO_4 durante a titulação

$$2NaOH + 1\ H_2SO_4 \rightleftharpoons Na_2SO_4 + 2H_2O$$

Relação: 2 mol NaOH : 1 mol H_2SO_4

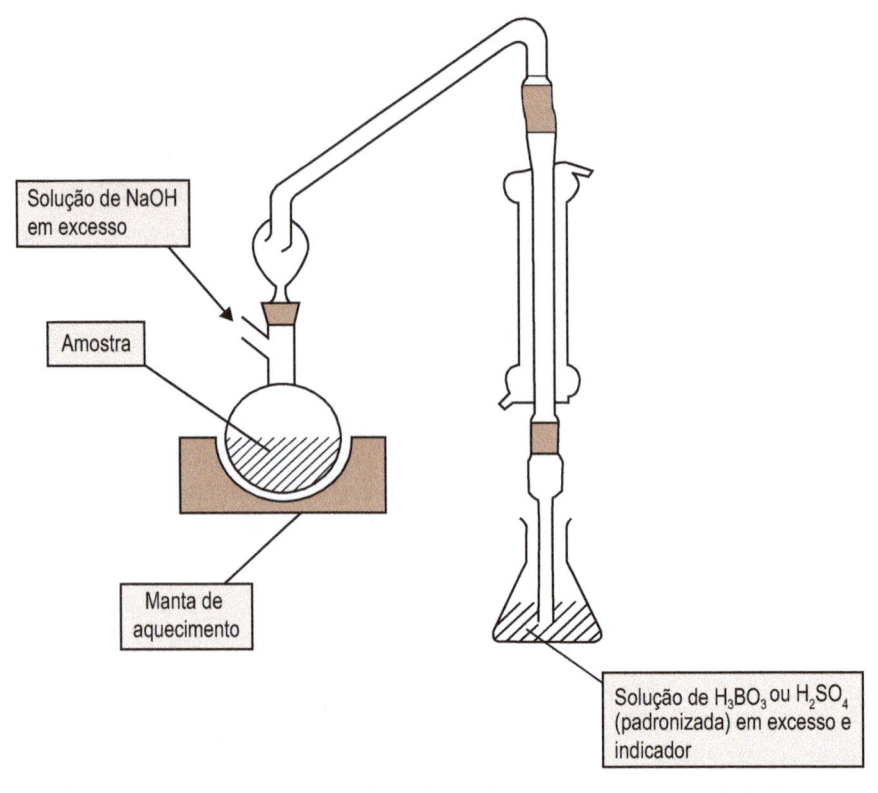

FIGURA 2.9 Esquema utilizado para determinação de nitrogênio amoniacal e total pelo método Kjeldahl.

Cálculos:
Número de mol total (n_t) de H_2SO_4

$$0{,}0531 \text{ mol de } H_2SO_4 \;—\; 1000{,}00 \text{ mL}$$
$$n_t \;—\; 50{,}00 \text{ mL}$$
$$n_t = 2{,}66 \cdot 10^{-3} \text{ mol de } H_2SO_4$$

Número de mol de NaOH gasto para reagir com o excesso de H_2SO_4

$$0{,}0930 \text{ mol de NaOH} \;—\; 1000{,}00 \text{ mL}$$
$$n \;—\; 11{,}90 \text{ mL}$$
$$n = 1{,}107 \cdot 10^{-3} \text{ mol de NaOH}$$

Número de mol de H_2SO_4 que reagiu com NaOH

$$1 \text{ mol } H_2SO_4 \;—\; 2 \text{ mol NaOH}$$
$$n \;—\; 1{,}107 \cdot 10^{-3} \text{ mol}$$
$$n = 0{,}554 \cdot 10^{-3} \text{ mol de } H_2SO_4$$

Número de mol de H_2SO_4 que sobrou para reagir com amônia

$$n_t - n_{H_2SO_4} = (2{,}66 - 0{,}554) \times 10^{-3} = 2{,}106 \; 10^{-3} \text{ mol}$$

Número de mol de NH_3 que reagiu com o ácido em excesso.

$$1 \text{ mol } H_2SO_4 \longrightarrow 2 \text{ mol } NH_3$$
$$2{,}106 \; 10^{-3} \text{ mol} \longrightarrow n_{NH_3}$$
$$n_{NH_3} = 4{,}212 \; 10^{-3} \text{ mol de } NH_3$$

Massa de nitrogênio (M = 14,006 g mol^{-1})

$$1 \text{ mol } NH_3 \longrightarrow 14{,}006 \text{ g de N}$$
$$4{,}212 \; 10^{-3} \text{ mol} \longrightarrow m$$
$$m = 0{,}0589 \text{ g}$$

Porcentagem de N na amostra

$$\begin{array}{cc} \text{Amostra} & \text{N} \\ 0{,}992 \text{ g} \longrightarrow & 0{,}0589 \text{ g} \\ 100 \text{ g} \longrightarrow & x \end{array}$$

$$x = 5{,}94 \text{ \% (m/m) de N}$$

EXERCÍCIO

▶ 0,5000 g de uma amostra de biossólido (resíduo final de tratamento de efluente doméstico) foi digerido e alcalinizado com excesso de solução de hidróxido de sódio. Após destilação, a amônia liberada foi recolhida em 25,00 mL de solução de ácido sulfúrico 0,0552 mol L^{-1}. A titulação do excesso de solução de ácido sulfúrico utilizando solução indicadora vermelho de metila consumiu 4,60 mL de solução de hidróxido de sódio 0,1250 mol L^{-1}. [H: 1,008; S: 32,06; O: 16,00; e N: 14,006 g mol^{-1}]. Qual é o teor de nitrogênio total na amostra? *Resposta: 6,12 %.*

2.3.5.5 Determinação da dureza de águas

A dureza da água é propriedade decorrente da presença de metais alcalinos terrosos e resulta da dissolução de minerais do solo e das rochas ou do aporte de resíduos industriais. É definida como uma característica da água, que representa a concentração total de sais de cálcio e de magnésio, expressa como carbonato de cálcio (mg L^{-1}). Quando a concentração desses sais é alta, diz-se que a água é dura e, quando baixa, que é mole. Geralmente classifica-se uma água de acordo com sua concentração total de sais, conforme o Quadro 2.5 (Langelier, 1946). Este autor divide as águas naturais em duas categorias: as supersaturadas e as subsaturadas, ambas em carbonato de cálcio. As águas supersaturadas são aquelas nas quais ocorre a deposição de uma camada de carbonato de cálcio na superfície de um metal, em contato com as mesmas. Essa camada retarda

QUADRO 2.5 Classificação de águas naturais, de acordo com a concentração total de sais de cálcio e de magnésio, expressa como carbonato de cálcio – $CaCO_3$ (mg L^{-1})

Classificação	Concentração como $CaCO_3$ (mg L^{-1})
Águas moles	< 50
Águas moderadamente moles	50 a 100
Águas levemente duras	100 a 150
Águas moderadamente duras	150 a 250
Águas duras	250 a 350
Águas muito duras	> 350

consideravelmente a difusão do oxigênio, e quando presente na superfície do aço carbono, constitui-se em uma barreira muito mais efetiva que a camada de óxidos e/ou hidróxidos de ferro. A verificação da supersaturação ou subsaturação em carbonato de cálcio de uma água é feita pelo cálculo do índice de saturação ou de Langelier de uma água.

Ainda de acordo com Langelier, há uma relação matemática entre o teor de carbonato de cálcio, bicarbonato de cálcio e dióxido de carbono em água. A relação, aplicável para o intervalo de pH entre 6,5 e 9,5, é demonstrada na Equação 1.

$$pH_s = pCa^{2+} + pAlk + (pK_2 - pK_s) \qquad \text{(Equação 1)}$$

onde:

pH_s (o pH de saturação) é o pH, no qual sem alteração de alcalinidade do conteúdo de cálcio ou sólidos dissolvidos, a água não depositará ou dissolverá carbonato de cálcio;

pCa^{2+} é o logaritmo negativo da concentração de cálcio em mg L^{-1} de $CaCO_3$;

pAlk é o logaritmo negativo da alcalinidade ao metil orange, em mg L^{-1} de $CaCO_3$;

pK_2 é o logaritmo negativo da constante de ionização do HCO_3^-;

pK_s é o logaritmo negativo do produto de solubilidade do $CaCO_3$.

Os termos pK_2 e pK_s são tabelados e dependem da força iônica e da temperatura. O índice de saturação de Langelier (SI) é definido como a diferença entre o pH atual da água e o pH de saturação:

$$SI = pH - pH_s \qquad \text{(Equação 2)}$$

Um valor positivo para SI indica tendência à formação de camadas protetoras e um valor negativo indica qualidade agressiva, ou de dissolução de camadas protetoras (Quadro 2.6). Valores mais elevados podem determinar deposição excessiva de carbonato de cálcio, prejudicando o fluxo de água em tubulações, por exemplo.

A dureza total de uma amostra de água é determinada por titulação dos íons cálcio e magnésio, com solução de etilenodiaminotetracético – EDTA (sal dissódico dihidratado –

CAPÍTULO 2 ▶ RECURSOS HÍDRICOS

QUADRO 2.6 Classificação da água natural em relação ao índice de saturação

Índice de saturação	Saturação em $CaCO_3$	Característica da água
Positivo	Supersaturada em $CaCO_3$	Não é corrosiva
Zero	Em equilíbrio	—
Negativo	Subsaturada	Corrosiva

$C_{10}H_{14}N_2Na_2O_8 \cdot 2H_2O$, seco a 70-80°C, por dois dias – padrão primário) em pH 10 (tampão cloreto de amônio/hidróxido de amônio), solução indicadora Erio T (*negro de eriocromo T*). O resultado é expresso como $CaCO_3$ mg L^{-1} (Rump; Krist, 1988; Clesceri; Greenberg; Trussel, 1989).

Em processos industriais, a dureza elevada da água pode ser prejudicial, pois há tendência à incrustação do carbonato de cálcio nas caldeiras, principalmente quando a água é aquecida. O aquecimento da água converte todo bicarbonato presente em carbonato pela eliminação de gás carbônico (CO_2).

$$Ca(HCO_3)_{2(aq)} \rightleftharpoons CaCO_{3(s)} + CO_2 \uparrow + H_2O$$

O EDTA é um reagente que forma complexos com metais, *sempre na razão de reação 1:1*. Portanto, a titulação estima o número total de mol de metais que reagem com EDTA e o resultado é expresso como mg L^{-1} de íons Ca^{2+}.

Exemplo de cálculos para expressar resultados:

Uma solução que contém 50 mg L^{-1} de $MgCO_3$ [$MgCO_3$: 84,32 e $CaCO_3$: 100 g mol^{-1}] Calcular a equivalência da solução como carbonato de cálcio (mg L^{-1})

$$1 \text{ mol } MgCO_3 \text{ —— } 84,32 \text{ g}$$
$$n \text{ —— } 50 \cdot 10^{-3} \text{ g}$$
$$n = 5,9 \cdot 10^{-4} \text{ mol de } MgCO_3$$

1 mol de $MgCO_3$ equivale a 1 mol de $CaCO_3$

$$CaCO_3 \qquad MgCO_3$$
$$1 \text{ mol } \text{—— } 100 \text{ g}$$
$$5,9 \cdot 10^{-4} \text{ g } \text{—— } m$$
$$m = 5,9 \cdot 10^{-2} \text{ g de } CaCO_3$$

Determinação da dureza total (Ca + Mg – Indicador ERIO T "Ind")

- Solução tamponada em pH 10 (NH_4Cl / NH_4OH):

$$Ca^{2+} + Mg^{2+} + Ind \rightleftharpoons CaInd + MgInd + Ca^{2+} + Mg^{2+}$$
$$\text{(azul)} \qquad \text{(violeta)}$$

- Durante a titulação:

$$EDTA + Ca^{2+} + Mg^{2+} \rightleftharpoons CaEDTA + MgEDTA$$
$$\text{(incolor)}$$

- No ponto de equivalência:

$$EDTA + CaInd + MgInd \rightleftharpoons CaEDTA + MgEDTA + Ind$$
$$\text{(violeta)} \qquad\qquad \text{(azul)}$$

- Equação geral da complexometria:

$$1\ M^{2+} + 1\ H_2Y^{-2} \rightleftharpoons MY^{2-} + 2\ H^+$$

ou seja,

1 mol de metal = 1 mol de EDTA

Determinação de cálcio utilizando calcon como indicador

Na determinação de íons Ca^{2+} por titulação com EDTA, adiciona-se solução de NaOH 1 mol L^{-1} para fixar o pH em 12, pois, até o ponto de equivalência, uma base forte funciona como tampão; além disso, nesse pH os íons Mg^{2+} presentes precipitam como $Mg(OH)_2$. Neste caso, utilizam-se 3-4 gotas de solução indicadora de calcon (*azul negro de eriocromo R*).

$$Ca^{2+} + Calcon \rightleftharpoons CaCalcon + Ca^{2+}$$
$$\text{(azul)} \qquad\quad \text{(violeta)}$$

- Durante a titulação:

$$Ca^{2+} + EDTA \rightleftharpoons CaEDTA$$
$$\text{(incolor)}$$

- No ponto de equivalência:

$$EDTA + CaCalcon \rightleftharpoons CaEDTA + Calcon$$
$$\text{(violeta)} \qquad\qquad \text{(azul)}$$

1 mol de metal = 1 mol de EDTA

Logo, o número de mol de EDTA gasto na titulação da mistura dos íons Ca^{2+} e Mg^{2+} (Erio T / pH 10), menos o número de mol gasto na titulação dos íons Ca^{2+} (Calcon / pH 12), é igual ao número de mol de íons Mg^{2+} presentes na amostra.

EXERCÍCIO

▶ Foram titulados 100,00 mL de uma amostra de água de rio com solução de EDTA 0,0010 mol L^{-1} utilizando-se indicador Erio T e tampão pH 10. O volume de solução de EDTA consumido no ponto de equivalência foi de 35,00 mL. Titulando 100,00 mL dessa mesma amostra com a mesma solução de EDTA, utilizando-se Calcon como indicador em pH 12 (adição de solução de NaOH), até o ponto de equivalência consumiram-se 19,50 mL de solução de EDTA. [Ca: 40,08; Mg: 24,32; C: 12,01; e O: 16,00 g mol^{-1}]. Qual é a dureza total da amostra (expressa como $CaCO_3$ mg L^{-1})? Qual é a concentração de carbonato de magnésio na amostra de água? *Resposta: 35,05 mg L^{-1} $CaCO_3$ e 13,07 mg L^{-1} $MgCO_3$.*

2.3.5.6 Determinação da demanda química de oxigênio – DQO

O parâmetro DQO tem sido empregado para avaliar a carga orgânica em águas superficiais e residuárias passíveis de serem consumidas em oxidações aeróbicas. Para a estimativa do teor de material orgânico em águas, utilizam-se métodos de oxidação química empregando-se um reagente fortemente oxidante, como, por exemplo, o dicromato de potássio em meio ácido, sendo a matéria orgânica oxidada (Clesceri; Greenberg; Trussel, 1989; Rocha et al., 1990). A reação principal pode ser representada como:

$$MO + Cr_2O_7^{2-} + H^+ \rightleftharpoons 2Cr^{3+} + CO_2\uparrow + H_2O$$

onde MO é a matéria orgânica. Neste caso, o método consiste em oxidar a amostra com excesso conhecido de solução padrão primário de dicromato de potássio ($K_2Cr_2O_7$) sob aquecimento, em meio de ácido sulfúrico concentrado e sulfato de prata como catalisador. Após duas horas sob refluxo, titula-se o dicromato residual com solução padronizada de sulfato ferroso utilizando-se ferroína como indicador. A quantidade de matéria oxidável expressa como equivalente em oxigênio é proporcional à quantidade de dicromato de potássio consumida e pode ser entendida como uma "medida" da quantidade de matéria orgânica. Em muitos casos, existe uma relação entre a DQO e a DBO (Demanda Bioquímica de Oxigênio). Como a determinação da DQO é mais simples e mais rápida, ela cresce em importância, principalmente em se tratando de controles de efluentes ou de estações de tratamento de efluentes. Entretanto, os resultados podem ser alterados devido à presença de espécies que podem sofrer oxidação, como cloretos, nitritos, ferro(II) etc.

Reações

$$Cr_2O_7^{2-} + 14\ H^+ + 6e \rightleftharpoons 2\ Cr^{3+} + 7\ H_2O$$

- O excesso de dicromato é titulado com sulfato ferroso amoniacal:

$$6\ Fe^{2+} + Cr_2O_7^{2-} + 14\ H^+ \rightleftharpoons 4\ Fe^{3+} + 2\ Cr^{3+} + 7\ H_2O$$

$$Fe^{2+} \rightleftharpoons Fe^{3+} + 1e$$

- A oxidação pelo oxigênio pode ser representada pela seguinte reação:

$$O_2 + 4\ H^+ + 4e \rightleftharpoons 2\ H_2O$$

- Logo, a equivalência entre dicromato e oxigênio será:

$$1\ mol\ Cr_2O_7^{2-} \text{ --- } 6\ mol\ de\ elétrons$$

$$1\ mol\ O_2 \text{ --- } 4\ mol\ de\ elétrons$$

$$\frac{1\ mol_{Cr_2O_7^{2-}}}{6\ mol\ de\ elétrons} = \frac{1\ mol_{O_2}}{4\ mol\ de\ elétrons}$$

logo, a equação geral será:

$$6\ mol\ O_2 = 4\ mol\ Cr_2O_7^{2-}$$

$$\text{ou } 1\ mol\ Cr_2O_7^{2-} = 1,5\ mol\ O_2$$

Com base nas reações envolvidas, também pode-se chegar às seguintes equivalências:

$$1 \text{ mol } Cr_2O_7^{2-} \text{ equivale a 6 mol } Fe^{2+}$$
$$1 \text{ mol } O_2 \text{ equivale a 4 mol } Fe^{2+}$$

Exemplos de cálculos

Foram refluxados 50,00 mL de uma amostra de efluente doméstico tratado com 25,00 mL de solução de dicromato de potássio de 0,0291 mol L^{-1}, em meio de ácido sulfúrico concentrado. O produto da reação foi titulado com 22,10 mL de solução de sulfato ferroso 0,0565 mol L^{-1}. Qual é a DQO da amostra?

a) Cálculo do número de mol inicial de dicromato de potássio:

$$0{,}0291 \text{ mol de } Cr_2O_7^{2-} \text{ — } 1{,}0 \text{ L}$$
$$x \text{ mol de } Cr_2O_7^{2-} \text{ — } 0{,}025 \text{ L}$$
$$x = 7{,}28 \cdot 10^{-4} \text{ mol de } Cr_2O_7^{2-}$$

b) Cálculo do número de mol de Fe^{2+} utilizado na titulação do dicromato que não reagiu:

$$0{,}0565 \text{ mol de } Fe^{2+} \text{ — } 1{,}0 \text{ L}$$
$$y \text{ mol de } Fe^{2+} \text{ — } 0{,}0221 \text{ L}$$
$$\text{logo, } y = 1{,}25 \cdot 10^{-3} \text{ mol de } Fe^{2+}$$

c) Cálculo do número de mol de dicromato que sobrou após oxidação, considerando-se que:

$$1 \text{ mol } Cr_2O_7^{2-} \text{ — } 6 \text{ mol de } Fe^{2+}$$
$$z \text{ mol } Cr_2O_7^{2-} \text{ — } 1{,}25 \cdot 10^{-3} \text{ mol de } Fe^{2+}$$
$$\text{logo, } z = 2{,}08 \cdot 10^{-4} \text{ mol de } Cr_2O_7^{2-}$$

d) Cálculo do número de mol de dicromato consumido durante a oxidação da MO:

$$0{,}000728 \text{ (inicial)} - 0{,}000208 \text{ (restante)} = 0{,}00052 \text{ mol } Cr_2O_7^{2-} \text{ (consumido)}$$

e) Equivalência do número de mol de O$_2$:

$$6 \text{ mol } O_2 \text{ — } 4 \text{ mol } Cr_2O_7^{2-}$$
$$x \text{ mol } O_2 \text{ — } 0{,}00052 \text{ mol } Cr_2O_7^{2-}$$
$$\text{logo, } x = 7{,}8 \cdot 10^{-4} \text{ mol de } O_2$$

f) Alíquota tomada da amostra = 50,00 mL:

O$_2$ Amostra

$$7{,}8 \cdot 10^{-4} \text{ mol de } O_2 \text{ — } 50{,}0 \text{ mL efluente tratado}$$
$$w \text{ mol de } O_2 \text{ — } 1.000 \text{ mL efluente tratado}$$
$$\text{logo, } w = 1{,}56 \cdot 10^{-2} \text{ mol L}^{-1}$$

g) Transformação em gramas – DQO g L^{-1}:

$$1 \text{ mol de } O_2 \text{ — } 32 \text{ gramas}$$
$$1{,}56 \cdot 10^{-2} \text{ mol de } O_2 \text{ — } z \text{ gramas}$$

Resposta: 0,499 g L^{-1} ou 499 mg L^{-1} é a DQO do efluente tratado.

2.3.5.7 Determinação de oxigênio dissolvido – OD

A presença de oxigênio na água é essencial para vários organismos aquáticos nos processos metabólicos de bactérias aeróbicas e outros micro-organismos responsáveis pela degradação de poluentes nos sistemas aquáticos, os quais utilizam oxigênio como aceptor de elétrons. Ele entra na água via difusão na superfície, bem como via processos fotossintéticos, que ocorrem devido às algas e às plantas submersas. Para evitar corrosões nas redes de abastecimento de água, a quantidade máxima de O_2 dissolvido deve ser 4 mg L^{-1}.

O oxigênio pode ser determinado por titulação (Método de Winkler) ou por eletrodo sensível ao O_2 dissolvido (Rump; Krist, 1988; Clesceri; Greenberg; Trussel, 1989). Os resultados são expressos como simples concentração (mg L^{-1}) ou como % de saturação. A concentração de O_2 em água saturada é dependente de temperatura, pressão e salinidade, e pode ser obtida em tabelas da literatura ou determinada experimentalmente.

Determinação de oxigênio dissolvido pelo método de Winkler

Para evitar perdas de O_2 durante o transporte da amostra ao laboratório, é necessário "fixar" o oxigênio no momento da coleta, via reação com íons Mn^{2+}, adicionados no frasco coletor como sulfato de manganês(II), junto com uma mistura alcalina de iodeto/azida. O iodeto (I$^-$) é necessário para reagir com o manganês(IV) formado e liberar iodo elementar (I_2), que é titulado posteriormente com solução padronizada de tiossulfato de sódio. A azida serve para evitar interferências de íons nitrito (NO_2^-), os quais também podem estar presentes e oxidar o íon iodeto até iodo elementar (I_2).

- Execução do ensaio:
  - Precipitação do hidróxido de manganês.

$$Mn^{2+} + 2\ OH^- \rightleftharpoons Mn(OH)_2$$

  - Oxidação do precipitado hidróxido de manganês pelo oxigênio dissolvido ("fixação do O_2").

$$2\ Mn(OH)_2 + O_{2(aq)} \rightleftharpoons 2\ MnO(OH)_2$$

  - No laboratório, a solução é acidificada e o precipitado se dissolve na forma de manganês (IV):

$$MnO(OH)_2 + 4\ H^+ \rightleftharpoons Mn^{4+} + 3\ H_2O$$

- O manganês(IV) reage com o iodeto de potássio, liberando iodo elementar (I_2) em quantidade equivalente à quantidade original de oxigênio dissolvido na amostra.

$$Mn^{4+} + 2\,I^- \rightleftharpoons Mn^{2+} + I_2$$

- O iodo liberado é titulado com solução de tiossulfato de sódio.

$$2\,S_2O_3^{2-} + I_2 \rightleftharpoons S_4O_6^{2-} + 2\,I^-$$

■ Cálculo do número de mol de oxigênio:

$$2\,Mn(OH)_2 + 1\,O_{2(aq)} \rightarrow 2\,MnO(OH)_2$$

ou seja, 2 mol $Mn(OH)_2$ = 1 mol $O_{2(aq)}$ = 2 mol $MnO(OH)_2$

$$1\,MnO(OH)_2 + 4\,H^+ \rightarrow 1\,Mn^{4+} + 3\,H_2O$$

ou seja, 2 mol $MnO(OH)_2$ = 2 mol Mn^{4+}

$$1\,Mn^{4+} + 2\,I^- \rightarrow 1\,Mn^{2+} + 1\,I_2$$

ou seja, 2 mol Mn^{4+} = 4 mol I^- = 2 mol I_2

■ Na titulação do iodo formado:

$$2\,S_2O_3^{2-} + I_2 \rightleftharpoons S_4O_6^{2-} + 2\,I^-$$

portanto,

$$4\ mol\ S_2O_3^{2-} = 2\ mol\ I_2 = 2\ mol\ Mn^{4+} = 2\ mol\ MnO(OH)_2 = 1\ mol\ O_{2(aq)}$$

■ Exemplo de cálculos:

Foram coletados 250,00 mL de água de rio para ser analisada. Após o tratamento, titulou-se a amostra com solução de tiossulfato de sódio 0,00962 mol L^{-1}, consumindo 12,70 mL. Qual é a concentração de oxigênio dissolvido expressa em g L^{-1}?

a) Cálculo do número de mol de tiossulfato consumido na titulação:

0,00962 mol $S_2O_3^{2-}$ — 1,0 L

x — 0,0127 L

x = 1,22 10^{-4} mol de tiossulfato gasto

b) Cálculo do número de mol de O_2, considerando a equivalência entre tiossulfato e oxigênio:

4 mol $S_2O_3^{2-}$ — 1 mol $O_{2(aq)}$

1,22 10^{-4} mol $S_2O_3^{2-}$ — y

y = 0,305 10^{-4} mol $O_{2(aq)}$

c) Cálculo da quantidade de oxigênio em mol L^{-1}:

O_2 Amostra

0,305 10^{-4} mol $O_{2(aq)}$ — 250,00 mL

z — 1000,00 mL

z = 1,22 10^{-4} mol $O_{2(aq)}$

CAPÍTULO 2 ▸ RECURSOS HÍDRICOS ▸ ▸ ▸ ▸ ▸ ▸ ▸

d) Cálculo da concentração de O_2 em mg L^{-1}:

$$1 \text{ mol } O_{2(aq)} - 32 \text{ gramas } O_{2(aq)}$$
$$1,22 \cdot 10^{-4} \text{ mol } O_{2(aq)} - C$$

logo, a concentração é $C = 3,9 \cdot 10^{-3}$ gramas $L^{-1} O_{2(aq)}$ ou 3,9 mg L^{-1}.

2.3.5.8 Determinação da demanda bioquímica de oxigênio – DBO

A DBO é definida como a quantidade de oxigênio necessária para oxidar a matéria orgânica degradada pela ação de bactérias, sob condições aeróbicas controladas (período de cinco dias a 20ºC – DBO_5). A informação mais importante que esse parâmetro fornece é sobre a fração dos compostos biodegradáveis presentes no efluente (ver *Efluentes* – 2.2.3); logo, é muito utilizada para avaliar o potencial poluidor de efluentes domésticos e industriais em termos do consumo de oxigênio. A DBO pode ser considerada um ensaio, via oxidação úmida, em que organismos vivos oxidam a matéria orgânica até CO_2 e H_2O, e o valor obtido indica quanto de oxigênio um determinado efluente líquido consumiria de um corpo de água receptor após o seu lançamento. O método tenta reproduzir as condições de oxidação ocorridas no ambiente (Rump; Krist, 1988; Clesceri; Greenberg; Trussel, 1989).

Execução

Para frasco âmbar contendo um volume de água saturada de oxigênio transfere-se um volume conhecido do efluente (geralmente a diluição é necessária) e mantêm-se o frasco fechado por cinco dias em estufa a 20ºC. Após o período de incubação, determina-se a concentração de oxigênio restante no frasco. Por diferença entre as concentrações de oxigênio inicial e final calcula-se a quantidade de O_2 consumida no período pelo volume de efluente adicionado no frasco. No caso de efluentes industriais, adiciona-se uma semente microbiológica (geralmente efluente doméstico) para aumentar a quantidade e a variedade de microrganismos no meio. Atualmente existem aparelhos disponíveis no mercado para medidas diretas da DBO. De modo geral, são baseados em diferenças de pressão (método manométrico), permitem leitura direta de dados e após o final do teste (5 dias se à 20ºC) fornecem a curva de calibração.

O Quadro 2.7 compara as características da demanda bioquímica por oxigênio (DBO) com a demanda química por oxigênio (DQO).

QUADRO 2.7 Comparação entre as demandas bioquímica e química por oxigênio

Demanda bioquímica por oxigênio (DBO)	Demanda química por oxigênio (DQO)
Parecida com processos naturais	Pouco parecida com processos naturais
Oxidação via micro-organismos	Oxidação via reagentes químicos
Cinco dias de análise	Rápida
Pouca repetibilidade	Melhor repetibilidade

REFERÊNCIAS

AGENDA 21. *Conferência das Nações Unidas sobre Meio Ambiente e Desenvolvimento*. Rio de Janeiro, 1992.

ÁGUA: brasileiro gasta cinco vezes mais que o previsto pela OMS. *Saneamento Ambiental OnLine*, n. 346, jan. 2008. Disponível em: <http://www.sambiental.com.br/SA/default.asp?COD=3011&busca=&numero=346>. Acesso em: 03 abr. 2008.

ÁGUA: Fórum Econômico Mundial alerta para escassez. *Saneamento Ambiental OnLine*, n. 338, jan. 2008. Disponível em: <http://www.sambiental.com.br/SA/default.asp?COD=3011&busca=&numero=338>. Acesso em: 02 abr. 2008.

ART and history of Pompeii. Florence: Casa Editrice Bonechi, 1989.

BACCAN, N. et al. *Química analítica quantitativa elementar*. 3. ed. São Paulo: Edgard Blücher, 2001.

BATTALHA, B. L.; PARLATORE, A. C. *Controle da qualidade da água para consumo humano:* bases conceituais e operacionais. São Paulo: CETESB, 1977.

BAUTITZ, I. R. *Degradação de tetraciclina utilizando o processo foto-fenton*. 2006. 86 f. Dissertação (Mestrado em Química) – Instituto de Química, Universidade Estadual Paulista, Araraquara, 2006.

BENN, F. R.; McAULIFFE, C. A. *Química e poluição*. São Paulo: Livros Técnicos e Científicos, 1981.

BÍBLIA. Português. *Bíblia Sagrada*. São Paulo: Paumape, 1979.

BRANCO, S. M. Água, meio ambiente e saúde. In: REBOUÇAS, A. C.; BRAGA, B.; TUNDISI, J.G. (Ed.). *Águas doces no Brasil*: capital ecológico, uso e conservação. São Paulo: Escrituras. 1999. p. 227-248.

BRANCO, S. M. *Hidrologia aplicada à engenharia sanitária*. 2. ed. São Paulo: CETESB, 1978.

BRANCO, S. M. *Poluição:* a morte de nossos rios. Rio de Janeiro: Livro Técnico, 1972.

BRASIL só vai zerar déficit de saneamento básico em 2122. Rio de Janeiro, 28 nov. 2007. [S.l.]: Fundação Getúlio Vargas, c2004. Disponível em: <http://www3.fgv.br/ibrecps/CPS_infra/midia/jc1454.pdf>. Acesso em 20 jan. 2009.

CARVALHO, B. A. *Ecologia e poluição*. Rio de Janeiro: Freitas Bastos, 1975.

CETESB (COMPANHIA DE TECNOLOGIA DE SANEAMENTO AMBIENTAL). São Paulo, [200?]. Disponível em: <http://www.cetesb.sp.gov.br>. Acesso em: 28 jul. 2003.

CLESCERI, L. S.; GREENBERG, A. E.; TRUSSEL, R. R. (Ed.). *Standard methods for the examination of water and wastewater*. 20th ed. Washington: American Public Health Association/American, 1998.

CNPQ (CONSELHO NACIONAL DE DESENVOLVIMENTO CIENTÍFICO E TECNOLÓGICO). [S.l.], c2006. Disponível em: <http://www.cnpq.br/gpesq/apresentacao.htm>.

Conama (CONSELHO NACIONAL DO MEIO AMBIENTE). *Resoluções Conama*: 1984 a 1991. 4. ed. Brasília, DF, 1992.

CRESPILHO, F. N.; REZENDE, M. O. O. *Eletroflotação*: princípios e aplicações. São Carlos: Rima, 2004.

DERÍSIO, J. C. *Introdução ao controle de poluição ambiental*. 2. ed. São Paulo: CETESB, 2000.

FADINI, P. S.; JARDIM, W. F. Is the Negro River Basin (Amazon) impacted by naturally occuring mercury? *Science of The Total Environment*, v. 275, p. 71-82, 2001.

FERRI, M. G. *Ecologia e poluição*. São Paulo: Melhoramentos, 1976.

FRANCO, B. M. *ONU*: evolução do saneamento básico no Brasil é insuficiente. Espaço Público. Rio de Janeiro, 11 dez. 2007. Disponível em: <http://www.espacopublico.blog.br/?p=768>. Acesso em 20 jan. 2009.

GRASSI, M. T. As águas do planeta terra. *Química Nova na Escola:* cadernos temáticos, n. 1, p. 31-40, 2001.

GRASSI, M. T.; JARDIM, W. F. Ozonização de águas: aspectos químicos e toxicológicos. *Revista DAE*, São Paulo, v. 173, p. 1-6, 1993.

GUIMARÃES, J. R.; NOUR, E. A. A. Tratando nossos esgotos: processos que imitam a natureza. *Química Nova na Escola:* cadernos temáticos, n. 1, p.19-30, 2001.

HELLER, L. *Acesso aos serviços de abastecimento de água e esgotamento sanitário no Brasil:* considerações históricas, conjunturais e prospectivas. Oxford: Centre for Brazilian Studies, University of Oxford, 2006. (Working Paper, CBS-73-06).

HEMOND, H. F.; FECHNER-LEVY, E. J. *Chemical fate and transport in the environment.* 2nd ed. San Diego: Academic Press, 2000.

HOLT, M. S. Sources of chemical contaminates and routes into the freshwater environment. *Food Chemical Toxicology*, v. 38, p. 221-227, 2000.

IDEC (INSTITUTO BRASILEIRO DE DEFESA DO CONSUMIDOR). *Saneamento básico:* nova lei tenta resolver disputa pelo poder de erradicar doenças. São Paulo, 10 jan 2007. Disponível em: <http://www.idec.org.br/noticia.asp?id=7661>. Acesso em 20 jan 2009.

IMHOFF, K. R. Die Entwicklung der Abwasserreiningung und des Gewässerschutzer seit 1868. *Das Gas und Wasserfach*, v. 120, p. 563-576, 1979.

JARDIM, W. F. A contaminação dos recursos hídricos por esgoto doméstico e industrial. *Química Nova*, v. 15, n. 2, p. 144-146, 1992.

LANGELIER, W. F. Effect of temperature on the pH of natural waters. *Journal of the American Water Works Association*, v. 38, p. 179, 1946.

MANAHAN, E. S. *Environmental chemistry*. 6th ed. Boca Roton: Lewis, 1994.

MANN, T. Die Entwicklung der Abwassertechnik und die Wasserreinhaltung. *Chemie in unsere Zeit*, v. 2, p. 87-95, 1991.

NO JAPÃO o Brasil defende socialização. *Saneamento Ambiental*, n. 94, p. 10, 2003.

NOGUEIRA, R. F. P. et al. Fundamentos e aplicações ambientais dos processos fenton e foto-fenton. *Química Nova*, v. 30, p. 400-408, 2007.

NOGUEIRA, R. F. P.; JARDIM, W. F. A fotocatálise heterogênea e sua aplicação ambiental. *Química Nova*, v. 21, p. 69-72, 1998.

OHLWEILER, O. A. *Química analítica quantitativa*. 3. ed. São Paulo: Livros Técnicos e Científicos, 1976. v.2.

OSÓRIO, V. K. L.; OLIVEIRA, W. Polifosfatos em detergentes. *Química Nova*, v. 24, p. 700-708, 2001.

PARSEKIAN, M. B. S.; CORDEIRO, J. S. Aquisição de produtos químicos em ETA: avaliação crítica. *Saneamento Ambiental*, v. 95, p. 50-54, 2003.

REBOUÇAS, A. C.; BRAGA, B.; TUNDISI, J. G. *Águas doces no Brasil:* capital ecológico, uso e conservação. São Paulo: Escrituras, 1999.

REEVE, R. N. *Environmental analysis*. Chichester: John Wiley & Sons, 1994.

RICK, F. M. et al. A saga dos piolhos na América do Sul. *Ciência Hoje*, v. 31, p. 34-40, 2001.

ROCHA, A. A. A história do lixo. In: SÃO PAULO (ESTADO). Secretaria de Estado do Meio Ambiente. *Resíduos sólidos e meio ambiente no Estado de São Paulo*. São Paulo, 1993.

ROCHA, J. C. et al. Determinação de nitrogênio em carnes e produtos afins. Parte I: procedimento que diminui a formação de espuma durante a digestão sulfúrica. *Eclética Química*, v.11, p.73-77, 1986.

ROCHA, J. C. et al. Refluxo em funil: um dispositivo para agilização do processo de rotina analítica para a determinação da DQO (demanda química de oxigênio). *Química Nova*, v. 13, p. 200-201, 1990.

ROCHA, J. C.; OLIVEIRA, S. C.; SANTOS, A.; Recursos hídricos: noções sobre o desenvolvimento do saneamento básico. *Saneamento Ambiental*, v. 39, p. 36-34, 1996.

RUMP, H. H.; KRIST, H. *Laboratory manual for the examination of water, waste and soil.* Weinhein: VHC, 1988.

SÃO PAULO (Estado). Secretaria do Meio Ambiente. *Documentos oficiais, Organização das Nações Unidas, Organizações não governamentais.* São Paulo, 1993. p. 6-22.

TIETÊ limpo até 2005. *Proteção,* v. 6, n. 32, p. 274, 1994.

UNESCO. Ninth report of the joint panel on oceanographic tables and standards. Paris, 1978. (UNESCO technical papers in marine science, 30). Disponível em: <http://unesdoc.unesco.org/images/0009/000974/097477eb.pdf>.

VILLA, R. D.; SILVA, M. R. A.; NOGUEIRA, R. F. P. Potencial de aplicação do processo foto-Fenton/solar como pré-tratamento de efluente da indústria de laticínios. *Química Nova,* v. 30, p. 1799-1803, 2007.

WEBER, R. Sistemas costeiros e oceânicos. *Química Nova,* v. 15, n. 2, p. 137-143, 1992.

WORLD WATER FORUM - ISTAMBUL 2009, 5., *World Water Forum*: the world's largest water event, c2007. Disponível em: <http://www.worldwaterforum5.org/>.

3
QUÍMICA DA ATMOSFERA

Nada do que foi será
De novo do jeito que já foi um dia
Tudo passa tudo sempre passará (...)
Tudo o que se vê não é
Igual ao que a gente viu há um segundo
Tudo muda o tempo todo no mundo (...)

(Nelson Motta/Lulu Santos)

3.1 IMPORTÂNCIA DA ATMOSFERA PARA A TERRA

Como nos versos da canção escrita por Nelson Motta e Lulu Santos, e imortalizada na voz de Tim Maia, a atmosfera atual do nosso planeta não é a mesma, igual àquela que a gente viu há um segundo, pois as moléculas e partículas que a formam estão sempre sendo substituídas por diversos processos de trocas. Porém, não observamos mudanças nem estabelecemos comparações com aquela atmosfera da época em que éramos crianças – e muito menos de um dia para o outro. A aparência constante da atmosfera revela um estado estacionário* que é muito dependente dos fenômenos naturais que ocorrem na superfície do planeta (litosfera e hidrosfera), como, por exemplo, atividades vulcânicas, ventos, precipitações pluviais e evaporação de águas superficiais. Entretanto, a vida desempenha importante papel na composição constante da atmosfera. O oxigênio nela presente, essencial para manter a vida, é emitido via processo fotossintético e consumido no processo respiratório. Muitos outros gases emitidos para a atmosfera têm papel fundamental quando retornam à superfície na forma de compostos essenciais à vida. Não é possível dizer se a vida sustenta a atmosfera, ou se a atmosfera a sustenta. Comparando à atmosfera de planetas sem vida, ou pelo menos sem a vida como a conhecemos, observamos que a nossa é completamente diferente (Quadro 3.1). Mesmo quando comparamos a atual atmosfera com a de eras passadas em

---

* O termo estado estacionário é utilizado quando a quantidade de um material é constante em um compartimento, mas que está sendo sempre reposto com novo material. O termo equilíbrio será utilizado quando a quantidade de um material em um compartimento for mantida pelo mesmo material.

QUADRO 3.1 Comparação entre composição de atmosferas e condições ambientais de planetas

Gases	Composição da atmosfera e condições ambientais			
	Vênus	Terra sem vida	Marte	Terra como ela é
Dióxido de carbono (%)	98	98	95	0,03
Nitrogênio (%)	1,9	1,9	2,7	79
Oxigênio (%)	—	—	0,13	21
Argônio (%)	0,1	0,1	2	1
Temperaturas da superfície (°C)	477	290 ± 50	−53	13
Pressão total (atm)	90	60	0064	1,0

que ainda não havia vida, percebemos o quanto hoje nosso planeta depende da inter-relação vida/atmosfera/litosfera/hidrosfera. O cientista James Lovelock talvez tenha entendido essa questão com maior clareza dentro da filosofia ocidental, propondo a "*hipótese de Gaia*". De acordo com ela, a vida desempenha papel fundamental em criar e manter as condições ambientais do planeta. A complexidade dos seres vivos tem condições de modificar e transformar o planeta, sempre em busca das condições ideais do ambiente para a sustentação da vida presente. A hipótese prevê que condições ambientais como a temperatura média da superfície do planeta, isto é, o conforto térmico, são controladas por mecanismos construídos pela vida. Acresce que, segundo essa hipótese, o planeta Terra apresenta comportamento semelhante ao de um ser vivo.

O ser humano tem interferido cada vez mais na composição da atmosfera do planeta, sem conhecer suas consequências ou desprezando, em parte, as conhecidas. Talvez porque sua história de vida nesse planeta seja muito recente. O marco inicial da grande interferência na composição da atmosfera foi a Revolução Industrial e, se considerarmos a história iniciada quando a vida começou a se estabelecer na Terra, tal interferência nada significa nessa escala de tempo. Portanto, não contamos com uma história suficiente para aprender com o passado. No entanto, precisamos prever o futuro para poder garantir a sobrevivência da espécie humana e saber mais sobre o nosso planeta. Questões envolvendo o conforto térmico e mudanças climáticas preocupam o ser humano, mas poucas respostas existem. Qual é o tempo de resposta que a vida necessita para restabelecer-se de uma catástrofe, tal como uma mudança da temperatura média do planeta? O ser humano iria sobreviver, ou esse tempo seria longo demais? Como é feito o controle térmico do planeta? Qual é o papel de cada uma das componentes do mecanismo de controle térmico? O que acontecerá se interferirmos em um mecanismo de controle de temperatura que a vida demorou milhares de anos para pôr em funcionamento? Talvez seja melhor resumir em uma pergunta: será que a humanidade é realmente importante para a vida estabelecida no planeta? Não temos respostas para questões como essas. Infelizmente, o pouco que sabemos sobre o compartimento atmosfera mostra que ele é altamente sofisticado nos seus mecanismos responsáveis por manter o estado estacionário. Todos os mecanismos criados pela atmosfera para fazer com que fique limpa de compostos indesejáveis, para que distribua compostos essenciais para a vida ou de controle térmico, hoje sofrem intensas interferências humanas, tornando-se prejudiciais ao ambiente e passando a ser conhecidos como

CAPÍTULO 3 ▶ QUÍMICA DA ATMOSFERA ▶ ▶ ▶ ▶ ▶ ▶

poluição fotoquímica, chuva ácida e efeito estufa. Nós humanos precisamos minimizar emissões de materiais com as consequentes modificações na composição da atmosfera do planeta; possivelmente, como recompensa, a "Gaia" nos deixará morando aqui, neste belo planeta, por muito tempo.

3.2 A ATMOSFERA

A atmosfera pode ser dividida em camadas, que estão relacionadas com propriedades químicas e físicas, mas que influem diretamente na tendência de mudança de temperatura da atmosfera de acordo com a altura (Figura 3.1). A primeira camada que se estende do nível do mar até cerca de 16 quilômetros de altitude é conhecida como troposfera. Nela, a temperatura diminui com o aumento da altitude, resultado do calor emanado da superfície solar dissipando-se na atmosfera. Logo acima da troposfera existe uma camada de temperatura relativamente constante, denominada tropopausa. A partir dela, inicia-se a estratosfera, camada na qual a temperatura se

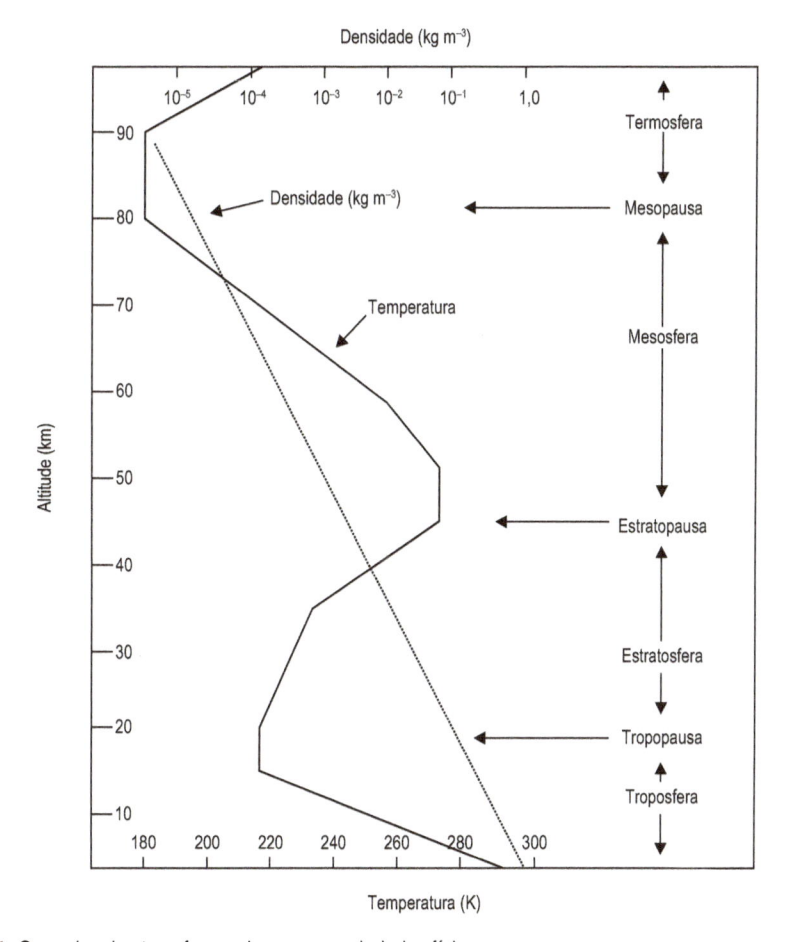

FIGURA 3.1 Camadas da atmosfera e algumas propriedades físicas.

eleva com o aumento da altitude. O fenômeno é causado pelas moléculas de ozônio que absorvem radiação ultravioleta. Logo após, há uma camada de temperatura constante denominada estratopausa. Na mesosfera, a temperatura volta a decrescer com o aumento da altitude devido à diminuição da concentração de espécies que absorvem energia, especialmente o ozônio. Após a mesopausa, região de temperatura relativamente constante, há a termosfera. Nesta e em camadas mais altas existem espécies iônicas e atômicas. Devido à absorção de radiação de alta energia de comprimento de onda de cerca de 200 nm, a temperatura chega a 1.200°C.

Apenas a troposfera mantém contato direto com a crosta terrestre e com os seres vivos. Ela proporciona o ambiente básico para a sobrevivência dos organismos aeróbicos, os quais utilizam oxigênio livre (O_2) em sua respiração. A maioria dos estudos sobre poluição do ar se refere à região da troposfera, pois é nela que ocorre intensa movimentação e transformação dos componentes gasosos e das partículas emitidas pelos oceanos e continentes, ou seja, pelos outros dois importantes compartimentos, hidrosfera e litosfera.

Ao contrário do que parece ser o senso comum, a atmosfera não é composta apenas por gases. Existe material sólido nela disperso, como poeira em suspensão, pólen, micro-organismos etc. Há, ainda, uma porção líquida dispersa, composta de gotículas resultantes da condensação principalmente do vapor d'água, na forma de nuvens, neblinas e chuvas. Contudo, em termos de massa relativa, sem dúvida a principal parcela é gasosa.

A porção gasosa do ar é composta de aproximadamente 78% de nitrogênio (N_2) e 21% de oxigênio (O_2). O 1% restante é formado por uma infinidade de gases minoritários, como dióxido de carbono (CO_2), metano (CH_4), hidrogênio (H_2), dióxido de nitrogênio (NO_2), dióxido de enxofre (SO_2), ozônio (O_3) e os gases nobres. Assim, em condições naturais de uma atmosfera limpa, podemos considerar que, para cada 1 milhão de moléculas de ar, temos a seguinte composição aproximada:

- 780.000 moléculas de nitrogênio – N_2;
- 210.000 moléculas de oxigênio – O_2;
- 9.300 moléculas de gases nobres – Ar, Ne, Xe e outros;
- 300 moléculas de gás carbônico – CO_2;
- 400 moléculas de outros elementos – SO_2, NO_2, O_3 e outros.

Embora a composição média da atmosfera permaneça constante desde que a humanidade caminha sobre a Terra, as moléculas dos gases são constantemente trocadas. Essa troca de moléculas dentro da atmosfera depende não só de fenômenos físicos, mas também de químicos e biológicos. A composição dos principais gases N_2 e O_2 na atmosfera não tem mudado ao longo da história. As alterações ocorridas se deram principalmente nos componentes minoritários, como o CO_2, por exemplo. Entretanto, mesmo sendo minoritários, a função deles na atmosfera é tão relevante quanto a dos macroconstituintes, pois a poluição atmosférica é resultado da mudança dos componentes minoritários. A entrada de espécies minoritárias na atmosfera modifica suas propriedades químicas e físicas. Os processos envolvendo *transformações químicas na atmosfera* são importantes porque tendem a manter a sua composição em estado estacionário. Os diversos compostos que entram nela são transformados quimicamente em espécies mais solúveis em água,

CAPÍTULO 3 ▸ QUÍMICA DA ATMOSFERA

e, posteriormente, isso favorece seu retorno à litosfera por processos como a chuva, algo similar a um processo de limpeza com detergente e água.

3.2.1 Transformações químicas na atmosfera

A atmosfera terrestre pode ser considerada um grande reator químico. Este contém, além de oxigênio, que é um composto altamente reativo, diversos compostos em pequenas concentrações, os quais podem atuar como reagentes e/ou catalisadores, e a luz solar, como fonte de energia e promotora de reações (fotocatálise). Ao chegar na atmosfera, compostos provenientes da superfície terrestre começam imediatamente a sofrer transformações químicas. Como em toda reação, a velocidade dessas transformações pode ser muito rápida (minutos ou horas) ou muito lenta (anos). A velocidade da reação depende de vários fatores, como concentração dos reagentes, temperatura, catalisador e reatividade da molécula.

Muitos dos compostos geralmente emitidos para a atmosfera já foram convenientemente estudados e tiveram sua capacidade de reagir estabelecida. Tal capacidade é conhecida como *tempo de residência*, definido como o tempo médio de permanência do composto na atmosfera. O Quadro 3.2 lista o tempo de residência de alguns compostos na atmosfera. A informação sobre o tempo de residência é muito importante para reconhecer o raio de ação de um composto, tomando por base o local em que ocorreu a emissão. O dióxido de nitrogênio, por exemplo, que tem um

QUADRO 3.2 Tempo de residência e composição média de alguns gases na atmosfera

Compostos	Tempo de residência (a: anos; d: dias; h: horas)	Composição (ppb: parte por bilhão em volume)
Dióxido de carbono, CO_2	4a	360.000
Monóxido de carbono, CO	0,1a	100
Metano, CH_4	8a	1.600
Formaldeído, HCOH	1d	1-0,1
Ácido fórmico, HCO_2H	5d	2-0,1
Óxido de dinitrogênio, N_2O	85a	310
Óxido nítrico, NO	1d	0,1
Dióxido de nitrogênio, NO_2	1d	0,3
Amônia, NH_3	5d	1
Dióxido de enxofre, SO_2	1-4d	0,01-0,1
Sulfeto de hidrogênio, H_2S	24h	0,05
Sulfeto de carbono, CS_2	40d	0,02
Dimetil sulfeto, CH_3-S-CH_3	0,5d	0,005
Peróxido de hidrogênio, H_2O_2	1d	0,1-10
Cloreto de metila, CH_3Cl	1,8a	0,7
Cloreto de hidrogênio, HCl	4d	0,001

tempo de residência de um dia, quando emitido pode atuar somente na região em que o vento conseguir levá-lo nessas 24 horas, o que significa quilômetros de distância. Todavia, o dióxido de carbono conta com tempo de residência de quatro anos. Portanto, nesse caso, em função desse longo tempo, ele pode espalhar-se por toda a atmosfera do planeta quando emitido em qualquer ponto da superfície terrestre. É importante salientar que o tempo de residência é um valor médio de referência e que pode mudar, dependendo das condições ambientais.

Para alimentar a atmosfera com compostos e partículas são necessárias *fontes* diversas. Tais fontes podem ser *naturais* ou *antrópicas*. As naturais existem na natureza desde que o mundo foi formado, como os vulcões e a superfície do mar. As antrópicas são aquelas que a humanidade criou, como, por exemplo, uma chaminé. A fonte pode ser ainda considerada *pontual*, quando existe um ponto localizado onde ocorre a emissão, ou *difusa*, quando a emissão está espalhada em uma grande área. A emissão de uma chaminé é pontual, e a de compostos pela superfície do mar, difusa. A fonte pode ser *móvel*, como a chaminé de um navio, ou *estacionária*, como uma chaminé de uma fábrica. Finalmente, poluente *primário* é aquele composto que chega à atmosfera pela emissão direta por uma fonte natural ou antrópica. Poluente *secundário* é o composto formado como produto de uma reação entre compostos presentes na atmosfera.

Se existem fontes para atmosfera, é necessário que existam também processos de consumo dos componentes que nela chegam. Eles são conhecidos como *sorvedouros*. O composto pode sair da atmosfera devido a um sorvedouro que o retira diretamente, como no caso da chuva que dissolve os gases solúveis (deposição úmida), ou do vento que arrasta o composto em direção ao solo (deposição seca), ou ainda como no caso de um sorvedouro que utiliza mecanismo químico, transformando o composto em uma espécie diferente. Por exemplo, o ácido clorídrico, na forma de gás, reage com o gás amônia, formando a partícula de cloreto de amônio, NH_4Cl. Esse sorvedouro será, portanto, uma fonte secundária, se o produto permanecer na atmosfera. Na Figura 3.2

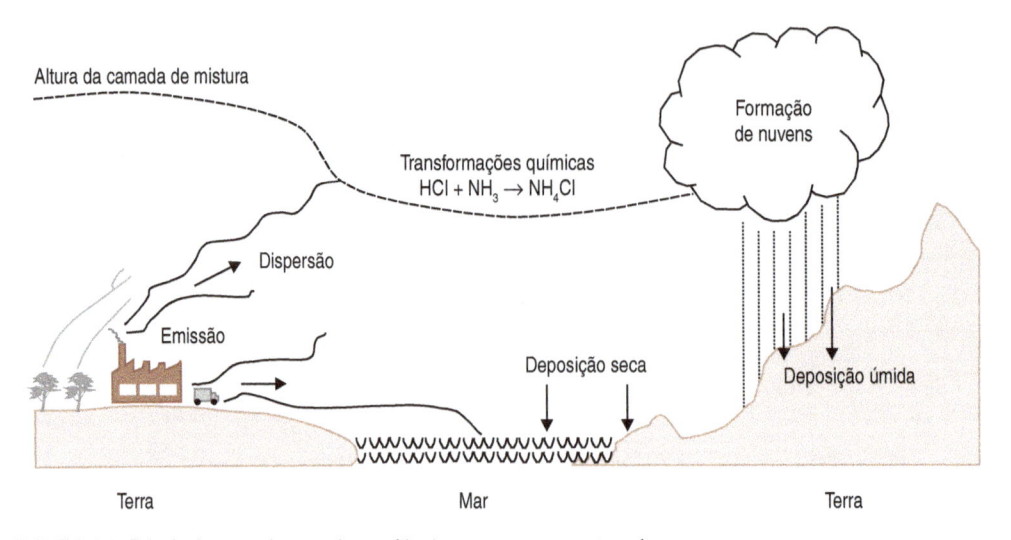

FIGURA 3.2 Principais rotas de entrada e saída dos compostos na atmosfera.

estão representados algumas fontes e sorvedouros comuns no ambiente. Como os processos de emissão, a transformação e a saída da atmosfera envolvem reações químicas ou mudanças de fase passando pelos vários ecossistemas terrestres, envolvendo inclusive os seres vivos. Essa sequência de transformações é conhecida como *ciclo biogeoquímico*. Existem vários ciclos, mas os mais importantes, pela quantidade envolvida de cada espécie, são os do carbono, da água, do nitrogênio e do enxofre.

3.3 CICLOS BIOGEOQUÍMICOS

3.3.1 Ciclo do carbono

O ciclo do carbono está intimamente relacionado com os seres vivos que vivem sobre a superfície terrestre. Existem vários tipos de compostos de carbono nas diversas etapas que compõem o ciclo. Esses compostos podem ser líquidos, sólidos e gasosos. Muitos deles são sintetizados pelos organismos vivos, com números de oxidação variando de +4 a –4. Contudo, o transporte de carbono entre os vários compartimentos (atmosfera, hidrosfera e litosfera) é feito, principalmente, pelo carbono com número de oxidação (+4) na forma de CO_2, carbonato (CO_3^{2-}) ou bicarbonato (HCO_3^-). As principais reações para formação ou modificação do carbono +4 são as seguintes:

Fotossíntese e respiração (3.1 e 3.2)

$$CO_2 + H_2O + (h\nu) \rightleftharpoons \text{carbono fixado (biomassa)} + O_2\uparrow \qquad (3.1)$$

$$O_2 + \text{respiração seres vivos} \rightleftharpoons CO_2\uparrow + H_2O \qquad (3.2)$$

Interação com a água

$$CO_{2(g)} \rightleftharpoons CO_{2(aq)} \qquad (3.3)$$

$$CO_{2(aq)} + H_2O \rightleftharpoons H_2CO_3 \qquad (3.4)$$

$$H_2CO_3 \rightleftharpoons H^+ + HCO_3^- \qquad (3.5)$$

$$HCO_3^- \rightleftharpoons H^+ + CO_3^{2-} \qquad (3.6)$$

$$CaCO_{3(s)} \rightleftharpoons Ca^{2+} + CO_3^{2-} \qquad (3.7)$$

A Reação 3.1 corresponde à absorção de CO_2 da atmosfera pelos vegetais durante o *processo fotossintético* para formar a biomassa. A Reação 3.2 representa o *processo de respiração* que ocorre em todos os seres vivos, e o resultado final é a produção de energia necessária para a atividade desses organismos. As Reações 3.3 e 3.4 correspondem ao processo de dissolução do CO_2 em água, e as Reações 3.5 e 3.6 são reações em equilíbrio, em soluções aquosas. Essas reações em equilíbrio podem participar de mecanismos de transporte do CO_2 em meios aquosos tão diferentes como os que existem nos oceanos e no transporte de CO_2 entre células e pulmão feito pelo sangue. Os mesmos equilíbrios interagindo com íons metálicos (Reação 3.7) podem resultar na formação de esqueletos e carapaças de organismos como conchas, casca de ovos ou na formação e dissolução de rochas e sedimentos.

O ser humano interfere globalmente no ciclo do carbono adicionando quantidades significativas de CO_2 na atmosfera, quando utiliza qualquer combustível contendo carbono proveniente de fonte não-renovável:

$$\text{combustível} + O_2 \rightarrow CO_2\uparrow + H_2O$$

Atualmente, as reações de combustão emitem grandes quantidades de CO_2 para a atmosfera. Estima-se que, no início de 1990, a emissão de CO_2, apenas pelos processos de combustão, foi da ordem de 6,2 Gt(C). Para se ter uma dimensão desse valor em quilos, deve-se considerar que 1 Gt(C) = 10^{12} kg(C) = 1.000 10^9 kg(C), ou seja, mil bilhões de quilos de carbono!

A vegetação é também responsável pela emissão de grandes quantidades de compostos de carbono para a atmosfera. Além do CO_2, ela emite diversos compostos orgânicos em que o carbono está presente com diferentes números de oxidação. Árvores como o eucalipto, por exemplo, emitem compostos para a atmosfera que chegam a dar um odor característico ao seu entorno. Tais compostos orgânicos são classificados como compostos orgânicos voláteis (COV). Essa classe de compostos compreende o conjunto de compostos de carbono que podem ser encontrados na fase de vapor na atmosfera, excluindo o CO e o CO_2. Esses compostos são emitidos naturalmente, sobretudo pelos organismos vivos, mas nas proximidades dos aglomerados urbanos também são emitidos por atividades humanas. Neste caso, a maior emissão de COV ocorre durante a utilização de diferentes meios de transporte e produção de energia. O combustível usado para este fim evapora para atmosfera durante estocagem, transporte e abastecimento. Posteriormente, partes não totalmente queimadas durante o processo de combustão são emitidas pelos canos de descargas. Outra grande emissão de COV ocorre pelo uso industrial de solventes orgânicos.

A emissão de COV pelos vegetais (emissão biogênica) ocorre, em escala global, predominantemente nos trópicos ou nos meses de verão em outras regiões. O Quadro 3.3 apresenta quantidades de COV lançadas na atmosfera em teragrama-Tg = 10^{12} g. A emissão biogênica é significativamente maior que a emissão devido a atividades humanas; porém, esta é mais concentrada próximo aos aglomerados urbanos, enquanto a biogênica está espalhada por todo o planeta. A Figura 3.3 apresenta um esquema geral sobre o ciclo do carbono, exemplificando o CO_2 como principal composto responsável pelo transporte de carbono para a atmosfera.

QUADRO 3.3 Emissão global de compostos orgânicos voláteis (COV) para atmosfera (Tg/ano)

Emissão de COV	Total COV
Biogênica	
Florestas, matas	1.135
Oceanos	5
Outras	9
Atividades humanas	142
Total	1.291

Tg = 10^{12} g

CAPÍTULO 3 ▸ QUÍMICA DA ATMOSFERA ▸ ▸ ▸ ▸ ▸ ▸ ▸

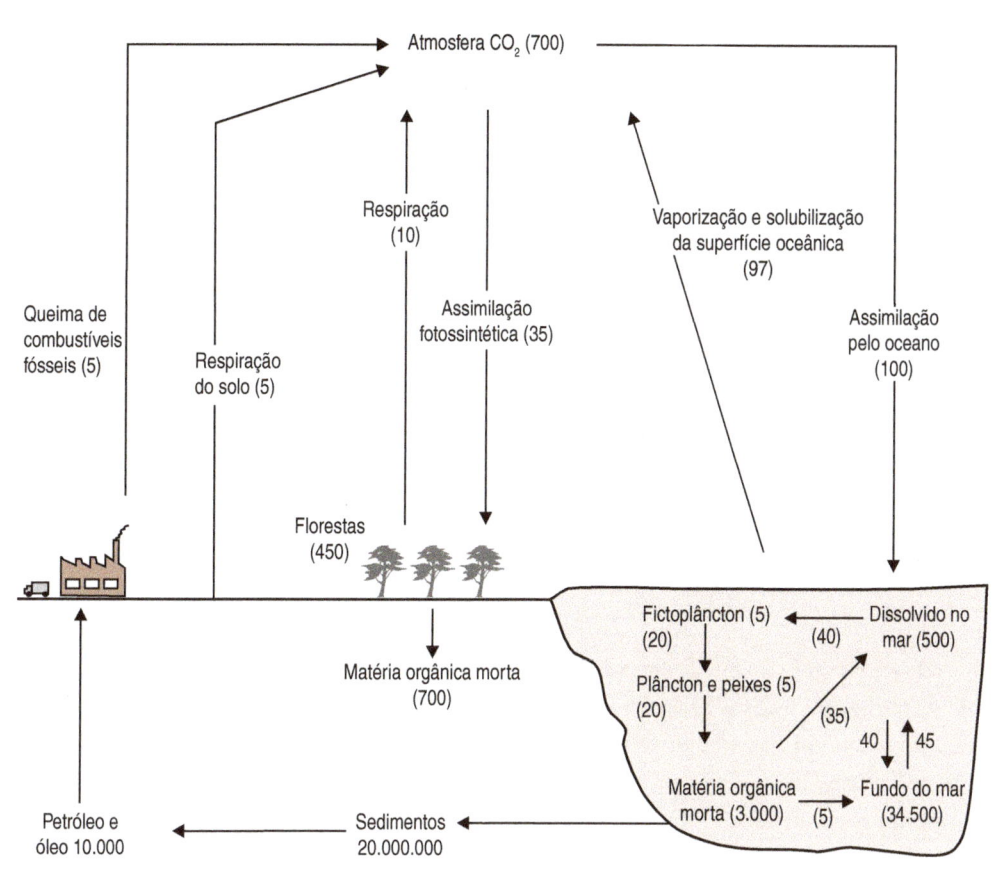

FIGURA 3.3 Esquema geral do ciclo do carbono, exemplificando o CO_2 como a principal forma de transporte de carbono para a atmosfera. Unidades de massa Tg.

3.3.2 Ciclo do nitrogênio

O nitrogênio é um macroelemento essencial para a vida por se tratar de um dos principais componentes dos aminoácidos formadores das proteínas. Apesar dele ser um dos mais abundantes elementos da Terra, a maior parte está agregada a rochas ou na forma de nitrogênio molecular (N_2), e apenas 0,02% dele se encontra disponível para ser utilizado pelas plantas. A forma de N_2 é considerada composto inerte porque a maior parte dos seres vivos não pode utilizá-la para satisfazer suas necessidades. Somente algumas bactérias têm a capacidade de retirar nitrogênio da atmosfera e transformá-lo em espécie reativa (ver Capítulo 5, Item 5.5). É considerado reativo o nitrogênio que está disponível e que se encontra ligado a hidrogênio, carbono ou oxigênio. Outra forma natural de transformar N_2 em uma espécie reativa se dá quando relâmpagos são formados na atmosfera. A elevada temperatura produzida na faísca faz com que o nitrogênio e o oxigênio se combinem e formem óxidos de nitrogênio na atmosfera, os quais podem chegar ao solo transportados pela água da chuva. A Figura 3.4 exibe as principais rotas do nitrogênio no ciclo.

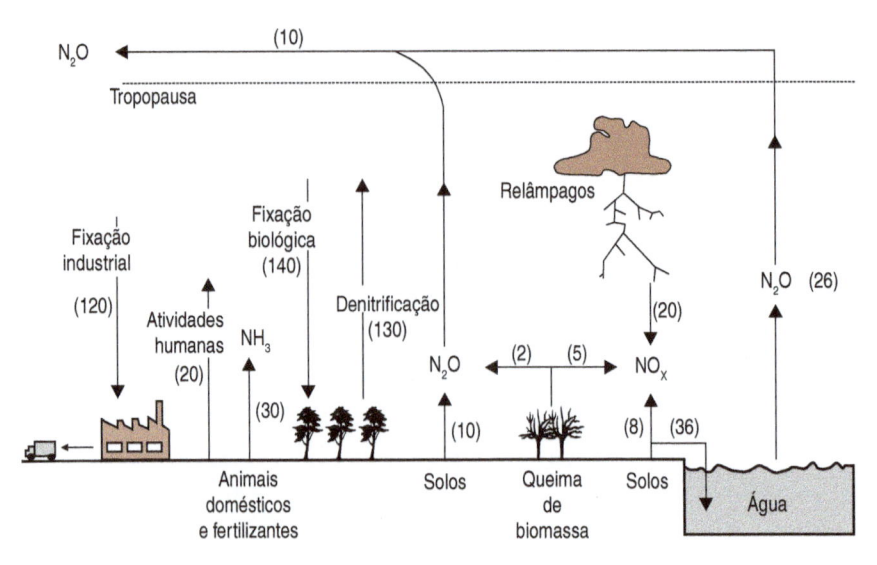

FIGURA 3.4 Principais rotas do nitrogênio no seu ciclo. Unidades de massa Tg.

O ser humano moderno alterou o ciclo do nitrogênio pela introdução de grande quantidade de nitrogênio reativo. Esse nitrogênio é essencial para a agricultura porque é um dos principais componentes dos adubos (NPK), isto é, aquele contendo nitrogênio, fósforo e potássio. Hoje, existe tecnologia para a produção industrial de nitrogênio reativo a partir do nitrogênio atmosférico como matéria-prima. O processo é conhecido como Haber-Bosh e produz amônia através da reação de nitrogênio (N_2) e hidrogênio (H_2):

$$N_2 + 3\,H_2 \rightarrow 2\,NH_3 \uparrow$$

A amônia apresenta vasta aplicação e pode-se destacar seu uso como fonte de nitrogênio na fabricação de fertilizantes, como agente neutralizador na indústria do petróleo e como gás de refrigeração em sistemas industriais. Seu alto poder refrigerante e seu baixo potencial de destruição do ozônio estratosférico tornam este gás adequado para ser usado em grandes máquinas de refrigeração industrial, evitando, assim, os usuais compostos orgânicos conhecidos como clorofluorcarbono (CFC).

A produção industrial de nitrogênio tem sido muito maior que a taxa de crescimento da população. De 1950 até 1990, o uso de nitrogênio reativo cresceu de 1,3 quilo (N) habitante/ano para 15 quilos (N) habitante/ano. A produção de nitrogênio para uso como fertilizante é da ordem de 80 Tg/ano, e a amônia emitida naturalmente é de cerca de 8 Tg/ano, pelos continentes, e de 15 Tg/ano, pelos oceanos. Em paralelo, a humanidade também produz nitrogênio reativo de forma não-intencional durante os processos de combustão, principalmente na forma de óxidos de nitrogênio. Em 1990, a humanidade produziu cerca de 140 Tg/ano de nitrogênio reativo, de forma intencional ou não. Esses valores mostram quanto o ser humano está interferindo no ciclo natural do nitrogênio. As consequências desse desequilíbrio ainda estão longe de serem entendidas pela comunidade científica. Devido à complexidade do tema, ainda não existem estudos confiáveis que possam mensurar as consequências desses efeitos no ambiente. Todavia, as previsões sugerem consequências ambientais desastrosas, inclusive com mudanças na biodiversidade das espécies. Possivelmente, em um futuro próximo, o ciclo do nitrogênio e seu desequilíbrio serão motivos de debates ambientais, tal como atualmente o é o ciclo do carbono, provocado pela emissão de CO_2, cuja consequência ambiental é o aumento do efeito estufa e as mudanças climáticas.

3.3.3 Ciclo do enxofre

O enxofre, outro nutriente essencial, possui um ciclo também complexo. Em parte, isso ocorre devido aos diferentes números de oxidação que o átomo de enxofre pode assumir (−2 até +6). As principais espécies gasosas que chegam à atmosfera são o SO_2 (dióxido de enxofre), produto principalmente de combustão, o H_2S (sulfeto de hidrogênio), emitido por águas ou regiões úmidas do continente que contêm pouco oxigênio (condições anaeróbicas), e $(CH_3)_2S$ (dimetilsulfeto), emitido por fitoplânctons existentes na superfície dos oceanos. Na água, geralmente a forma dissolvida do enxofre mais comum é o SO_4^{2-} (íon sulfato). Depois do íon cloreto, ele é o principal ânion presente em águas marinhas. Existem grandes quantidades de sulfato agregadas às partículas na atmosfera. Muitas destas são provenientes de gotículas de água formadas nas ondas e levadas pelo vento. Essa forma de emissão é conhecida como *spray* marinho, e tais partículas podem ser levadas para o interior do continente sendo depositadas a centenas de quilômetros do litoral.

As atividades humanas são responsáveis pela emissão de grandes quantidades de enxofre para a atmosfera, na forma do gás SO_2, um subproduto da combustão de materiais que possuem enxofre na sua estrutura, como os combustíveis fósseis e biomassa (restos vegetais e madeira). Por ser a queima de combustível fóssil muito mais intensa nos países ricos, e o tempo de residência do dióxido de enxofre de alguns dias, as quantidades de enxofre encontradas no Hemisfério Norte, onde estão localizados os países ricos, é maior que no Hemisfério Sul. Grande parte do enxofre é transformada em partículas de sulfato na atmosfera ou sofre outras transformações, formando ácido sulfúrico e aumentando a acidez da chuva. As emissões resultantes das atividades humanas globais são da ordem de 73-80 Tg (S)/ano, e as emissões naturais, da ordem de 40-85 Tg (S)/ano, não considerando a poeira de solo e o sulfato proveniente do *spray* marinho. A Figura 3.5 mostra o esquema geral do ciclo do enxofre, com as principais rotas do elemento no ambiente.

3.3.4 Outros ciclos de elementos na natureza

Existem vários outros ciclos de elementos no ambiente, como os do fósforo, do mercúrio e do oxigênio. Conhecer os ciclos, suas rotas e quantidades envolvidas é de fundamental importância em qualquer estudo ambiental. Um poluente só poderá ser considerado como tal se sua concentração local for significativamente maior que aquela naturalmente existente naquele ecossistema (concentração basal ou de *background*). Logo, para se estabelecerem políticas de controle ambiental de um determinado componente químico, é necessário conhecer a emissão natural, processos de diluição, mecanismos de transformação e formação e, finalmente, os sorvedouros do componente químico em questão, ou seja, conhecer seu ciclo biogeoquímico. Só com essas informações é possível estimar quanto e como as atividades humanas estão interferindo no ambiente.

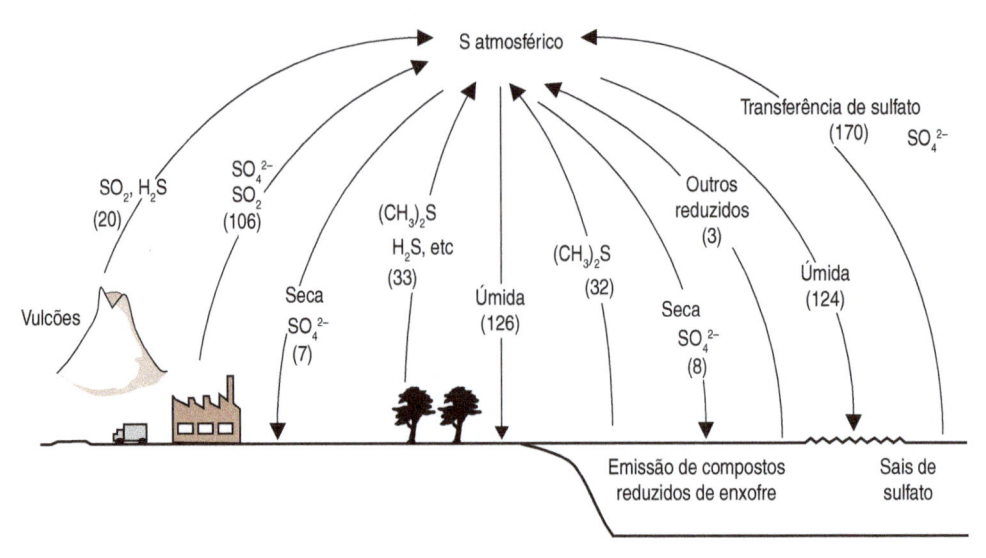

FIGURA 3.5 Esquema geral do ciclo do enxofre, com as principais rotas do elemento no ambiente. Unidades de massa Tg.

O estudo das emissões, transformações e a contabilização das quantidades dos materiais envolvidos em cada uma das etapas do ciclo de um elemento constituem uma das áreas da ciência que está longe de ter seus objetivos alcançados. Sobre todos os ciclos pairam dúvidas acerca de quantidades, de mecanismos de reações ou até do destino de compostos. Para se conhecer, por exemplo, quantidades de massas de um elemento em uma determinada etapa do ciclo, faz-se necessário conhecer "o seu balanço de massa" em um determinado compartimento, isto é, quanto do elemento entra, quanto dele sai e quanto é acumulado. Isso nem sempre é fácil de se fazer. Imagine contabilizar os diferentes compostos de carbono emitidos pelos vegetais em uma floresta com milhares de diferentes espécies. Os valores tabelados, regionais ou globais, da maioria dos ciclos são estimados considerando-se as informações existentes para alguns pontos de monitoramento. Como resultado, tais valores são frequentemente atualizados com base em novos conhecimentos gerados em pesquisas ambientais.

3.4 A COMBUSTÃO DE MATERIAIS E A POLUIÇÃO ATMOSFÉRICA

Os processos de combustão constituem as grandes fontes de energia e emissão de compostos para a atmosfera no mundo contemporâneo (ver Capítulo 4). Para obter energia e realizar trabalho para atender as atividades diárias, a sociedade moderna utiliza processos de combustão de materiais com diferentes propósitos: cozimento de alimentos, transporte em veículos movidos por motores à combustão, produção industrial, preparo de terrenos para a agricultura etc. Porém, é nos grandes centros urbanos e nos países ricos que se consome grande parte da energia produzida mundialmente. É justamente nesses países que o mundo vive a grande contradição, onde o uso de alta tecnologia depende de energia proveniente, sobretudo, de processos de combustão, ou seja, da primeira forma de energia encontrada pelo ser humano das cavernas. A consequência direta disso é a deterioração das condições ambientais, resultando na mudança da composição da atmosfera, compartimento este que recebe diretamente os produtos da combustão. O aumento dos processos de combustão, em função da crescente demanda energética, deverá ter implicações ambientais imediatas e também em um futuro próximo. Algumas dessas consequências podem ser estimadas conhecendo-se *princípios da química atmosférica*. É de bom senso que a preocupação da humanidade deva se dar não apenas com a produção de energia, mas também com a conservação e minimização do uso desta, especialmente em países de Primeiro Mundo. Em paralelo, a busca de processos de produção de energia que não envolvam combustão de materiais deve ser uma meta de desenvolvimento da pesquisa científica. No entanto, como discutido no Capítulo 4, é necessário que esses novos processos não gerem problemas ainda maiores, como resíduos altamente perigosos e de difícil descarte. A geração de energia por usinas nucleares é um exemplo de processo dessa natureza que não envolve reação de combustão, mas gera "lixo nuclear", e até hoje não foram apresentadas soluções ambientalmente convenientes, a não ser a de armazenar esse "lixo" em lugares de difícil acesso, à espera de uma solução futura para o descarte seguro. É necessário que a geração de energia e suas consequências ambientais sejam amplamente discutidas, com vistas a buscar soluções que gerem bem-estar social, com menor custo ambiental possível.

3.4.1 A combustão de materiais

Combustão é a queima de um material com o oxigênio do ar – processo que libera como produto gases e partículas. Ele pode ser representado pela seguinte equação:

$$\text{Combustível} + \text{ar } [O_2 \text{ e } N_2] \rightarrow \text{gases [p. ex., } NO + SO_2 + CO_2 \text{]} + \text{[partículas]}$$

As partículas formadas apresentam vários tamanhos: as maiores são visíveis na forma de fumaça; outras menores são impossíveis de ser visualizadas. Os gases formados na combustão são invisíveis aos olhos humanos, não têm cheiro ou se acham em quantidades insuficientes para ser detectados pelo odor; logo, é impossível detectá-los diretamente pelos órgãos sensoriais. Para prever quais são os possíveis gases emitidos durante um processo de combustão, faz-se necessário conhecer a composição do material combustível. Um material combustível formado de carbono, hidrogênio e oxigênio, quando queimado, irá produzir dióxido de carbono e água como principais produtos. Porém, se além destes, na sua composição existir enxofre, será formado dióxido de enxofre como produto. Assim, conhecer a composição química do combustível é de fundamental importância para prever os produtos gasosos de uma combustão. Entretanto, óxidos de nitrogênio não seguem essa regra e são formados em todas as combustões, independentemente da composição do material queimado.

3.5 ÓXIDOS DE NITROGÊNIO NA ATMOSFERA

Os óxidos de nitrogênio são encontrados na atmosfera com diferentes combinações: N_2O, NO, NO_2, NO_3, N_2O_3, N_2O_4 e N_2O_5. Dentre eles, somente N_2O, NO e NO_2 são encontrados em quantidades significativas e apresentam funções relevantes na química atmosférica.

O óxido de dinitrogênio (N_2O) é um gás incolor, emitido principalmente por fontes naturais, por meio da ação bacteriana e por reação entre N_2 e O_3 na atmosfera. Solos que foram adubados com compostos nitrogenados apresentam condições propícias para formação e emissão de N_2O. Este é considerado um *gás estufa*, isto é, contribui para reter calor na atmosfera terrestre.

O óxido nítrico (NO) é um gás incolor e inodoro produzido na natureza por ação de micro-organismos, sendo também um dos principais poluentes produzidos pela ação humana, pois é comum a todos os processos de combustão. Na atmosfera, ele é oxidado rapidamente por ozônio em processos fotoquímicos e, mais lentamente, por oxigênio, formando, em ambos os casos, o dióxido de nitrogênio.

Em altas concentrações, o dióxido de nitrogênio (NO_2) é um gás avermelhado, com odor irritante, e um dos principais poluentes secundários presentes na atmosfera das metrópoles. Embora seja emitido diretamente (fonte primária), em pequenas quantidades, tem como principal fonte a rápida oxidação do NO na atmosfera (fonte secundária). Como o NO_2 é formado pela reação de oxidação do NO, é comum ambos serem encontrados juntos no ambiente. Denomina-se NO_x a soma de NO_2 e NO.

3.5.1 Formação de óxidos de nitrogênio por fontes de combustão

Os óxidos de nitrogênio, o óxido nítrico (NO) e o dióxido de nitrogênio (NO_2) são gases comuns, presentes próximo à área em que ocorreu um processo de combustão, independentemente do tipo de material queimado. Para entender sua formação, é necessário lembrar que o ar atmosférico é uma mistura de diferentes gases, sendo que os dois principais componentes são o nitrogênio, com cerca de 78% do volume, e o oxigênio, com cerca de 21%. A grande quantidade de nitrogênio na atmosfera é uma evidência da grande estabilidade do gás N_2, e a possível reação do oxigênio com o nitrogênio na atmosfera poderia ser expressa como

$$N_2 + O_2 \rightleftharpoons 2NO$$

A constante de equilíbrio dessa reação pode ser expressa em função das pressões parciais dos gases na mistura:

$$\log K = \frac{[p\,NO]^2}{[p\,O_2][p\,N_2]}$$

onde log K é o logaritmo na base dez da constante de equilíbrio da reação na fase gasosa e [p NO], [p O_2] e [p N_2], por sua parte, são as pressões parciais de NO, O_2 e N_2 na mistura em equilíbrio. Considerando-se a temperatura de 25°C, o valor log K é igual a −30,3. Nessa condição, substituindo-se os valores das pressões parciais do nitrogênio e do oxigênio na atmosfera, o valor resultante da pressão parcial do óxido nítrico é:

$$p\,NO = 2{,}9\,10^{-14}\,kPa$$

significando que pouco produto foi formado, ou, em outras palavras, que o oxigênio e o nitrogênio são muito estáveis e a reação praticamente não ocorre. Entretanto, quando a temperatura é de 1.727°C ou 2.000 K, o novo valor de log K é −4,5. Nessas condições, o valor calculado para NO passa a ser o seguinte:

$$p\,NO = 0{,}23\ kPa$$

indicando que a reação pode ocorrer com formação significativa do óxido nítrico. A alta temperatura é um fator que favorece a formação de tal óxido. Durante o processo de queima de qualquer material com o ar, o calor gerado faz com que o nitrogênio se combine com o oxigênio, originando, como produto, o gás NO; ademais, quanto maior a temperatura, maior a quantidade formada.

Na atmosfera, esse gás se oxida rapidamente, resultando na formação do gás dióxido de nitrogênio (NO_2).

3.6 QUÍMICA ATMOSFÉRICA: REAÇÕES FOTOQUÍMICAS

A maioria das reações que conhecemos inicia-se quando moléculas dos reagentes se chocam; como resultado, ocorrem rearranjos, formando-se um novo produto. O movimento mais intenso que favorece o choque das moléculas é resultado de energia térmica. Na atmosfera, outro tipo de reação que ocorre com frequência é a *reação fotoquímica*, iniciada pela molécula que absorve um fóton de luz. A energia de um fóton é calculada pela equação $E = h\nu$, onde h é a constante de Planck e ν, a frequência da luz. A frequência ν está relacionada com o comprimento de onda (λ) da luz pela equação $\nu = 1/\lambda$. Portanto, quanto menor o comprimento de onda (λ), maior a energia associada ao fóton. A representação de uma equação fotoquímica é feita na maneira usual das reações térmicas, mas o fóton ($h\nu$) aparece como um reagente, como na seguinte reação:

$$NO_2 + h\nu \rightarrow NO + O$$

3.6.1 O papel do NO_x na atmosfera, na formação de poluentes secundários

Os óxidos de nitrogênio NO_x (NO e NO_2) desempenham um papel fundamental na formação de novos compostos na atmosfera, como o ozônio, aldeídos e compostos orgânicos nitrogenados. Um modelo simplificado da ação do NO_x na atmosfera pode ser descrito por algumas reações gerais a saber:

A oxidação do NO na atmosfera se dá principalmente pela reação com o ozônio:

$$NO + O_3 \rightarrow NO_2 + O_2 \qquad (3.8)$$

O NO_2 formado nessa etapa, na presença de luz solar ($E = h\nu$) sofre reação oposta provocando a dissociação do NO_2 e regenerando NO e ozônio, segundo as reações apresentadas a seguir.

$$NO_2 + h\nu\ (\lambda \leq 430\ nm) \rightarrow NO + O \qquad (3.9)$$

$$O + O_2 \rightarrow O_3 \qquad (3.10)$$

Com taxas iguais de formação e destruição de NO_2, as Reações 3.8 a 3.10 descrevem um estado fotoestacionário. Nessa situação, os níveis de ozônio (oxidante) tendem a permanecer em um nível baixo, pois são consumidos na mesma velocidade em que são gerados. Sob condições naturais, isto é, em regiões remotas sem poluição, o ozônio é encontrado em concentrações de cerca de 30-40 ppb. Alguns estudos indicam que no passado, antes da Revolução Industrial, em regiões remotas, o intervalo de concentração encontrado para o ozônio era de 10 -15 ppb. Porém, medidas em locais poluídos já mostraram valores próximos de 500 ppb, ou seja, fora do estado fotoestacionário descrito. Para entender por que o ozônio aumenta a níveis tão elevados, é preciso considerar a quantidade de compostos emitidos para a atmosfera e que influem nas Reações 3.8-3.10.

Em 1988, a cidade de São Paulo foi responsável pela emissão de 245 mil ton ano^{-1} de NO_x para a atmosfera, com 82 % da contribuição proveniente de veículos automotores. Como essa enorme quantidade de NO_x irá mudar a composição da atmosfera, principalmente com relação ao ozônio, é o que discutiremos adiante.

3.6.2 Oxidantes na atmosfera

Compostos oxidantes são espécies químicas ávidas por elétrons, as quais, em uma reação, retiram elétrons da outra espécie reagente. Dizemos que o composto que perdeu elétrons sofreu uma oxidação. Um possível indício de que a espécie foi oxidada é o aumento do número relativo de átomos de oxigênio da sua molécula. Os oxidantes são compostos de grande importância para a química atmosférica, pois são modificadores da sua composição química, interferem na qualidade do ar, e alguns compostos podem influir no balanço térmico da atmosfera.

Diversos oxidantes podem ser encontrados no ar ambiente, sendo os principais O_3, H_2O_2, $HO^{\bullet}$, $HO_2^{\bullet}$, radical nitrato ($NO_3^{\bullet}$) e nitrato de peroxiacetila (PAN). Dessas espécies, o ozônio (O_3), o peróxido de hidrogênio (H_2O_2) e o radical hidroxila ($HO^{\bullet}$) são considerados os mais importantes e, dentre eles, o ozônio tem um destaque especial, pois é responsável pelo início de todas as cadeias de oxidação primárias que ocorrem na atmosfera natural. A formação desses oxidantes acontece por processos que envolvem as seguintes reações:

O radical hidroxila ($HO^{\bullet}$) é formado pela fotólise do ozônio em presença de vapor de água:

$$O_3 + h\nu \rightarrow O_2 + O \quad (3.11)$$

$$O + H_2O \rightarrow 2\ HO^{\bullet} \quad (3.12)$$

Pode ser formado também pela fotodecomposição de compostos carbonílicos, como o formaldeído, em presença de NO:

$$2\ O_2 + HCHO + h\nu \rightarrow 2\ HO_2^{\bullet} + CO \quad (3.13)$$

$$HO_2^{\bullet} + NO \rightarrow NO_2 + HO^{\bullet} \quad (3.14)$$

O peróxido de hidrogênio é formado pela recombinação de hidroxilperóxido formado na Reação 3.13, por exemplo:

$$HO_2^{\bullet} + HO_2^{\bullet} \rightarrow H_2O_2 + O_2 \quad (3.15)$$

O radical nitrato ($NO_3^{\bullet}$) é instável em presença de luz solar, só existe durante a noite e sua formação ocorre via reação entre ozônio e dióxido de nitrogênio:

$$NO_2 + O_3 \rightarrow NO_3^{\bullet} + O_2 \quad (3.16)$$

Os oxidantes desempenham o papel fundamental de limpeza da atmosfera; o processo de oxidação produz sempre moléculas mais solúveis em água e, portanto, facilita sua remoção pela água da chuva. Os oxidantes atuam como detergentes que têm a função de solubilizar a sujeira para que seja removida pela água.

3.6.3 Formação de poluentes secundários e o *smog* fotoquímico

Os compostos de nitrogênio e os oxidantes atmosféricos têm uma função essencial na formação do conhecido *smog* fotoquímico. Esse fenômeno ocorre principalmente em regiões industrializadas ou em grandes cidades que possuem tráfego intenso. O termo fotoquímico é utilizado porque a luz desempenha papel fundamental para ativar as reações. Em grandes metrópoles, como a cidade de São Paulo, o fenômeno ocorre com maior intensidade em dias de muito sol e pouco vento, quando a cidade fica envolta em uma névoa conhecida como *smog*. Esse termo provém do inglês e deriva das palavras *smoke* = fumaça e *fog* = neblina, nevoeiro. É como se uma forte neblina envolvesse a cidade durante o horário de maior insolação. Em tais ocasiões, pessoas mais sensíveis sentem o desconforto visual provocado pelos oxidantes, aldeídos e PAN, e seus olhos lacrimejam como se elas estivessem chorando. O período crítico do ano mais favorável ao fenômeno na cidade de São Paulo é o inverno, quando as condições meteorológicas são pouco favoráveis à dispersão dos poluentes atmosféricos, há pouco vento e os dias são claros, com poucas nuvens e grande incidência de luz solar.

O *smog* fotoquímico é resultado da quebra do estado fotoestacionário descrito em 3.6.1 e, aqui, novamente representado nas seguintes reações:

- Formação do oxigênio atômico por fotodissociação do dióxido de nitrogênio:

$$NO_2 + h\nu \rightarrow NO + O \quad (3.17)$$

- Reação de formação de ozônio via reação entre o oxigênio atômico e moléculas de oxigênio:

$$O + O_2 + \rightarrow O_3 \quad (3.18)$$

- Reação de decomposição do ozônio e formação de NO_2:

$$NO + O_3 \rightarrow NO_2 + O_2 \quad (3.19)$$

A concentração do ozônio permanece em equilíbrio porque o NO formado na Reação 3.17 reage consumindo o ozônio formado na Reação 3.18, recompondo o NO_2 consumido na Reação 3.17. Ocorre o acúmulo de ozônio na troposfera quando outros compostos competem com a Reação 3.19, consumindo o NO ou favorecendo o acúmulo de NO_2, o qual produz ozônio via Reações 3.17 e 3.18. A reação de NO com peróxidos resulta na regeneração de NO_2, que cumpre essa dupla função:

$$NO + RO_2^\cdot \rightarrow NO_2 + RO^\cdot \quad (3.20)$$

A formação e o acúmulo do ozônio depende não só de NO_x, mas também da presença de peróxidos orgânicos na atmosfera. Esses compostos peróxidos são nela formados como produto da reação entre COV e oxidantes. Existem várias possibilidades de reações de formação de peróxidos orgânicos, pois é grande o número de diferentes compostos orgânicos que podem estar presentes na atmosfera. Considerando-se, por exemplo, a classe de compostos conhecidos como hidrocarbonetos alcenos (RCH=CHR), na atmosfera eles podem reagir com oxidantes, como o oxigênio atômico, gerado na Reação 3.17 e desencadear algumas das seguintes reações:

$$RCHCHR + O \rightarrow RCH_2^{\cdot} + RCO^{\cdot} \qquad \text{(3.21) formação de radicais livres}$$

$$RCH_2^{\cdot} + O_2 \rightarrow RCH_2O_2^{\cdot} \qquad \text{(3.22) formação do peróxido}$$

$$RCH_2O_2^{\cdot} + NO \rightarrow RCH_2O^{\cdot} + NO_2 \qquad \text{idêntica à Reação 3.20}$$

$$RCH_2O^{\cdot} + O_2 \rightarrow RCHO + HO_2^{\cdot} \qquad \text{(3.23) formação de aldeídos}$$

$$RCH_2O_2^{\cdot} + NO_2 \rightarrow RCH_2O_2NO_2 \qquad \text{(3.24) formação de nitratos orgânicos}$$

Os diversos produtos formados são compostos que podem ser encontrados na atmosfera de qualquer cidade. Sua quantidade e efeito, como a poluição, dependem de quanto material é emitido pelas diversas fontes. À exceção da Reação 3.24, em todas as outras reações a função do NO_x foi catalisar a reação, isto é, o NO e o NO_2 não foram consumidos no processo geral. O composto mais comum formado na Reação 3.24 é conhecido como PAN ($CH_3CH_2O_2NO_2$, nitrato de peroxilacetila) e pode significar uma forma do gás NO_2 ser estabilizado e transportado a longas distâncias, sem sofrer reação na atmosfera. Sob diferentes condições ambientais, o equilíbrio da Reação 3.24 pode ser deslocado, para a regeneração do NO_2, longe da fonte de emissão dos óxidos de nitrogênio. A característica dos compostos formados é que eles geralmente são mais solúveis em água que seus precursores e são mais facilmente retirados da atmosfera por deposição úmida. Por outro lado, muitas vezes são mais tóxicos e, por isso, causam problemas de poluição, com consequência à saúde de pessoas, animais e vegetais.

A Figura 3.6 mostra, em um gráfico, as composições dos principais compostos relacionados com a formação do *smog* fotoquímico, ao longo de um dia sobre uma cidade. Inicialmente, antes de o sol nascer, muitas pessoas já estão envolvidas em sua rotina diária enquanto outras iniciam seu caminho em direção ao trabalho. Neste período, o crescente uso de diversos veículos aumenta a emissão de NO e compostos orgânicos voláteis. Com o nascer do sol, o NO é oxidado a NO_2 e os compostos orgânicos voláteis reagem, formando aldeídos e oxidantes diversos. No período de maior insolação, essas reações atingem seus máximos.

Quando as condições meteorológicas são desfavoráveis às dispersões dos poluentes, surge a ocasião mais favorável para a formação do *smog* fotoquímico. Essa condição ideal ocorre durante o fenômeno atmosférico denominado *inversão térmica*. Normalmente, a temperatura da camada atmosférica em contato com o solo é mais quente e esfria à medida que se afasta do solo. Durante uma inversão térmica, esse perfil de mudança de temperatura só se dá nas primeiras centenas de metros, quando então uma camada de ar mais quente recobre essa camada inicial (Figura 3.7). Como a massa de ar quente sempre tem a tendência de subir dentro de uma massa de ar frio, a fumaça, que é uma massa de gases e partículas quentes, tem a tendência de subir e se dispersar na atmosfera. Quando ocorre a inversão térmica, ela sobe na atmosfera e encontra a massa de ar quente. Essa camada atua como uma tampa, bloqueando o movimento ascendente de gases e partículas. Como resultado, ocorre o acúmulo dos materiais na atmosfera, favorecendo as reações fotoquímicas pelo aumento da concentração dos reagentes.

CAPÍTULO 3 ▶ QUÍMICA DA ATMOSFERA

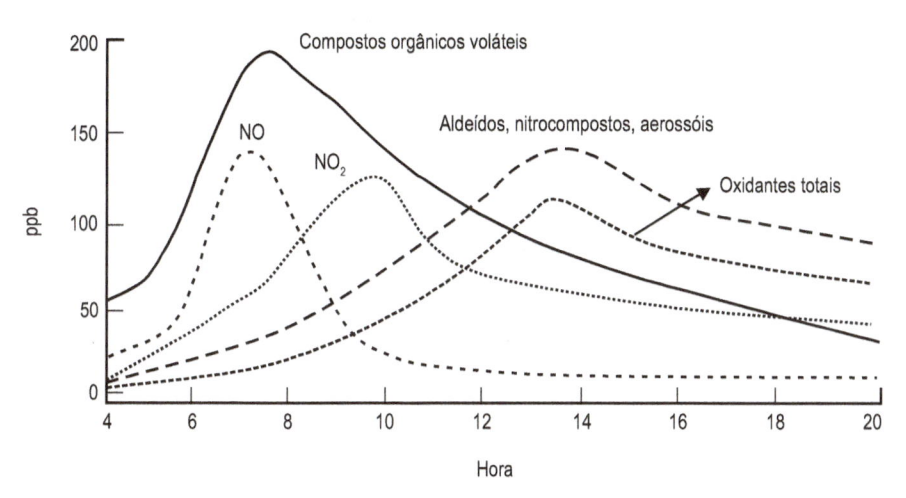

FIGURA 3.6 Variação da composição dos gases atmosféricos relacionados com o *smog* fotoquímico ao longo do dia.

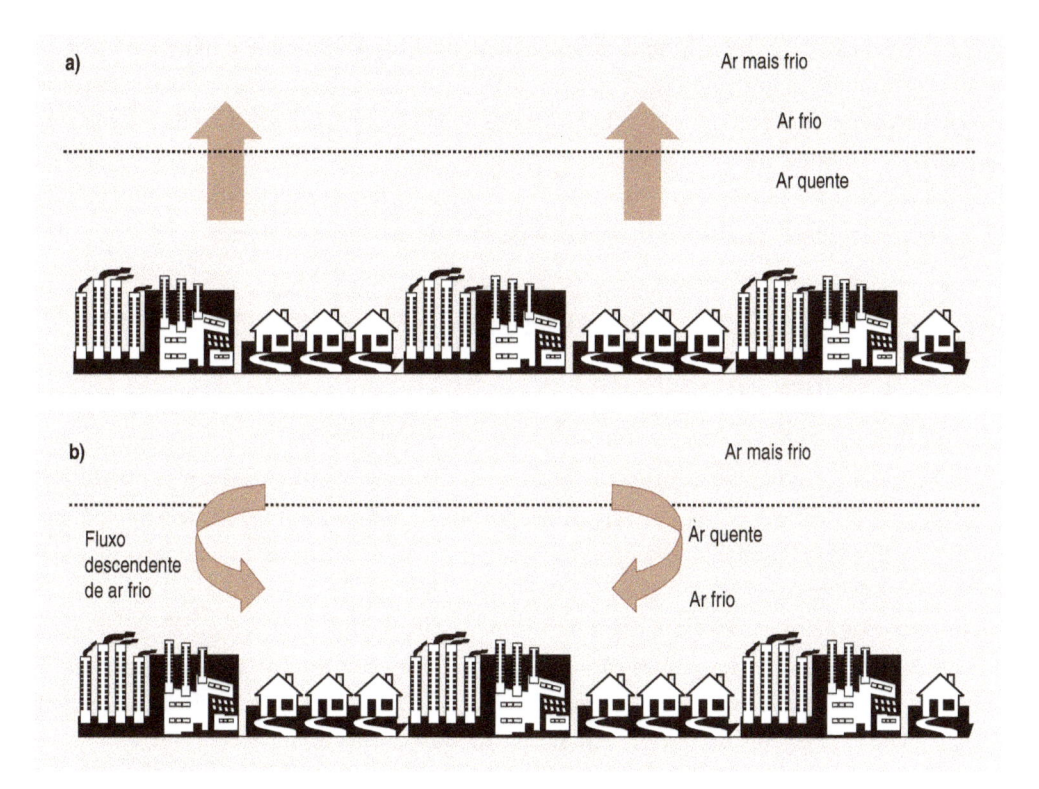

FIGURA 3.7 Variação da temperatura da atmosfera sobre uma cidade. (a) Condições meteorológicas normais; (b) Inversão térmica.

3.6.4 Minimizando as reações fotoquímicas na atmosfera

Uma das formas de minimizar a poluição sobre as cidades é diminuir a emissão de poluentes. Quando os problemas são os poluentes secundários, é necessário reduzir os poluentes primários, que são os seus precursores. No caso dos oxidantes e aldeídos, deve-se atuar sobre os precursores das reações fotoquímicas, ou seja, os COV e o NO_x.

Geralmente, a emissão dos COV é mais difícil de se controlar, pois as suas fontes são numerosas, podendo tanto ter origens naturais como antrópicas. Os gases NO_x têm como fonte os processos de combustão. Nas grandes cidades, a maior emissão desses compostos está relacionada com a emissão veicular. Os gases provenientes do cano de descarga são ricos em espécies como CO_2, H_2O, CO, SO_2, NO_x e COV (este último formado pela pequena parcela do combustível não totalmente queimada). A quantidade emitida ainda depende do ano de fabricação do veículo, do modelo, do tipo de combustível, de como se dirige, da velocidade de condução e de regulagens no motor. O uso de combustível adulterado certamente constitui outro fator que pode aumentar significativamente a emissão de um veículo. Além disso, há o combustível que também evapora pelo motor e pelo tanque de combustível. Isso significa que até um veículo parado pode ser fonte de emissão de COV. Para minimizar parte da emissão dos gases de exaustão, os carros de passeio devem possuir os catalisadores acoplados aos canos de descarga. A função do catalisador é oxidar COV, formando CO_2 e H_2O e reduzindo os NO_x, gerando nitrogênio gasoso, N_2. Entretanto, os catalisadores existentes não possuem 100% de eficiência e, como consequência, os gases continuam sendo emitidos. Um agravante é que a emissão resultante do acréscimo do número de veículos particulares tem sido maior que a redução obtida com o uso de catalisadores nos carros. Nessa situação, a solução drástica tem sido a implantação de rodízios dos veículos em circulação. Tal medida é empregada na cidade de São Paulo, quando grupos de veículos classificados por número final da placa são impedidos de circular uma vez por semana.

3.7 MODIFICANDO A PROPRIEDADE ÁCIDO/BÁSICA DA ATMOSFERA

3.7.1 Propriedade ácido/básica dos óxidos e da amônia

Os óxidos são compostos formados pela combinação de oxigênio e de um outro elemento (por exemplo, CO_2, NO, Al_2O_3). Os óxidos formados pelos não-metais (elementos que se encontram à direita da tabela periódica) são compostos moleculares e muitos deles possuem propriedades ácidas, sendo que alguns se apresentam como gases à temperatura ambiente. Os óxidos formados pelos metais (elementos dispostos à esquerda da tabela periódica) são compostos iônicos, alguns com propriedades básicas, e se encontram na forma de sólidos à temperatura ambiente. Alguns óxidos reagem com a água, formando ácidos ou base, dependendo do elemento combinado com o oxigênio. Os que têm maior importância ambiental são:

$$SO_2(g) + H_2O \rightarrow H_2SO_3$$
$$SO_3(g) + H_2O \rightarrow H_2SO_4$$

$$2\ NO_2(g) + H_2O \rightarrow HNO_3 + HNO_2$$
$$CO_2(g) + H_2O \rightarrow H_2CO_3$$
$$CaO(s) + H_2O \rightarrow Ca(OH)_2$$

Outro composto que interage com a água e bastante comum na atmosfera é o gás amônia (NH_3). Ele é importante por ser o único composto com propriedades básicas existente em quantidade significativa na atmosfera. Sua interação com a água produz o hidróxido de amônio segundo a seguinte reação:

$$NH_3 + H_2O \rightarrow NH_4OH$$

A presença desses compostos no compartimento atmosférico pode modificar as propriedades ácidas da atmosfera, pois suas interações com a água podem formar gotículas com propriedades ácidas ou básicas, as quais irão gerar a chuva, que poderá ser ácida ou básica, dependendo dos materiais que se encontram na atmosfera. Como os óxidos ácidos são comuns de serem formados nos processos de combustão, são mais facilmente encontrados na atmosfera. Por outro lado, alguns ácidos podem ser emitidos diretamente, como, por exemplo, o HCl, o HNO_3 e o H_3C-CO_2H; assim, com frequência a chuva apresenta caráter ácido, pois esses compostos são mais fáceis de serem encontrados na atmosfera. Todavia, se existir uma grande emissão de amônia, a chuva próxima da região dessa emissão poderá apresentar caráter básico.

3.7.2 A formação de ácidos na atmosfera

Conforme já discutido, à exceção do óxido nítrico (NO) os gases formados na combustão dependem da composição do material queimado. Os seres vivos possuem, em sua constituição física, os macroconstituintes C, H, O, S, N. Isso significa que a queima de materiais que tiveram origem em seres vivos deve produzir os respectivos óxidos como produto da combustão. Esse é o caso dos combustíveis fósseis. Como tais combustíveis foram formados a partir da decomposição de animais e vegetais de tempos pré-históricos (daí o nome combustível fóssil), os macroelementos C, H, O, S, N fazem parte da sua composição. Porém, como esses combustíveis são produzidos por processos físicos e químicos de separação e purificação, como a destilação, os elementos estão presentes em diferentes quantidades nos diversos combustíveis. O carvão mineral recebe menor tratamento antes de ser utilizado como combustível e pode conter maior quantidade de enxofre e nitrogênio como elementos contaminantes. O gás natural possui, em sua composição, quase que exclusivamente C e H, visto que os hidrocarbonetos contendo até quatro carbonos na sua molécula são gases à temperatura ambiente, enquanto moléculas contendo enxofre ou nitrogênio nem sempre o são. Proveniente de fonte renovável, o álcool combustível tem origem na fermentação do caldo extraído da cana-de-açúcar, com posterior destilação. Como consequência, ele possui, em sua composição, apenas os elementos C, H e O, formando a molécula do etanol (H_3CCH_2OH).

O conhecimento da composição e do tipo de combustível queimado possibilita prever possíveis compostos emitidos. A queima de gasolina, óleo diesel, óleo combustível e carvão mineral emite CO_2, H_2O, NO_x e SO_2. A queima de gás natural e álcool combustível emite CO_2, H_2O e NO_x. O uso de lenha como combustível ou de qualquer massa vegetal emite CO_2, H_2O, NO_x e SO_2. A taxa de emissão do NO_x depende não só da composição do combustível, mas também da temperatura alcançada na combustão – quanto maior a eficiência nesta, maior a emissão de NO_x. Partículas também são emitidas em todo processo de combustão, e a quantidade de partículas emitidas é geralmente proporcional à quantidade de fumaça formada.

A ação do NO_x na atmosfera, na condição de catalisador de reações fotocatalíticas, foi discutida previamente. Contudo, é necessário lembrar que nessas reações os óxidos não são consumidos e que o tempo de residência deles é relativamente curto (Quadro 3.1), sugerindo a existência de mecanismos atuando como sorvedouro desses compostos.

Durante o dia, em presença da luz solar, o principal mecanismo de reação em fase gasosa é a oxidação do NO_2 pelos radicais $HO^{\cdot}$, com a formação de ácido nítrico:

$$NO_2 + HO^{\cdot} \rightarrow HNO_3$$

Durante a noite, a transformação do NO_2 em ácido nítrico ocorre via radical nitrato:

$$NO_2 + O_3 \rightarrow NO_3^{\cdot} + O_2$$
$$NO_2 + NO_3^{\cdot} \rightarrow N_2O_5$$
$$N_2O_5 + H_2O \rightarrow 2\ HNO_3$$

Esses mecanismos indicam que o gás dióxido de nitrogênio que atuou como catalisador de reações fotoquímicas, próximo da região em que foi emitido, agravando a poluição local, ainda irá atuar em regiões pouco mais distantes, contribuindo para a formação da chuva ácida.

De forma semelhante, o dióxido de enxofre deve ter seu sorvedouro. Em fase gasosa, o SO_2 também pode reagir com $HO^{\cdot}$ para a produção de ácido sulfúrico, segundo as reações:

$$SO_2 + HO^{\cdot} \rightarrow HSO_3$$
$$HSO_3 + O_2 \rightarrow HO_2 + SO_3$$
$$SO_3 + H_2O \rightarrow H_2SO_4$$

Algumas vezes, a presença de gotículas de água na atmosfera serve de recipiente de reação. Inicialmente, o dióxido de enxofre gasoso se dissolve na água:

$$SO_2(g) + H_2O(aq) \rightarrow H_2SO_3(aq)$$

O ácido sulfuroso (H_2SO_3) reage com oxigênio, produzindo ácido sulfúrico:

$$2\ H_2SO_3 + O_2 \rightarrow 2\ H_2SO_4$$

A reação de oxidação do ácido sulfuroso é lenta em atmosfera limpa, mas, em presença de material particulado contendo íons metálicos, por exemplo, ferro(III) e manganês(II), que atuam como catalisadores, a velocidade de reação é aumentada de 10 a 100 vezes. Outros oxidantes podem fazer a oxidação do ácido sulfuroso dissolvido em uma gotícula de água:

$$H_2SO_3 + O_3 \rightarrow H_2SO_4 + O_2$$
$$H_2SO_3 + NO_2 + \rightarrow H_2SO_4 + NO$$
$$2\,H_2SO_3 + 2H_2O_2 \rightarrow 2H_2SO_4 + 2\,H_2O$$

A reação mais significativa ocorre com o peróxido de hidrogênio, pois sua solubilidade em água é maior que a do ozônio e a do dióxido de nitrogênio. Portanto, a oxidação do dióxido de enxofre e consequente formação de ácido sulfúrico na atmosfera dependem da dissolução do gás dióxido de enxofre em uma gotícula de água e posteriormente da ação de catalisador e de agentes oxidantes. Partículas em suspensão presentes na atmosfera, contendo íons metálicos, podem servir como catalisadores, enquanto o ozônio e a água oxigenada formados na atmosfera podem atuar como agentes oxidantes. O tempo médio para a transformação do dióxido de enxofre em ácido sulfúrico é cerca de dois dias; em decorrência disso, esse poluente pode ser levado pelo vento e aportar em regiões distantes da fonte de emissão do dióxido de enxofre. Esse tipo de situação é crítica principalmente na Europa, onde existem vários países no continente. O país que sofre os efeitos da poluição (chuva ácida) nem sempre é responsável pela emissão do dióxido de enxofre ou do dióxido de nitrogênio.

Em algumas regiões não-industrializadas, os ácidos que mais contribuem para a acidez da chuva são os ácidos fórmico e acético. Estes ácidos podem ser emitidos diretamente para a atmosfera, pelos vegetais, ou serem formados por reações de oxidação de COVs também emitidos por vegetais. A chuva ácida é, portanto, um fenômeno de poluição que ocorre em muitas regiões do planeta, mas que requer ser estudada separadamente, pois sua origem precisa ser determinada de modo a possibilitar o controle e a minimização do problema. Como em muitos outros desequilíbrios ambientais, cada região deve buscar a solução correta para o seu próprio problema. Um composto importante que modifica a acidez da água da chuva é o gás amônia (NH_3).

3.7.3 Amônia atmosférica

A amônia é um gás incolor à temperatura ambiente que possui um odor extremamente forte e é consideravelmente mais leve que o ar. Ela é considerada o único gás básico existente em quantidade significativa na atmosfera. Diversas são as fontes de amônia para a atmosfera, como a decomposição de matéria orgânica, as emissões provenientes de fezes de animais, a utilização de fertilizantes e a queima de biomassa.

A amônia pode ser retirada da atmosfera por processos físicos de deposições seca e úmida ou por processos químicos. As principais reações que possibilitam o consumo da amônia gasosa envolvem a oxidação, com formação de NO_x, e reação com espécies ácidas formando partículas secundárias.

Antes da produção massificada de nitrogênio reativo por processos industriais, havia na natureza um balanço representado por um equilíbrio dinâmico entre os compostos de nitrogênio e o nitrogênio atmosférico molecular não-reativo (ciclo do nitrogênio). O nitrogênio atmosférico

(N_2 compreende cerca de 78% do ar) era naturalmente convertido em formas reativas usadas pelas plantas e animais, e quantidade semelhante de nitrogênio não-reativo retornava à atmosfera via processos naturais. Atualmente, com o aumento excessivo no uso de fertilizantes e com a produção de energia, o balanço foi modificado, favorecendo a formação de nitrogênio reativo.

3.7.4 A importância ambiental da amônia atmosférica

A amônia atmosférica é de fundamental importância para a química ambiental, pois se trata de um composto capaz de neutralizar, em determinada extensão, a acidez causada por gases ácidos e espécies ácidas adsorvidas em partículas. Uma parte substancial dos ácidos atmosféricos gerados pela oxidação do SO_2 e do NO_x é neutralizada pela amônia, e os produtos finais são os sais de amônio, na forma de material particulado. Reações de neutralização parecem ser, juntamente com as deposições seca e úmida, os meios de remoção mais comuns dos compostos ácidos na atmosfera.

Como a amônia apresenta alta solubilidade em água, dissolve-se facilmente nas gotículas formadoras das nuvens e, além de aumentar o pH, atua na conversão de espécies ácidas, como H_2SO_4 e HNO_3 em partículas de sulfato e nitrato. Os aerossóis contendo o íon amônio formam a fração de menor tamanho do material particulado atmosférico total. Algumas estimativas indicam que a amônia emitida anualmente para a atmosfera pode neutralizar até 32% da produção anual de ácidos provenientes de fontes naturais e produzidos por atividades humanas. A reação a seguir descreve a representação geral desses processos de neutralização:

$$HX_{(g)} + NH_{3(g)} \rightleftharpoons NH_4X_{(s)} \rightleftharpoons NH_4^+{}_{(aq)} + X^-{}_{(aq)}$$

Quando o produto formado é o nitrato ou o cloreto de amônio, pode ocorrer regeneração dos reagentes devido à volatilização desses sais, decorrente de condições ambientais como alta temperatura e baixa umidade relativa do ar. Estes fatos mostram como a umidade relativa pode interferir na amostragem de partículas desses sais. Partículas de NH_4NO_3 (s), por exemplo, retidas em um filtro durante uma amostragem de ar, podem ser convertidas em HNO_3 (g) e NH_3 (g) quando a umidade é baixa e, assim, ser arrastadas pelo ar que está sendo amostrado, resultando em um valor subestimado de partículas.

O material particulado formado pela neutralização da amônia é geralmente muito fino, resultando em alto tempo de residência na atmosfera, sendo esse um dos principais mecanismos de transporte de tais poluentes gasosos a longas distâncias. O aporte de nitrogênio em corpos de água e solo pode aumentar a produtividade vegetal de certas espécies, o que põe em risco a biodiversidade e pode ainda favorecer a eutrofização de lagos (ver Capítulo 2). Outra consequência da presença do material particulado fino na atmosfera está associada a possíveis riscos à saúde, decorrentes da assimilação de partículas inaláveis pelo trato respiratório. As partículas formadas são menores do que 2,5 μm, não são retidas nos mecanismos de proteção naturais existentes no trato superior respiratório e chegam até o pulmão, provocando danos à saúde humana. Dessa forma, o aumento da amônia gasosa na atmosfera pode, por um lado, atenuar a acidez atmosférica e, por outro, favorecer o aumento na concentração de partículas inaláveis assim, agravando, o risco à saúde. Devido à complexidade do tema, não existem ainda estudos que possam mensurar as consequências desses efeitos no ambiente.

3.8 MATERIAL PARTICULADO ATMOSFÉRICO

São denominados material particulado as partículas sólidas ou líquidas presentes na atmosfera. A quantificação da massa de todas essas partículas é conhecida como Material Particulado Total em Suspensão (MPTS) e constitui uma medida de massa total delas por unidade de volume, geralmente expressa em unidade de $\mu g\ m^{-3}$. Muitas dessas partículas são visíveis, como poeira, cinzas e fumaças. Outras, por sua parte, não o são, mas não deixam de ser significativas para o ambiente. Partículas inaláveis menores que 10 μm (conhecidas como PM_{10}), ficam retidas no trato respiratório superior; além disso, as partículas menores que 2,5 μm possuem grande potencial para atingir os pulmões e lá ficarem retidas, o que pode provocar danos à saúde.

O tamanho das partículas também influi nas propriedades atmosféricas. As partículas presentes na atmosfera espalham a luz em diferentes direções. Como resultado, as que têm diâmetro entre 0,1 e 1 μm causam grandes efeitos na visibilidade, pois seus diâmetros são comparáveis aos comprimentos de onda da radiação visível, e cada uma delas passa a atuar como um ponto emitindo luz visível. No geral, o efeito dessas partículas é diminuir a visibilidade e reduzir a quantidade de radiação solar que chega ao solo.

Partículas de tamanho entre 0,1-10 μm servem como núcleos para condensar vapor d'água e, consequentemente, formar nuvens. Essas estão diretamente ligadas à quantidade de chuva em uma região. Quando um núcleo de condensação alcança o volume suficiente, ele precipita na forma de chuva. O material particulado é essencial à formação de nuvens, invarialvelmente favorecendo o processo; isso, contudo, nem sempre resulta em uma maior quantidade de chuva. Quando há um grande número de núcleos de condensação, o vapor de água da atmosfera se divide entre os vários núcleos e nenhum deles cresce em quantidade suficiente para formar chuva. Como resultado, *a poluição por material particulado pode aumentar ou reduzir a quantidade de chuva de uma determinada região*. São Paulo já foi conhecida, no início do século XX, como "terra da garoa". Hoje, esse título já não faz mais sentido, e é pouco frequente a ocorrência de garoa na cidade, o que evidencia um processo de mudança climática local. A megacidade construída emite mais partículas e também modificou o balanço térmico da superfície do solo. O que realmente provocou a modificação do clima local ainda não é conhecido.

A importância do estudo de partículas na atmosfera trouxe à tona a necessidade de se fazer uma classificação baseada no diâmetro médio delas. Partículas menores do que 2,5 μm em diâmetro são conhecidas como finas, e as maiores do que 2,5 μm como grossas.

As classificadas como finas e grossas formam dois grupos bem distintos. Ambas possuem fontes diferentes, processos de remoção da atmosfera diferentes, propriedades óticas diferentes, composição química diferente e atuam no sistema respiratório de forma diferente. Reconhecer como se encontra a distribuição de um conjunto de partículas na atmosfera é, portanto, fundamental em muitos estudos ambientais.

A Figura 3.8 mostra um esquema idealizado sobre propriedades e mecanismos de formação e remoção de partículas na atmosfera. Na figura, a área sob a linha do gráfico é proporcional ao número de partículas. As finas podem ser subdivididas em dois grupos: modo de *nucleação* (de

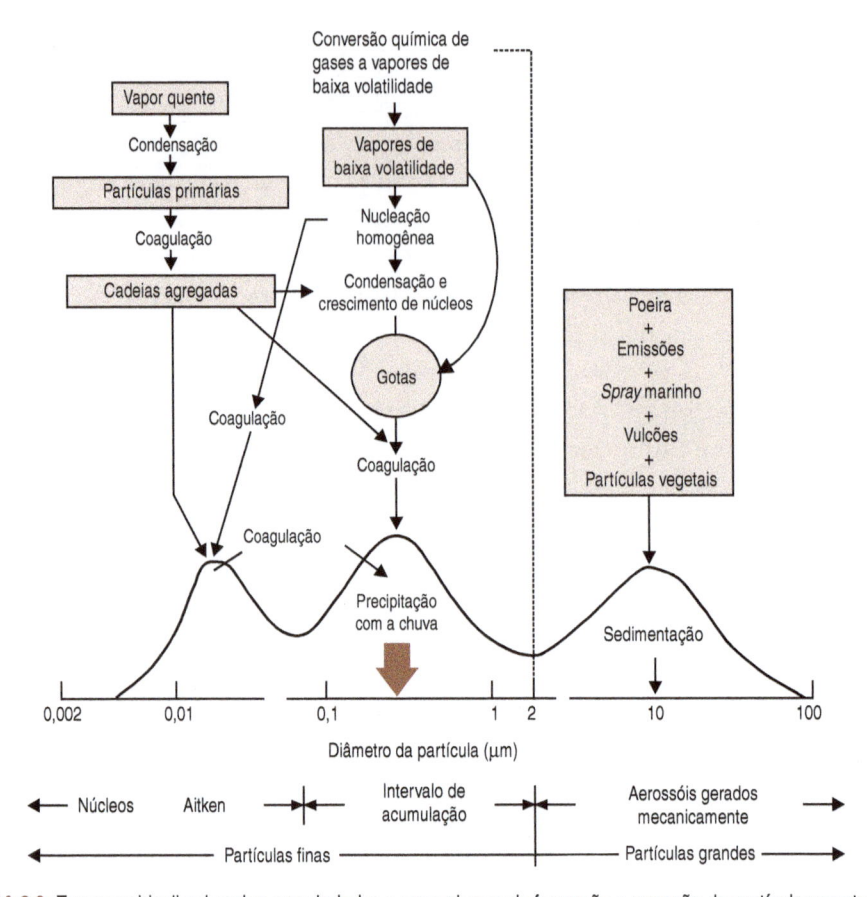

FIGURA 3.8 Esquema idealizado sobre propriedades e mecanismos de formação e remoção de partículas na atmosfera.

0,005 a 0,1 μm de diâmetro), no qual estão as partículas menores e modo de *acumulação*, com partículas de entre 0,1 a 2,5 μm de diâmetro. As partículas do modo de nucleação são formadas por condensação de vapor quente, proveniente de combustão ou de reação entre moléculas de gases. Elas são instáveis e tendem a se agregar a outras partículas. Como a probabilidade do choque entre duas partículas pequenas é mais difícil de ocorrer que a probabilidade de choque entre uma pequena e uma grande, a tendência geral é que as partículas do modo de nucleação venham a se agregar sobre partículas distribuídas do modo de acumulação. As partículas no modo de acumulação possuem composição química diversa, resultado da incorporação de partículas de diferentes origens. Estas, em razão do seu tamanho, contam com um tempo de residência na atmosfera longo, variando de dias até semanas. Isso faz com que elas se desloquem por longas distâncias na atmosfera, a partir do ponto em que foram formadas.

Partículas grossas são geradas por processos mecânicos, como o vento. Seu intervalo de tamanho é maior que 2,5 μm de diâmetro e, em decorrência disso, elas têm tempo de residência curto na atmosfera, com tendência a se depositar não muito distante da fonte emissora.

As fontes emissoras de partículas para a atmosfera podem ter origem natural ou gerada por atividades antrópicas. Entre as fontes naturais, temos as atividades vulcânicas, o vento sobre o continente, que suspende material sólido e o vento sobre os oceanos, que transporta pequenas gotículas de água (conhecido como *spray* marinho). Os vegetais são grandes emissores de material particulado, seja na forma direta de emissão como pólen, ou na forma de precursores, como compostos orgânicos voláteis, os quais, após reagir na atmosfera, formam partículas. Os vírus e as bactérias também são considerados como material particulado atmosférico.

São diversas as atividades humanas que originam materiais particulados. Processos de combustão e industriais, uso de veículos que, além de emitir partículas pelo cano de descarga, suspendem poeira em estradas asfaltadas ou não, construções diversas e manejo do solo para fins agricultáveis (ver Capítulo 5) etc., são exemplos mais comuns.

O Quadro 3.4 mostra como as atividades humanas interferem na quantidade natural de material particulado existente na atmosfera. Como pode-se observar, a emissão natural é muito maior que a emissão resultante de atividades humanas; porém, esta tem apresentado um grande crescimento ano após ano.

QUADRO 3.4 Emissão global estimada para material particulado atmosférico

Fontes	Massa estimada (Tg/ano)	Classificação
Natural		
Primária		
Poeira solo	1.500	Principalmente grossa
Spray marinho	1.300	Grossa
Poeira vulcânica	30	Grossa
Material biológico	50	Grossa
Secundária		
Gases biogênicos	130	Fina
Gases vulcânicos	20	Fina
Compostos orgânicos biogênicos	60	Fina
NO_x	30	Fina e grossa
Total natural	3.120	
Atividades humanas		
Primária		
Indústria	100	Fina e grossa
Fuligem	10	Fina
Secundária		
Gás SO_2	190	Fina
Queima biomassa	20	Fina
NO_x	50	Grossa
Compostos orgânicos	10	Fina
Total origem antrópica	380	

3.9 O BALANÇO TÉRMICO DO PLANETA

O sol é a principal fonte de energia para os planetas do sistema solar. A Terra recebe cerca de 0,002% da energia por ele emitida, isto é, cerca de 5,4 10^{24} joule ano^{-1}. Entretanto, só parte dessa energia chega à sua superfície. De cada cem unidades de energia que chegam no planeta Terra, as nuvens e o material particulado presentes na atmosfera refletem e espalham, devolvendo ao espaço, aproximadamente 30 unidades dessa energia. Cerca de 26 unidades de energia são usadas para aquecer a atmosfera e 44 unidades chegam à superfície terrestre. No entanto, essa energia que chega à superfície da Terra na forma de energia eletromagnética, em vários comprimentos de onda (ultravioleta, visível e infravermelho), é parte refletida pela superfície do planeta e retorna à atmosfera na forma de radiação infravermelha (calor). Caso não houvesse atmosfera, essa energia seria perdida no espaço e a Terra teria uma temperatura média entre −20 e −40°C. Essa temperatura inviabiliza a existência da vida conforme a conhecemos. Tal é o caso da Lua e de Marte, que possuem uma atmosfera muito tênue e cujas superfícies, portanto, apresentam temperaturas muito baixas. Durante o dia de Marte a temperatura do solo é de 18°C, e a cerca de 1,60 m de altura, a temperatura é de −9°C. No caso da Terra, principalmente a presença de água e dióxido de carbono na atmosfera minimiza essa perda. A propriedade da molécula de interagir com a radiação infravermelha está relacionada com as suas ligações químicas. As ligações entre os átomos na molécula vibram, resultando em movimentos internos na mesma (Figura 3.9). Esses movimentos da molécula são conhecidos como modos vibracionais e são característicos para cada tipo específico de molécula. A radiação eletromagnética com frequência de onda específica, quando interage com um modo vibracional, é absorvida e muda a frequência de vibração da ligação entre átomos da molécu-

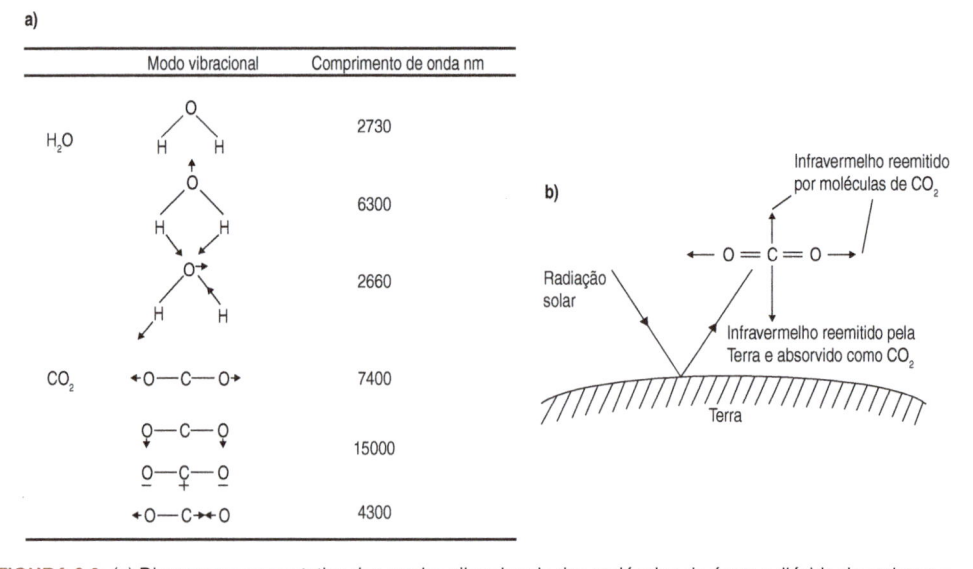

FIGURA 3.9 (a) Diagrama representativo dos modos vibracionais das moléculas de água e dióxido de carbono e seus respectivos comprimentos de onda máximos de absorção. (b) Processo de absorção/emissão de energia pelas moléculas de dióxido de carbono.

CAPÍTULO 3 ▶ QUÍMICA DA ATMOSFERA

la. Quando esta retorna ao estado inicial, deve liberar a energia absorvida (princípio da conservação de energia). A molécula de água absorve comprimento de onda abaixo de 8 μm e acima de 20 μm. Portanto, as moléculas de água na atmosfera permitem a passagem de radiação infravermelha com comprimento de onda de entre 8 e 20 μm, proveniente da superfície da Terra, atuando como uma "janela" aberta para escape da radiação. A molécula de dióxido de carbono absorve fortemente radiação infravermelha de comprimento de onda entre 13 e 18 μm e, portanto, atua como um bloqueio para a "janela" da água. Assim, a molécula de CO_2 na atmosfera interage com a radiação infravermelha proveniente da superfície terrestre e a reemite em todas as direções. Parte dessa energia retorna à superfície do planeta e, como resultado, a temperatura média da Terra é de cerca de 14°C. Os gases que possuem a capacidade de absorver infravermelho na atmosfera são conhecidos como *gases estufa* e são responsáveis pelo "efeito estufa", fenômeno que mantém o planeta aquecido. O mecanismo de retenção de calor na Terra é semelhante ao de um veículo estacionado ao sol, com as janelas fechadas. Janelas de vidro permitem que os raios solares penetrem no interior do veículo, mas impedem que o calor se dissipe. Sem o efeito estufa, a vida, tal como está estabelecida em nosso planeta, seria inviável. O vapor da água é o principal componente da atmosfera que absorve a radiação infravermelha e a reemite para a superfície do planeta. Ele é responsável por cerca de 80% do efeito estufa. Não é difícil reconhecer a importância do vapor da água no controle da temperatura. Regiões com alta umidade de ar apresentam pouca variação entre as temperaturas diurna e noturna. O caso extremo ocorre em regiões desérticas tropicais, que, devido à baixa umidade atmosférica, apresentam dias com temperaturas superiores a 40°C, sendo que, durante a noite, elas caem bruscamente. O Quadro 3.5 mostra os principais gases estufa presentes na atmosfera do planeta. O segundo composto em importância devido a sua quantidade presente na atmosfera é o CO_2. Como ele está se acumulando na atmosfera, atualmente pode estar contribuindo com 55% do aumento do efeito estufa. Um fator a ser considerado é o *potencial de aquecimento global* (PAG) de cada composto. Tal fator indica qual é o potencial de cada molécula em contribuir para o efeito estufa. Para tornar possível essa comparação, ficou estabelecido que o CO_2 tem PAG igual a *1*. O CFC-12, por sua vez, tem o PAG igual a *7.100*, significando que uma molécula de CFC-12 produz o mesmo efeito que 7.100 moléculas de CO_2. Para se estimar a contribuição do gás para o efeito estufa, é necessário considerar a concentração na atmosfera e o seu PAG.

QUADRO 3.5 Principais gases estufa e seu potencial de aquecimento global
Estimativa de contribuição ao aumento do efeito estufa

Gás	Principais fontes antrópicas	PAG*	Estimativa de contribuição
CO_2	Combustão de combustível fóssil, queima de biomassa	1	55%
CH_4	Campos de arroz, gado, produção de petróleo	24	15%
N_2O	Fertilizantes, queima de biomassa, produção de ácidos nítrico e adípico	270	6%
CFC-12	Gás para refrigeração	7.100	10%

PAG*: Potencial de aquecimento global.

O principal problema é que a sociedade moderna está emitindo para a atmosfera uma quantidade muito grande de gases estufa; como resultado, existe hoje uma expectativa que o efeito estufa vá se intensificar pelo acréscimo desses gases na atmosfera. Por conseguinte a temperatura média do planeta deverá aumentar. Todavia, considerando que não existe um consenso de que isso realmente irá ocorrer, pois a humanidade também está aumentando a quantidade de material particulado na atmosfera e, paralelamente, um pequeno aquecimento resultante do efeito estufa evaporaria mais água do mar, resultando em um número maior de nuvens. Tanto essas nuvens como o material particulado em maior quantidade na atmosfera podem refletir maior quantidade de energia proveniente do sol e, portanto, deixar que menos energia chegue à superfície do planeta causando um resfriamento global.

3.9.1 O aumento dos gases-estufa, a globalização de poluentes

O dióxido de carbono (CO_2) é um gás comum na maior parte das combustões. É formado quando se queimam materiais contendo carbono na sua composição, ou seja, quase todos, pois são poucos os materiais utilizados como combustível que não possuem esse elemento em sua composição. O dióxido de carbono é um gás incolor, inodoro e não faz mal à saúde das pessoas nas concentrações em que se encontra na atmosfera. Por possuir o elemento carbono na sua forma mais oxidada (+4), o CO_2 tem a propriedade de ser inerte às reações de oxidação da atmosfera e, portanto, pode permanecer nela por longos períodos. Um dos principais mecanismos de sua remoção da atmosfera ocorre via reação de fotossíntese pelos vegetais presentes na superfície do mar e dos continentes. A grande estabilidade química do CO_2 na atmosfera faz com que ele possa permanecer, em média, de um a quatro anos nesse compartimento, tempo suficiente para se espalhar globalmente, formando algo semelhante a uma camada envolvente do planeta.

A maioria dos gases estufa também é emitida naturalmente para a atmosfera terrestre, e foram essas emissões que num passado remoto deram origem ao efeito estufa, favorecendo a vida no planeta. O metano, por exemplo, é produto da decomposição de matéria orgânica em condições de baixa concentração de oxigênio (condições anaeróbicas). Em regiões pantanosas ou de cultivo de arroz em alagados, a matéria orgânica em decomposição nos sistemas aquáticos consome o oxigênio dissolvido na água e, como resultado, ocorre a emissão de metano. Os animais ruminantes também são grandes emissores, pois é no rúmen que ocorre parte da digestão dos vegetais ingeridos. O aumento do rebanho bovino é portanto responsável pelo consequente aumento da emissão do gás metano. O CO_2 é emitido pelo processo da respiração de todos os organismos vivos e por atividades vulcânicas. O desmatamento de florestas também é um fator agravante, pois as árvores em crescimento absorvem dióxido de carbono. Quando o desmatamento é feito por queima da cobertura vegetal, além da emissão, a área deixa de retirar o CO_2 da atmosfera durante a fase de crescimento dos vegetais (ver Capítulo 5). O ritmo acelerado de industrialização, o crescimento demográfico somado ao aumento do número de animais criados para alimentação, o aumento do plantio de arroz em regiões alagadas e a decomposição dos dejetos orgânicos em águas poluídas são responsáveis pelo acúmulo de gases estufa na atmosfera e possivelmente afetam o balanço térmico do planeta, devendo provocar um aumento gradativo da temperatura terrestre. A previsão é que, em um futuro próximo, o efeito estufa nos leve a condições não-ideais à sobrevivência no planeta. É difícil prever a escala e os efeitos do aquecimento global, e há debates e estudos científicos ainda em desenvolvimento. Segundo estimativas do Painel Internacional sobre Mudanças Climáticas (muito conhecido pela sua sigla em inglês IPCC), a temperatura média global subiu 0,6°C no século XX, podendo elevar-se mais 1°C até 2030. Até 2090, a projeção indica aumento de até 4°C, caso medidas eficazes de prevenção não sejam tomadas.

Como a emissão do CO_2 tem alcance e efeito globais, o controle e até a diminuição da sua emissão depende de um entendimento entre as nações. Esse tem sido o objetivo de encontros mundiais, como os do Rio de Janeiro, em 1992, e o de Kyoto, no Japão, em 1997, nos quais foi sugerido que as nações assinassem um protocolo comprometendo-se a reduzir a emissão dos gases estufa e, em especial, o CO_2.

3.9.2 O Protocolo de Kyoto

O Protocolo de Kyoto é um acordo internacional estabelecido em 1997, na cidade de Kyoto, Japão. Sua proposta consiste em reduzir as emissões de gases estufa dos países industrializados e garantir um modelo de desenvolvimento limpo aos países em desenvolvimento. O documento prevê que, entre 2008 e 2012, os países desenvolvidos reduzam suas emissões em 5,2%, em relação aos níveis que eram emitidos em 1990.

O acordo impõe níveis diferenciados de reduções para 38 dos países considerados principais emissores de dióxido de carbono e de outros cinco gases estufa. Para os países da União Europeia, foi estabelecida a redução de 8% em relação às emissões de gases em 1990. Para os Estados Unidos, a diminuição prevista foi de 7% e, para o Japão, de 6%. Para a China e os países em desenvolvimento, como Brasil, Índia e México, ainda não foram estabelecidos níveis de redução.

Os Estados Unidos da América são o país que mais emite gases estufa. Sozinho ele é responsável por cerca de um quarto da produção mundial de CO_2, ou 1,49 bilhão de toneladas anuais. Dividindo essa quantidade de carbono pelo número de habitantes, chega-se à conclusão de que cada habitante norte-americano emite cerca de 5,8 toneladas de carbono por ano na atmosfera. O Brasil está em 17° na lista. A emissão *per capita* em nosso país é de cerca de 0,31 toneladas anuais. O Quadro 3.6 mostra o *ranking* de emissões correspondente ao ano de 2002 expresso em bilhões de toneladas de carbono (44 toneladas de CO_2 contêm 12 toneladas de carbono).

3.9.3 Principais consequências de um aumento do efeito estufa

As principais consequências de um aumento do efeito estufa na Terra serão a elevação global da temperatura média, o que poderá causar as seguintes mudanças: (a) *Nível do mar*: derretimento de geleiras e, como consequência, elevação do nível do mar. O aumento previsto é de até 88 cm, em 2100. Ilhas e áreas litorâneas de baixa altitude podem desaparecer. (b) *Mudança global do clima*: o aumento da temperatura média global deverá ter sérias implicações sobre o

QUADRO 3.6 Ranking de emissões de CO_2 por diferentes países (ano de 2002).

Ranking	País	Emissão (bilhões de toneladas)
1	Estados Unidos	5,84
2	China	3,26
3	Rússia	1,43
4	Índia	1,22
5	Japão	1,20
6	Alemanha	0,80
7	Reino Unido	0,54
8	Canadá	0,52
9	Coréia do Sul	0,45
10	Itália	0,43
⋮		
17	Brasil	0,31

clima, com consequências na produção agrícola em algumas regiões, podendo levar ao aumento da fome nos países mais atingidos, além de causar tempestades e inundações em algumas regiões e secas em regiões onde atualmente o clima é ameno. (c) *Doenças*: a população de alguns insetos deve proliferar e expandir, à medida que as latitudes ao norte se tornam mais quentes e úmidas. Doenças como malária e dengue podem aparecer em países temperados e casos de diarreia e infecção alimentar podem também aumentar significativamente.

3.10 O OZÔNIO DA ESTRATOSFERA

O ozônio é um gás atmosférico azul-escuro que se concentra na estratosfera, em uma região situada entre 20 e 40 quilômetros de altitude da atmosfera. A camada de ozônio tem cerca de 15 quilômetros de espessura e funciona como um escudo protegendo a Terra dos efeitos nocivos dos raios solares.

O que chamamos de raios solares é a energia emitida pelo sol na forma de radiação eletromagnética. A energia dessa radiação é calculada como função do inverso do comprimento de onda ($E = h\, 1/\lambda$). O termo espectro eletromagnético corresponde à representação da radiação eletromagnética como função do comprimento de onda (Figura 3.10).

A radiação ultravioleta (UV) tem comprimento de onda variando entre 0,1 a 0,4 μm. Subdivide-se em UVA (0,4 a 0,32, μm) – uma radiação que pode causar algum dano a células vivas e que não é absorvida pelo ozônio; UVB (0,32 a 0,28 μm) – a radiação causa dano a células vivas e que em grande parte é absorvida pelo ozônio; e UVC (0,28 a 0,1 μm) – que é altamente energética, bem como prejudicial aos seres vivos, ainda que absorvida quase que totalmente pela atmosfera. A radiação UVC não é absorvida pelo ozônio, mas pelo produto da dissociação das moléculas de oxi-

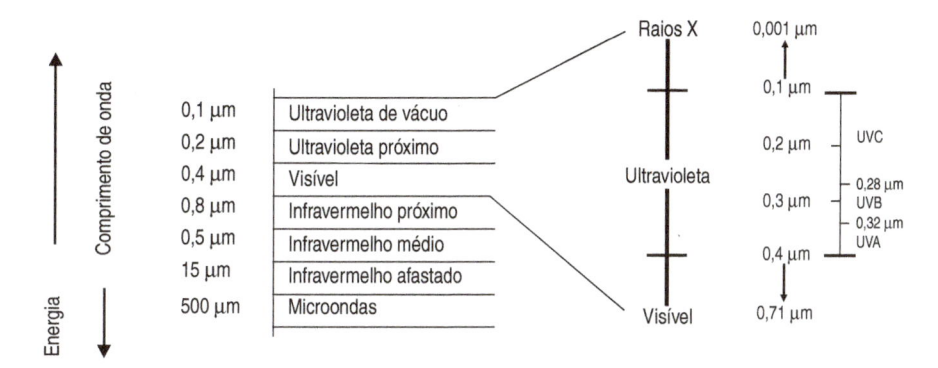

FIGURA 3.10 Representação da radiação eletromagnética como função do comprimento de onda.

gênio em átomos de oxigênio ($O_2 \rightarrow 2O$). A estratosfera absorve cerca de 99% de toda a radiação UV, sendo o ozônio responsável por reter principalmente a radiação UVB.

O mecanismo de formação e consumo de ozônio na atmosfera pode ser representado pelas seguintes reações gerais:

$$O_2 + h\nu \rightarrow O + O \quad (3.25)$$

$$O + O_2 \rightarrow O_3 \quad (3.26)$$

$$O_3 + h\nu \rightarrow O + O_2 \quad (3.27)$$

$$O + O_3 \rightarrow O_2 + O_2 \quad (3.28)$$

A molécula de oxigênio (O_2) absorve luz ultravioleta e produz átomos de oxigênio. Esses átomos reagem com O_2 para produzir ozônio (O_3). A fotodissociação do ozônio por luz visível e ultravioleta produz oxigênio molecular (O_2) e átomo de oxigênio. O átomo de oxigênio reage com ozônio e produz oxigênio molecular. A velocidade da Reação 3.26 diminui com o aumento da altitude, enquanto a Reação 3.27 aumenta sua velocidade, fato que explica a distribuição de ozônio na atmosfera (Figura 3.11).

Na estratosfera, as Reações 3.26 e 3.27 são muito rápidas, em comparação com as Reações 3.25 e 3.28. Portanto, a concentração de ozônio na atmosfera deveria ser relativamente constante. No entanto, a presença de poluentes influi nessa estabilidade.

Compostos com tempo de residência longo não sofrem reações na troposfera e podem chegar até a estratosfera. Outros compostos podem ser gerados na própria estratosfera, emitidos por tráfego aéreo que atravessa essa região. Tais compostos podem interferir no equilíbrio entre as Reações 3.25-3.28 e reduzir a concentração do ozônio estratosférico.

A decomposição do ozônio, que pode contribuir significativamente para a redução da concentração dessa espécie na estratosfera, é baseada em um modelo de reação catalisada:

$$X + O_3 \rightarrow XO + O_2 \quad (3.29)$$

$$XO + O \rightarrow X + O_2 \quad (3.30)$$

$$O + O_3 \rightarrow 2\,O_2 \quad \text{(global)}$$

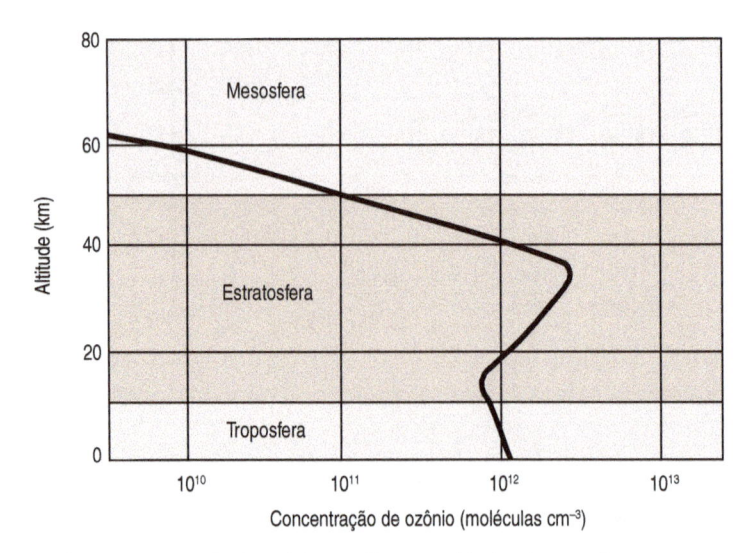

FIGURA 3.11 Variação da concentração de ozônio em diferentes altitudes da atmosfera.

Como mostra a reação global, a espécie X não é transformada e, portanto, sua função é de catalisador da reação. Logo, sua capacidade para destruir ozônio é, pelo menos teoricamente, infinita, e as espécies reconhecidas e mais comuns que podem catalisar a decomposição do ozônio são X = OH, NO, Cl e Br.

O cloro chega na estratosfera na forma de compostos orgânicos contendo cloro, os quais são conhecidos como CFCs, pois sua estrutura molecular contém átomos de carbono, flúor e cloro.

A luz ultravioleta presente na estratosfera quebra ligações dessas moléculas segundo a reação:

$$CF_2Cl_2 + h\nu \rightarrow CF_2Cl^\cdot + Cl^\cdot \tag{3.31}$$

e o átomo de cloro formado passa a atuar na destruição de moléculas de ozônio.

O mecanismo possível para eliminar o cloro na estratosfera e, assim, parar o mecanismo de destruição de ozônio baseia-se nas reações:

$$Cl + O_3 \rightarrow ClO + O_2 \tag{3.32}$$

O óxido de cloro (ClO) reage com dióxido de nitrogênio (NO_2) segundo a reação:

$$ClO + NO_2 \rightarrow ClONO_2 \tag{3.33}$$

O $ClONO_2$ não atua na destruição das moléculas de ozônio, e parte dessas moléculas difunde-se para a troposfera e é incorporada à água da chuva. As moléculas que ficam na estratosfera podem ser reconvertidas em óxido de cloro e novamente atuar na destruição das moléculas de ozônio. Outro processo de retirada de cloro da estratosfera é sua reação com gás metano (CH_4):

$$Cl + CH_4 \rightleftharpoons HCl + CH_3 \tag{3.34}$$

O HCl também solúvel pode ser retirado pela chuva ao se difundir para a troposfera. Entretanto, sua permanência na estratosfera pode levar à recomposição do cloro pela reação com HO:

$$HO + HCl \rightleftharpoons H_2O + Cl \qquad (3.35)$$

A principal fonte de cloro para a estratosfera é a emissão de compostos orgânicos halogenados (CFC). O principal uso desses compostos ocorre em equipamentos de refrigeração, como ar-condicionados e geladeiras. O CFC é o agente que promove a troca de calor dentro do compressor. Quando corretamente utilizados, esses aparelhos mantêm o gás em circuito fechado, não havendo vazamento para a atmosfera. Quando necessitam de conserto ou são jogados no lixo, a tubulação pode ser aberta, e então o gás escapa e se espalha pela atmosfera, chegando até a estratosfera, onde promove a destruição das moléculas de ozônio. A redução da camada de ozônio foi detectada pelos cientistas no início da década de 1970. Em 1987, reunida em Montreal, a Organização das Nações Unidas (ONU) estabeleceu um programa de ação internacional, denominado Protocolo de Montreal, sobre substâncias que destroem a camada de ozônio. Por esse protocolo, as nações signatárias comprometeram-se a instituir medidas para eliminar a produção e o consumo das substâncias que destroem a camada de ozônio. Em 1995, o governo brasileiro instituiu o Comitê Executivo Interministerial para a Proteção da Camada de Ozônio (Prozon). O Prozon coordena todas as atividades relativas à implementação, ao desenvolvimento e à revisão do PBCO – Programa Brasileiro de Proteção da Camada de Ozônio. Entretanto, estima-se que ainda existam em uso no Brasil cerca de 36 milhões de refrigeradores com funcionamento à base de CFC. São aparelhos fabricados até 1999, ano em que o Brasil proibiu a produção desses equipamentos com CFC e em que as indústrias o substituíram por substâncias menos agressivas à camada de ozônio.

3.11 A POLUIÇÃO ATMOSFÉRICA DE AMBIENTES FECHADOS

A casa sempre foi considerada conceitualmente um refúgio seguro para o morador, mas sob o aspecto da poluição atmosférica isso está mudando. Descobertas recentes mostram a casa como um local com potencial de risco ambiental. Para entender o porquê deste potencial de perigo ambiental é necessário voltar ao conceito sobre concentração. Nos meios de comunicação em especial, algumas vezes é comum existir pequena confusão sobre o risco existente relativo à presença de material tóxico no ambiente. Não raro, afirma-se que a presença de *alta quantidade* de composto tóxico significa risco ambiental enquanto que *pequena quantidade* é considerada segura. Vamos dar um exemplo que contradiz este princípio. Os vulcões são responsáveis pela emissão de cerca de 100 toneladas de mercúrio anualmente para a atmosfera, mas este mercúrio não representa risco para a humanidade, pois sua concentração final é muito baixa, porque o mercúrio está diluído em um grande volume de ar (atmosfera). Por outro lado, um marisco com 10 g de massa muscular contaminado com apenas 3 mg de mercúrio possui uma concentração muito elevada em mercúrio e é um risco para quem se alimentar de um prato contendo esse delicioso fruto do mar. O que realmente importa é a concentração, isto é, quantidade de material por unidade de volume. Na mesma ordem de idéias, para uma mesma massa, quanto menor o volume de dissolução, maior a concentração final. A emissão de 1 mg de dióxido de nitrogênio em uma cozinha com dimensões de 2,1 m de largura, 2,4 metros de comprimento e 2,8 de altura (volume de ar de 14,11 m^3) resulta em uma concentração de 71 mg m^{-3}. A mesma quantidade emitida em um galpão de uma indústria com dimensões de 5,5 m de largura, 8,4 metros de comprimento e 5,1 de altura (volume de ar de 235,6 m^3) resulta em uma concentração de 4,2 mg m^{-3}. Ultrapassar valores limites de qualidade de ar depende não somente de uma grande fonte de emissão, mas também de pequeno volume de ar de diluição. Esta é uma razão porque ambientes fechados, como os cômodos de uma casa ou uma sala de trabalho, são muitas vezes mais poluídos que ambientes de grandes cidades. Avaliações feitas sobre concentração de alguns compostos voláteis presentes em atmosfera de residências e em atmosfera sobre cidades mostram que os primeiros são locais muito mais poluídos (Figura 3.12). Isso passa a ser um problema quando consideramos que o ser humano moderno fica cada vez mais tempo confinado em ambientes fechados. O dia típico de um cidadão urbano começa em sua residência, posteriormente ele usa o elevador, desloca-se em seu automóvel, trabalha em um escritório e possivelmente no horário de lazer frequenta um *shopping center*. Algumas estimativas sugerem que, em média, o ser humano que vive na cidade passa cerca de 90% do seu tempo em ambientes fechados. Como resultado, o cidadão convive com as mais variadas formas de poluição, características destes ambientes de atmosfera com volume limitado, com consequência direta em sua saúde.

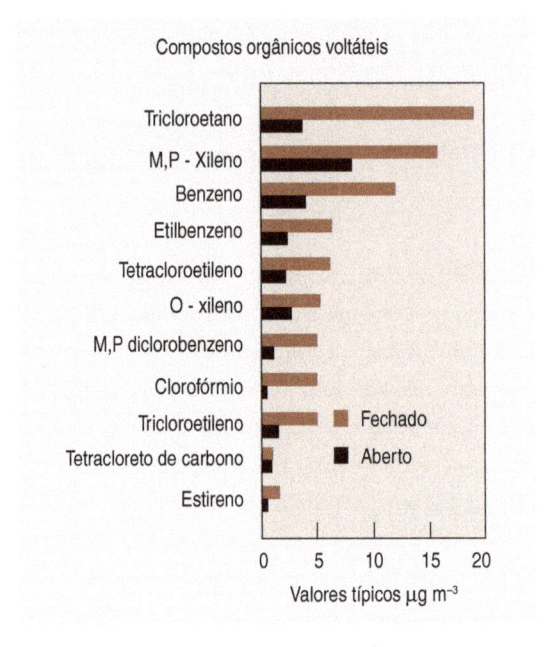

FIGURA 3.12 Valores típicos de concentração de alguns compostos orgânicos voláteis em ambientes abertos e fechados.

3.11.1 Síndrome do edifício doente

Em 1982, o Comitê Técnico da Organização Mundial da Saúde, reconhecendo os efeitos da poluição dos ambientes fechados, definiu a síndrome do edifício doente (SED) como o conjunto dos seguintes sintomas relatados pelos trabalhadores de escritórios: dor de cabeça; fadiga; letargia; prurido e ardor nos olhos, irritação de nariz e garganta; afecções cutâneas (pele seca e coceira) e falta de concentração. Normalmente os sintomas agravam-se ao longo do dia, quando a permanência nos edifícios é prolongada, diminuindo à noite e nos fins de semana, ou quando se melhoram as condições de ventilação dos locais.

Os principais tipos de poluentes encontrados nos escritórios são os bioaerossóis formados principalmente por esporos, fungos, fragmentos celulares e secreções diversas; os compostos orgânicos voláteis provenientes de impressoras a laser, equipamentos de fax, colas, tintas, revestimentos, cosméticos, materiais de limpeza, móveis de material sintético e carpetes e o material particulado composto por fibras, poeiras, partículas metálicas e fumos de combustão diversos.

O principal composto orgânico volátil encontrado é o formaldeído emitido diretamente por muitos materiais sintéticos comuns na construção de móveis e divisórias (por exemplo, resinas fabricadas com formaldeído, conhecidas como fórmica) ou ele pode ser formado na atmosfera produto da oxidação de outros compostos orgânicos mais complexos por oxidantes como o ozônio e radicais HO$^{\cdot}$. As impressoras emitem partículas de tinta, as máquinas copiadoras de documentos são fontes de emissão de ozônio. A parede pintada com tinta látex emite 2-propanol, butanona, etilbenzeno e tolueno; outras superfícies pintadas com tintas diversas emitem acetaldeído, acetona, propanal e butanona. Os carpetes sintéticos fabricados com diferentes materiais podem emitir estireno, acetato de vinila, acido acético, 2,2,4 trimetilpentano e 1,2 propanodiol entre outros compostos voláteis. Os produtos usados para polir móveis emitem hexano, heptano, etilbenzeno e limoneno. Os produtos de limpeza e aromatizantes de ambiente emitem etanol, amônia, limoneno, paradiclorobenzeno, 1,1,1 tricloroetano, monoetanolamina e 1,2-propandiol. Certamente a lista cresce a cada produto diferente usado no ambiente. Estudos mostram também que os carpetes acumulam vários tipos de poeiras que são resuspendidas com correntes de ar e com o movimento de pessoas andando sobre sua superfície. As pessoas contribuem com a emissão de odores naturais e perfumes diversos de cosméticos e roupas e também escamações de pele e fluidos diversos quando falam, tossem ou espirram.

As residências podem ter o mesmo problema do escritório com relação à poluição interna, pois seu mobiliário pode ser muito similar ao de um escritório e os produtos de limpeza são os mesmos. O grande diferencial é a cozinha, local onde existe um fogão geralmente queimando gás (conhecido como GLP ou gás liquefeito de petróleo). As frituras emitem uma grande quantidade de material particulado inalável na forma de gotículas de gordura que podem ultrapassar duas ou três vezes o limite máximo recomendado para ambientes abertos. A queima de gás no fogão ocorre com grade eficiência e gera dióxido de carbono, monóxido de carbono e óxidos de nitrogênio. Um estudo feito na cidade de Araraquara-SP sobre a concentração de dióxido de nitrogênio em uma cozinha de uma residência durante o preparo de uma refeição, mostrou que a concentração do gás aumentou cerca de 30 vezes após iniciada a atividade junto ao fogão.

A concentração encontrada foi significativamente alta quando comparada com a concentração de dióxido de nitrogênio encontrada em um quarto da mesma residência e a concentração encontrada na atmosfera externa à casa (Figura 3.13.a). No mesmo estudo buscou-se conhecer o tempo necessário para o ambiente retornar à condição inicial, após desligada a chama do fogão. A concentração de NO_2 diminuiu rapidamente na primeira hora e chegou a um valor próximo da concentração do gás no ambiente externo após 2 horas (Figura 3.13b).

A poluição de ambientes internos depende principalmente de uma fonte de emissão, do volume do ambiente e da renovação do ar ambiente. Pouco pode ser feito com relação ao volume de ar de um ambiente, porém sempre que possível deve manter-se a maior circulação de ar possível com janelas abertas mesmo que isso traga o desconforto de um pouco de calor ou frio. Deve-se minimizar, sempre que possível, a emissão pelas fontes; evitar fumar em ambientes fechados, evitar utilizar materiais com odores fortes, em especial nos produtos de limpeza, porque o ambiente limpo não tem cheiro e o cheiro de limpeza é apenas um "*slogan*" de propaganda. Deve-se usar exaustores ou cozinhar com a janela aberta e evitar todas as outras formas de combustão como velas e incensos. Estudos mostram que as plantas podem servir de filtros para vários compostos orgânicos voláteis, pois elas podem coletar vários compostos usualmente presentes no ar atmosférico. E sempre que possível faça uma atividade em ambiente aberto e respire um ar menos poluído mesmo que seja em uma rua de pouco movimento de carros.

3.12 EXPRESSANDO COMPOSIÇÃO DE MATERIAIS

3.12.1 Introdução

A expressão de composição de materiais é uma etapa muito importante no mundo moderno. Algumas confusões podem ocorrer se tais composições não forem expressas corretamente, causando as mais diversas consequências e podendo transcender ao ambiente dos laboratórios. Em uma indústria, erros desse tipo podem significar perda de matéria-prima na produção, obtenção de produtos

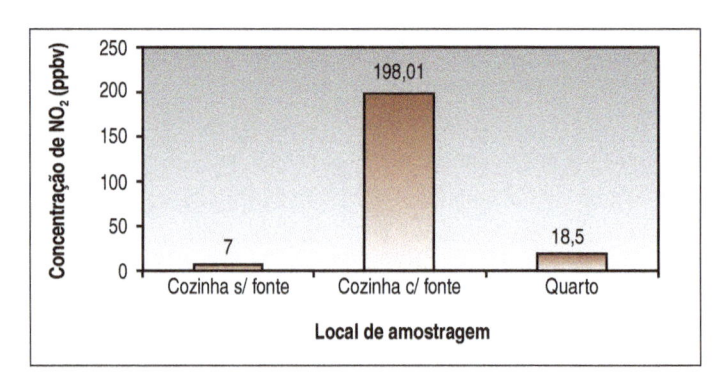

FIGURA 3.13a Gráfico de barras representando a concentração de NO_2 antes do início da atividade de cozinhar, durante a atividade na cozinha e em um quarto da casa. A fonte de NO_2 é a queima de GLP por um fogão comum de quatro bocas.

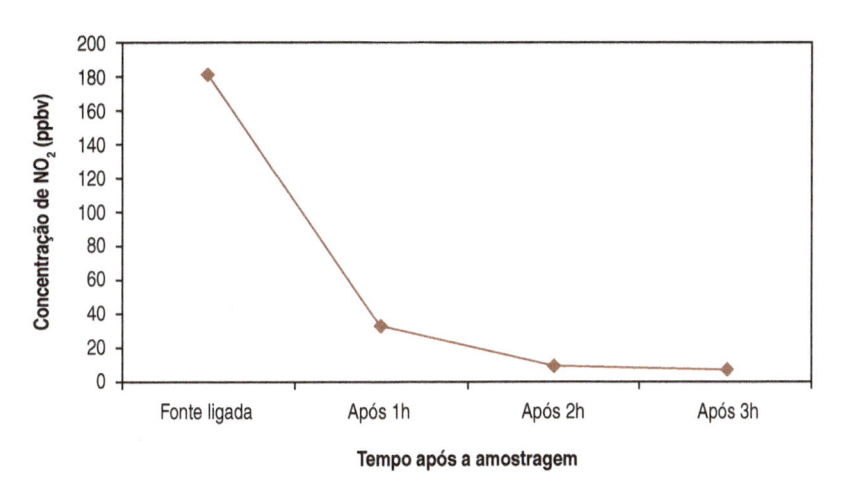

FIGURA 3.13b Variação da concentração de NO$_2$ na cozinha após cessada a atividade de preparo de alimento no fogão.

indesejados ou fora dos padrões normais, causando prejuízos econômicos. No caso de laboratórios de análises clínicas ou de manipulação de medicamentos, esses erros podem vir a custar vidas. Exemplos como esses se estendem a qualquer sistema que dependa de medidas e quantidades.

A composição de materiais é uma forma usual de se conhecer quantidades de cada uma das componentes de um determinado produto. A placa no posto de combustível informando que a gasolina vendida ali contém 22% de álcool significa, para o usuário, que, para cada 1 litro de gasolina comprada, 220 mL são de álcool anidro. Ao usuário é informada a composição do produto à venda. Porém, uma dúvida pode surgir a um consumidor mais atento. Será que 22% não poderiam significar que, para cada 1 quilo de gasolina, 220 gramas são de álcool anidro? Portanto, sempre que é apresentada a composição de um material é importante informar se essa composição se dá em relação à massa ou ao volume. Nesse caso, o correto seria o posto de combustível apresentar a composição da gasolina como 22% (v/v), ou seja, uma razão entre volumes. A dificuldade em expressar unidades aumenta quando se trata de pequenas quantidades. Nesse caso, é inconveniente expressar os resultados em porcentagem (parte por cem), pois resulta em números muito pequenos. Sendo assim, os químicos costumam expressar tais composições em partes por milhão (ppm), partes por bilhão (ppb) e partes por trilhão (ppt). Essas unidades facilitam a compreensão da dimensão do resultado e, apesar de serem exaustivamente usadas, podem resultar em confusões causadas por generalizações feitas por alguns poucos livros didáticos. Nesse intuito, faremos uma breve discussão sobre essas unidades de composição, buscando informar acerca do uso correto para as mesmas.

3.12.2 Por que ppm, ppb e ppt?

Um breve exemplo pode responder a essa questão: a quantidade de NO$_2$ geralmente encontrada em atmosfera pouco poluída é de aproximadamente 0,000000012 % (v/v). Essa quantidade é muito pequena e expressá-la em partes por cem (porcentagem) significa uma maneira pouco elegante de fazê-lo, pois o número resultante é muito pequeno. Se, ao invés de usar 10^2 (100 unidades de volume) como base de cálculo, forem usados, para o mesmo propósito, 10^9 (um bilhão de unidades de volume) o resultado poderá ser dado em partes por bilhão, isto é, 12 ppbv (parte por bilhão em relação a volume), o que constitui uma maneira adequada e conveniente de expressar a composição dessa atmosfera.

3.12.3 Ppm e mg L^{-1} não significam a mesma coisa

O uso da composição de materiais com diferentes unidades (ppm, ppb e ppt) nem sempre é empregado convenientemente. Encontra-se, com muita frequência, a generalização de que ppm (unidade de composição) pode ser diretamente transformado em mg L^{-1} (unidade de concentração). Porém, só em alguns casos particulares isso é correto. Vejamos alguns exemplos:

- Para uma solução em que foi dissolvida a massa de 0,0120 g de $MgSO_4$ em 500 mL de água.
  - Calculando a concentração em mg L^{-1} dessa solução:

  $$\frac{0,0120 \text{ g}}{0,5 \text{ L}} = 0,024 \text{ g L}^{-1} \text{ ou } 24 \text{ mg L}^{-1}$$

  - Para expressar tal resultado em composição (m/m), é necessário saber qual a massa total da solução. Como para prepará-la foram utilizados praticamente 500 mL de água e sabendo que a densidade desta é de 1 g mL^{-1}, em 500 mL de água a massa é de 500 g. A massa total da solução seria a soma de 500 g de água com 0,0120 g do soluto. Nesse caso, como a massa do soluto é muito pequena em relação à massa do solvente, podemos considerar a massa da solução sendo de 500 g. Logo, a composição da solução em ppm (partes por milhão) será a seguinte:

  $$\frac{0,0120 \text{ g}}{500 \text{ g}} \times 1.000.000 = 24 \text{ ppm}$$

  Pode-se, nesse caso, dizer que a composição da solução (24 ppm) é muito próxima da concentração (24 mg L^{-1}).
- Vejamos um segundo exemplo, em que a mesma massa de $MgSO_4$ (0,0120 g) é agora dissolvida em 500 mL de álcool.
  - A concentração dessa solução é dada, a saber:

  $$\frac{0,012 \text{ g}}{0,5 \text{ L}} = 0,024 \text{ g L}^{-1} \text{ ou } 24 \text{ mg L}^{-1}$$

  - A composição da solução pode ser calculada conhecendo-se a massa total dela; nesse caso, como a densidade do álcool é de 0,91 g mL^{-1}, a massa de 500 mL de álcool (calculada pela densidade) é de 455g. Sendo assim, o cálculo da composição em ppm será o seguinte:

  $$\frac{0,0120 \text{ g}}{455 \text{ g}} \times 1.000.000 = 26,4 \text{ ppm}$$

O que se observa é que, na situação mencionada, a composição expressa em ppm (26,4 ppm), na qual o solvente utilizado é o álcool, não é igual à concentração expressa em mg L^{-1} (24 mg L^{-1}). Logo, generalizar que ppm significa mg L^{-1} pode ser enganoso – embora essa generalização seja frequentemente utilizada, considerando que a maior parte das soluções usadas no dia-a-dia é aquosa.

3.12.4 Como expressar a composição de poluentes gasosos

A composição de gases ou vapores minoritários presentes no ar atmosférico é geralmente expressa em ppm ou ppb. Não obstante, uma atenção especial deve ser dada ao se expressar essa composição, para que não sejam cometidos enganos. Quanto aos gases, a variação de temperatura pode modificar a composição, e não considerar a temperatura pode implicar erros.

Como exemplo, calcularemos a concentração e a composição de uma massa de 64 µg de SO_2 (64 g mol^{-1}) em 100 L de ar, em três situações:

- Situação 1: Relação m/v:

$$\frac{64\ \mu g}{100\ L} = 0,64\ \mu g\ L^{-1}$$

  – A concentração de SO_2 em mg L^{-1} calculada depende da massa do soluto e do volume da solução.

- Situação 2: Composição (v/v) de um volume de ar que se encontra à temperatura de 10°C:
  – Nesse caso, é necessário calcular o volume do gás dissolvido. Um mol de gás nas condições normais de temperatura e pressão (1 atm, 273 K) ocupa um volume de 22,4 L. Variações na temperatura fazem com que o volume ocupado pelo gás seja diferente. Assim, para calcular o volume ocupado por 1 mol de SO_2 é necessário saber qual é a temperatura em que o mesmo se encontra.
  – A 10°C (283 K), o volume ocupado por um mol de gás é diretamente correlacionado com a temperatura, pela equação, $V_1/T_1 = V_2/T_2$, onde V e T são, respectivamente, volume e temperatura em kelvin. Com a equação podemos calcular o volume ocupado por um mol de gás a 10°C, ou 283 K:

$$\frac{22,4\ L}{273\ K} \times 283\ K = 23,22\ L$$

  – Assim, 64 µg de SO_2 equivalem a 1,10^{-6} mol (µ = 1,10^{-6}). Essa quantidade ocupa um volume de 23,22 10^{-6} L. Calculando a composição com relação ao volume de SO_2 presente em 1,10^9 L de ar (1 bilhão de L de ar) (v/v) obtém-se:

$$\frac{22,23\ 10^{-6}}{100\ L\ ar} = 222,3\ 10^{-9} \times 10^9\ ou\ 222,3\ ppb$$

- Situação 3: Composição (v/v) de um volume de ar que se encontra à temperatura de 25°C:
  – A 25°C (298 K), o volume ocupado por um mol de gás é este:

$$\frac{22,4\ L}{273\ K} \times 298\ K = 24,45\ L$$

– Calculando a composição com relação ao volume de SO_2 presente em $1\ 10^9$ L de ar (v/v) tem-se:

$$\frac{24{,}45\ 10^{-6}\ L}{100\ L\ ar} = 244{,}5\ 10^{-9} \times 10^9\ \text{ou}\ 244{,}5\ \text{ppb}$$

As três situações anteriores tratam da mesma massa de SO_2 diluída em um mesmo volume de ar; porém, apresentam composições e concentração diferentes. Os cálculos apontam também ser possível transformar composição em concentração, mas só em casos especiais é possível a transformação direta. No caso de se expressar a composição de um gás, é necessário sempre indicar a temperatura em que ele se encontra. Quando ela não está indicada, devem-se considerar 25°C.

EXERCÍCIOS E TEMAS DE PESQUISA

- A composição da atmosfera em uma região foi de 20 ppb (25°C), em relação ao dióxido de nitrogênio. Qual é a concentração do composto calculado como mg m^{-3}?
- (Pesquisa) O que foi a Revolução Industrial? Quando aconteceu? Qual é a sua importância para o desenvolvimento das cidades? Por que a poluição das cidades aumentou após a Revolução Industrial?
- Compare o tempo de residência na atmosfera dos principais gases-estufa. O que eles têm em comum?
- Discuta a combustão dos seguintes materiais, com relação a possíveis emissões e efeitos na poluição de cidades, de regiões e do planeta. Não esqueça o material particulado:
  – queima da biomassa de uma floresta.
  – queima de álcool combustível (H_3CCH_2OH). O motor do carro que trabalha com esse tipo de combustível funciona com temperatura um pouco mais elevada do que os motores com propulsão à gasolina.
  – queima de gasolina (hidrocarboneto contendo traços S, N e O).
  – queima de gasolina (hidrocarboneto contendo traços S, N e O) contendo 25% de álcool anidro.
  – queima de óleo diesel (hidrocarboneto contendo traços S, N e O). O motor do carro que trabalha com esse tipo de combustível funciona com temperatura um pouco mais elevada do que os motores de propulsão à gasolina.
  – queima de carvão mineral brasileiro (rico em enxofre).
- Algumas ONGs, principalmente dos EUA, apresentam, como solução para evitar o aumento do gás estufa CO_2, o plantio de árvores. Existem propagandas em revistas e *sites* nos quais se lê algo como SALVE O PLANETA; surge então um número de conta bancária para você depositar sua contribuição. Isso é realmente possível?
Considere que a emissão de CO_2 proveniente de fontes antrópicas é de 5 gigaton/ano. Porém, 40% "desaparecem" no ambiente e apenas o restante fica na atmosfera. Existem 4 giga-hectares de florestas no planeta que possuem 500 gigaton estocado de C. Qual área

deveria ser plantada para reter o CO_2 emitido para a atmosfera a cada ano? Considere apenas para efeito de comparação, que a área do Estado de São Paulo é de ~25 10^6 hectares. C: 12 g mol^{-1}; CO_2: 44 g mol^{-1}; e 1 giga = 10^9.

REFERÊNCIAS

BRIMBLECOMBE, P. *Air composition & chemistry*. 2nd ed. Cambridge: Cambridge University, 1986.

CARDOSO, A. A.; PITOMBO, L. R. Contribuição dos compostos reduzidos de enxofre no balanço global do enxofre ambiental. *Química Nova*, São Paulo, v. 15, p. 213-219, 1993.

FÉLIX, E. P.; CARDOSO, A. A. Amônia (NH_3) atmosférica: fontes, transformação, sorvedouros e métodos de análise. *Química Nova*, v. 27, p. 123-130. 2004.

FINLAYSON-PITTS, B. J.; PITTS Jr, J. *Chemistry of the upper and lower atmosphere*. San Diego: Academic Press, 2000.

FRANCO, A.; CARDOSO, A. A. Algumas reações do enxofre de importância analítica e ambiental. *Química Nova na Escola*, São Paulo, v. 15, p. 39-41, 2002.

MANAHAN, S. E. *Fundamentals of environmental Chemistry*. Boca Raton: Lewis, 1993.

PEREIRA, E. A; DASGUPTA, P. K; CARDOSO, A. A. Gota suspensa para avaliação de aldeído total no ar interno e externo do ambiente. *Química Nova*, São Paulo, v. 24, p.443-448, 2001.

SEINFELD, J. H.; PANDIS, S. N. *Atmospheric Chemistry and Physics*. Hoboken: Wiley-Intercience Publication, 1997.

UGUCIONE, C.; GOMES NETO, J.; CARDOSO, A. A. Método colorimétrico para determinação de dióxido de nitrogênio atmosférico com pré-concentração em coluna de C-18. *Química Nova*, São Paulo, v. 25, p. 353-357, 2002.

4
ENERGIA E AMBIENTE

4.1 INTRODUÇÃO

Quando afirmam nos meios de comunicação que vivemos uma crise iminente de "falta de energia" e que "as fontes de produção de energia estão se esgotando", parece uma contradição com a primeira lei da termodinâmica que diz que: *a energia é conservada*. De fato, a energia é conservada, mas ela pode ser convertida de uma forma para outra, podendo ser transferida de uma parte do universo para outra. Ocorre que nossa capacidade de transformar energia está ficando limitada frente às necessidades de energia do mundo moderno. A prosperidade de uma nação é associada à riqueza da população e esta ao poder de compra de bens de consumo. Número de televisores, equipamentos de som, geladeiras, lavadoras, micro-ondas, computadores e telefones por residência são considerados indicadores de riqueza e bem estar social da população e são contabilizados em sensos estatísticos de órgãos governamentais, como o Instituto Brasileiro de Geografia e Estatística (IBGE). Como a meta de todo governo é a prosperidade econômica traduzida em capacidade de compra de bens de consumo pela população, é crescente também a necessidade de realizar trabalho (energia) para funcionar equipamentos eletroeletrônicos e automóveis.

É necessário entender que "gerar ou produzir energia" são formas de linguagem pouco precisas, pois pela primeira lei da termodinâmica o que ocorre é apenas uma *transformação* de energia. A primeira forma utilizada pela humanidade para gerar energia foi o fogo (combustão). Mesmo no mundo de hoje, fora dos centros urbanos, grande parte da população pobre ainda usa o fogo proveniente da queima da madeira como principal recurso energético. Na combustão ocorre uma reação química entre as moléculas de oxigênio do ar e as moléculas do material combustível. A "produção de energia" ocorre quando ligações químicas com maior energia são quebradas e refeitas com nova organização de menor energia. O saldo da energia de ligação é transformado em energia na forma luminosa e calor. O ser humano pode então utilizar energia para cozinhar seu alimento e enxergar a noite. Uma grande tarefa quase diária para quem utiliza o fogo é recolher e estocar madeira. O uso do fogo para produzir luz para o ambiente é acompanhado de produção de calor, que nos dias quentes pode ser um incômodo. Entretanto, quando o fogo é utilizado para cozinhar, apenas uma pequena parte do calor é utilizada para este fim e outra grande parte é perdida para o ambiente. No início da humanidade, quando o ser humano começou a usar o fogo, ele deve ter percebido que o processo de utilizar a energia do fogo em uma fogueira era pouco eficiente e gastava muita lenha. Isso resultava em grandes esforços para recolher considerável quantidade de madeira (combustível), transportar e estocar com os devidos cuidados para não molhar ou queimar por acidente. Para minimizar o problema, os primeiros fogões devem ter sido construídos para evitar perdas excessivas de calor em todas as direções e com isso diminuir o gasto com lenha. Logo, uma chaminé deve ter sido incorporada ao fogão para evitar o excesso de fumaça no ambiente do local e minimizar a poluição do ar interior. Esta saga iniciada como domínio do fogo na pré-história e os problemas com relação ao uso de energia ainda são bastante similares e acompanham o ser humano que vive nos centros urbanos modernos. Os problemas do século XXI são os mesmos, uso pouco eficiente de energia, necessidade de recolher e transportar grandes quantidades de materiais ricos em energia, estocar de modo eficiente e seguro para serem utilizados quando necessário e, finalmente, minimizar a poluição resultante.

4.1.1 Unidades de energia

Historicamente, nos primeiros experimentos para medir energia foi adotada a unidade caloria (cal), definida como a quantidade de energia necessária para elevar um grama de água de 14,5 °C para 15,5 °C em condições normais de pressão e temperatura. A unidade fundamental de energia no sistema métrico é o joule (J). O joule é definido como a força de 1 newton aplicada à distância de um metro. A transformação da unidade caloria em joule pode ser feita pela igualdade 1 cal = 4,18 J. Quantidades elevadas de energia podem ser melhor apresentadas por múltiplos como kilo (1 kJ = 1000 J), mega (1 MJ = 10^6 J) ou exajoule, o qual equivale a 10^{18} joules. O mundo consome cerca de 325 exajoule de energia. Muitas vezes é mais interessante apresentar a energia dividida pelo tempo (potência), neste caso, utiliza-se o watt (W) que é definido como joule por segundo (1W = 1 joule por segundo). Para maiores potências utilizam-se os múltiplos: kilo (1000), mega (10^6) ou giga (10^9). É bastante comum a venda de energia elétrica por kilowatt-hora (kWh). Como watt (potência) é a unidade de energia dividida por tempo, kilowatt-hora é uma unidade de energia. Assim, 1 kWh = 1000 W aplicado em 1 hora ou 3600 segundos, ou seja, 3600 000 J ou 3,6 MJ.

A energia no mundo

O uso da energia pela humanidade depende dos bens utilizados na vida diária. As populações que habitam regiões onde não existe energia elétrica, e o transporte de pessoas e materiais depende de tração animal, consomem pouca energia. Como a maior parte da população mundial vive nos países em desenvolvimento, o consumo de energia *per capita* nesses países é pequeno, cerca de 1 kW/habitante. Entretanto, nos países desenvolvidos ocorre o contrário. Os Estados Unidos, onde vive apenas 5% da população mundial, consomem cerca de um quarto da energia produzida no mundo com consumo médio de 7,5 kW/habitante. Estes dados de consumo de energia são importantes, pois mostram que é preciso não apenas gerar mais energia, mas também é muito importante distribuí-la melhor entre as pessoas que vivem no mundo. Todas as formas de gerar energia produzem efeitos no ambiente, e o conceito de energia limpa é apenas um sonho. Produzir e consumir mais energia significa aumentar os problemas ambientais. *Economizar energia é a forma mais racional de atuação da população mais consciente*, interessada em melhorar o ambiente. Utilizar o transporte público e evitar operar equipamentos que consomem energia sem qualquer benefício ao usuário (como escova de dentes elétrica) são ações que economizam energia e que são fáceis de serem viabilizadas. Mas, qualquer produto industrializado também consome energia para ser feito. Portanto, consumir menos produtos industrializados e *utilizar menos embalagens* significa menor consumo de energia e menor impacto ambiental, considerando também o lixo não gerado, o resultado é grande para o ambiente.

Pelo lado da ciência e tecnologia, os investimentos devem ser feitos em duas direções principais, a saber, *melhorar a eficiência dos equipamentos*, isto é, fazer a mesma tarefa gastando menos energia, e *melhorar a eficiência de produção de energia*, buscando implantar processos de cogeração, onde parte da energia ou resíduo descartado para o ambiente possa ser utilizada para gerar mais energia útil. A cogeração de energia elétrica pela queima do bagaço produzido durante a moagem da cana-de-açúcar é um exemplo que tem sido aplicado na produção do álcool combustível. Os três conceitos *economizar energia, melhorar eficiência de equipamentos e cogeração* devem ser incentivados e buscados efetivamente pelos gestores públicos do uso de energia com programas de incentivo. Economizar energia deveria ser um hábito ensinado nas escolas e em família, como o é escovar os dentes e lavar as mãos antes das refeições. Estes dois últimos hábitos, incorporados nos últimos 200 anos, foram importantes para melhorar a sobrevivência da espécie humana perante o perigo dos micro-organismos patogênicos. O hábito da economia de energia poderá ser igualmente importante para a espécie humana atravessar o século XXI, sofrendo menores conseqüências da espera do aumento do efeito estufa e as consequentes mudanças climáticas globais.

4.2 ENERGIA PERDIDA

A primeira lei da termodinâmica prediz que a quantidade de energia total de um sistema é constante, mesmo que ocorra transformação de sua forma dentro do sistema. Isso significa que a energia não pode ser criada ou destruída, ela pode apenas ser transformada. Uma forma de se representar a primeira lei é:

$$\Delta E = q - w$$

onde ΔE representa a troca de energia interna de um determinado sistema em observação, q a quantidade de calor adicionado e w a quantidade de trabalho obtida. Trabalho que pode ser elétrico, mecânico, químico ou de qualquer outro tipo. Podemos analisar dois extremos da equação, o primeiro quando $w = 0$, que resulta em $\Delta E = q$, ou seja, todo calor fornecido ao sistema pode ser acumulado como energia se não houver realização de trabalho ou toda variação de energia do sistema pode ser totalmente convertida em calor se não houver realização de trabalho. Outra possibilidade é $\Delta E = 0$ que resulta em $q = w$, que significa que todo o calor pode ser transformado em trabalho e vice-versa sem que ocorra variação de energia no sistema. Isso representaria 100% de aproveitamento da transformação do calor em trabalho, porém, na prática não é isso o que acontece. *Os valores de transformação de calor para energia térmica em mecânica ocorrem com eficiência menor que 50%, significando que o sistema perde calor para o ambiente.* É o que observamos com todo equipamento ou motor em funcionamento, ele esquenta e perde energia para o ambiente. A energia é perdida sem qualquer utilidade para o usuário (Quadro 4.1). Convém discutir dois exemplos presentes na vida da maioria das pessoas para melhorar o entendimento sobre o uso e desperdício de energia. A lâmpada incandescente ou de filamento é o tipo de lâmpada mais comum encontrada em residências e outros ambientes. Apenas 5% da energia utilizada pela lâmpada é convertida em energia radiante e o restante é principalmente energia térmica (calor). Sabemos que esse tipo de lâmpada pode causar queimaduras graves quando inadvertidamente tocamos em uma que está acesa. Um cálculo simples mostra que de cada R$ 10,00 gastos com energia para iluminação com esse tipo de lâmpada, você aproveitou apenas R$ 0,50! É lógico que essa contabilidade não é verdadeira, a realidade é muito pior! Na conta de aproveitamento não foi contabilizado a situação quando algumas lâmpadas podem ficar acesas em ambientes sem utilização, com eficiência igual a zero. *Logo, para obter eficiência máxima de 5%, não esqueça de apagar a lâmpada ao sair do seu quarto.*

Contabilidade semelhante pode ser feita com a utilização da energia para mover um automóvel. O valor tabelado de 25% de eficiência para o motor do carro (Quadro 4.1) também é um valor distante do verdadeiro porque não é só o motor que consome combustível em um carro. Qual é a eficiência do uso da energia proveniente de um combustível para transportar uma pessoa em seu carro? Um carro moderno com todos os acessórios possui um motor à combustão que converte combustível (energia química) em energia térmica e esta em energia mecânica. A energia fornecida pelo combustível é convertida em movimento das rodas com eficiência de cerca de 13%. O restante, 87% de energia, é perdido como calor, barulho e dis-

QUADRO 4.1 Eficiência média de conversão de energia

Tipo	Eficiência %	Conversão
Gerador elétrico	99	Mecânica – Elétrica
Bateria (pilha seca)	90	Química – Elétrica
Pilha de combustível	60	Química – Elétrica
Homem de bicicleta	50	Química – Mecânica
Turbina a vapor	45	Térmica – Mecânica
Motor a diesel	37	Química mecânica – Térmica mecânica
Turbina (industrial ou avião)	35	Química térmica – Térmica mecânica
Motor de automóvel	25	Química térmica – Térmica mecânica
Lâmpada fluorescente	20	Elétrica – Radiante
Lâmpada incandescente	5	Elétrica – Radiante

positivos não-essenciais como ar-condicionado, direção eletrônica e dispositivo de som. Da energia que chega às rodas apenas 6% é utilizada no movimento do carro, a restante é utilizada para aquecer os pneus e o ambiente em contato com ele. Apenas 6% da energia do combustível é utilizada para movimentar um carro com o seu motorista. Mas como o objetivo é o transporte pessoal é preciso continuar com a contabilidade. Como 95% da massa transportada é o carro e apenas cerca de 5% o motorista, menos de 1% da energia contida no combustível é gasta para transportar uma pessoa. Trocado em dinheiro, gastar R$ 100,00 em combustível significa que você desperdiçou R$ 99,00 com gastos extras e aproveitou apenas R$ 1,00 com transporte. *Contabilidade como esta pode ajudar a entender porque o transporte individual sobre carro é inviável para toda população do planeta só sob o aspecto do consumo de combustível.*

4.3 FONTES DE ENERGIA

Um material que acumula alta quantidade de energia é fonte desta desde que possa ser transformado em uma forma de energia mais conveniente para produzir trabalho. Podemos dividir as fontes de energia em *renováveis e não-renováveis*. A fonte renovável é o material que pode ser utilizado continuamente, pois a energia presente no material pode ser naturalmente renovada dentro de um curto espaço de tempo de, no máximo, alguns anos. As fontes de energia não-renováveis são aquelas cujos materiais necessitam de milhares de anos para se recompor de forma conveniente para utilização.

Uma forma de avaliar a capacidade de produção de energia de um material é comparar o calor específico em unidades de energia por grama (Quadro 4.2). Entre os materiais listados, o hidrogênio é aquele que tem a maior capacidade de produzir energia, o que é uma propriedade importante, colocando-o como combustível do futuro.

4.3.1 Gás natural

O gás natural é um combustível fóssil. Sua formação ocorreu há milhares de anos por processos naturais geológicos e pela ação de bactérias na matéria orgânica retida no solo.

QUADRO 4.2 Calor específico de combustão e composição de alguns combustíveis

Combustível	C (% em massa)	H (% em massa)	O (% em massa)	Calor específico kJ/g
Madeira	50	6	44	18
Carvão	82	1	2	31
Petróleo	85	12	0	45
Gasolina	85	15	0	48
Gás natural	70	23	0	49
Etanol (álcool etílico)	53	13	34	35
Gás hidrogênio	0	100	0	142

Sua composição é bastante variada dependendo do local onde é encontrado. O composto majoritário da sua composição é o gás metano (CH_4), com cerca de 60 a 80 % em volume. A parte restante é composta com quantidades relativas variáveis dos gases: etano (H_3C-CH_3), propano ($H_3C-CH_2-CH_3$), butano ($H_3C-CH_2-CH_2-CH_3$) e pentano ($H_3C-CH_2-CH_2-CH_2-CH_3$). Essa composição do gás natural possibilita sua utilização tanto como combustível quanto como matéria-prima da indústria petroquímica. O etano e o propano separados do gás natural são tratados por processos que envolvem calor, catalisador e ausência de oxigênio. O produto da reação é o etileno e o propileno. Estes dois compostos são produtos de partida para produção de uma série de materiais, sendo os plásticos polietileno e polipropileno de ampla utilização para fabricação de objetos de uso comum.

Reação de desidrogenação:

$$H_3C-CH_3 \text{ (etano)} \rightarrow H_2C=CH_2 \text{ (eteno)} + H_2$$

$$H_3C-CH_2-CH_3 \text{ (propano)} \rightarrow H_2C=CH-CH_3 \text{ (propeno)} + H_2$$

Uma grande vantagem do gás natural é poder ser transportado facilmente por longas distâncias, pois como gás, ele flui naturalmente dentro de dutos. Grandes gasodutos foram construídos no Brasil, trazendo o gás da Bolívia para toda região Sudeste. Outros estão sendo planejados para distribuição do gás encontrado em grande quantidade no mar próximo à baía de Santos-SP. Comparado com os outros combustíveis fósseis, ele é menos agressivo ao ambiente. O metano, principal composto presente na sua composição, queima com chama clara e com pouca emissão de fumaça (material particulado), além de emitir menor quantidade de dióxido de carbono por molécula queimada. O principal produto da reação é água e gás carbônico.

Reação de combustão do metano:

$$CH_4 + 2O_2 \rightarrow CO_2\uparrow + 2H_2O$$

Na prática, a reação de combustão não ocorre da mesma forma com todas as moléculas, e na ausência de oxigênio suficiente, reações secundárias formam também monóxido de carbono (CO) e carbono elementar na forma de material particulado.

Reações secundárias de combustão do metano:

$$2CH_4 + 3O_2 \rightarrow 2CO\uparrow + 4H_2O$$

$$CH_4 + O_2 \rightarrow C_{(sólido)} + 2H_2O$$

Como toda combustão feita com o ar, ocorre também a formação de óxidos de nitrogênio, resultado de reações secundárias entre o oxigênio e o nitrogênio presentes no ar atmosférico. A importância ambiental no compartimento atmosfera do monóxido de carbono, óxidos de nitrogênio e material particulado foi discutida no Capítulo 3. Outro inconveniente do gás metano é possuir a propriedade de reter calor na atmosfera 24 vezes mais que o dióxido de carbono, com isso, vazamentos e gás não-queimado podem trazer sérias consequências ambientais, pois o gás possui um grande potencial de afetar o balanço energético do planeta, intensificando o efeito estufa e as mudanças climáticas globais.

4.3.2 Carvão mineral

O carvão mineral é um material de origem complexa. A formação de um depósito de carvão mineral exige a ocorrência simultânea de condições específicas dos pontos de vista geográfico, geológico e biológico. É necessária uma vegetação densa em ambiente capaz de preservar a matéria orgânica, como um pântano, onde a água impede a atividade das bactérias e fungos, os quais decompõem a madeira e a celulose. Sua formação inicia-se quando a matéria orgânica, principalmente vegetais, da superfície é soterrada. A composição relativa em massa da matéria orgânica vegetal é de 0 a 16% de proteínas, 20 a 55% de celulose, 10 a 35% de lignina e cerca de 10% de sais inorgânicos. O processo começa com a decomposição da celulose por processos aeróbicos ou anaeróbicos, restando a lignina, um polímero natural de difícil decomposição. A segunda etapa ocorre com a ação de processos geológicos, quando mais sedimentos se depositam aumentando a temperatura e a pressão, resultando em perdas de CO_2 e água. Posteriormente, ocorre a formação de anéis aromáticos e finalmente a estrutura se aproxima do grafite ($C_{sólido}$) que é um material sólido insolúvel na água e resistente a outras reações. Dessa forma, o carvão é encontrado compactado entre camadas de solo. Como essa formação de carvão é muito lenta e depende de condições como temperatura e pressão, é possível encontrar carvão com diversos estados de maturação caracterizado pela sua composição química, que quanto mais similar à da matéria orgânica vegetal mais jovem é sua formação. Esses diferentes tipos de carvão recebem nomes diferentes e a sua qualidade (valor econômico) está relacionada com a composição em carbono, que quanto maior, melhor o carvão (Quadro 4.3). Em um curto resumo histórico, a formação do carvão após a matéria orgânica ser soterrada obedece a sequência: após algumas dezenas de milhares de anos a *massa vegetal* é transformada em *turfa*, cuja percentagem de carbono é mais elevada que a da matéria orgânica vegetal. Mais algumas dezenas de milhões de anos a turfa concentra o seu teor de carbono e se transforma na primeira variedade de carvão, o *linhito*, cuja denominação é devido à sua aparência de madeira. Na sequência geológica surge a *hulha*, primeiro como carvão betuminoso, depois como sub-betuminoso. Na última etapa geológica, a hulha se transforma em *antracito*, com a composição de até 90% em carbono. Os linhitos mais recentes possuem idades menores que 2 milhões de anos, carvões betuminosos, idades entre 100 e 300 milhões de anos e antracitos, cerca de 380 milhões de anos.

Quanto maior o teor de carbono no carvão, maior é o seu poder energético e, consequentemente maior seu valor econômico. A turfa, o primeiro estágio da formação do carvão, possui

QUADRO 4.3 Composição aproximada em massa relativa dos vários tipos de carvão

Tipo de carvão	Carbono %	Hidrogênio %	Oxigênio %	Nitrogênio %
Matéria orgânica vegetal	50	6	43	1
Turfa	59	6	33	2
Linhito	69	5	25	1
Hulha	88	5	6	1
Antracito	95	2-3	2-3	—

teores baixos de carbono e altas percentagens de umidade. Como resultado, é melhor aproveitada na agricultura e serve para aumentar a composição de matéria orgânica dos solos (Capítulo 6). O linhito, com maior composição em carbono que a turfa, é utilizado na siderurgia como redutor de minerais de ferro graças à sua capacidade de fornecer elétrons para o íon ferro (III) e combinar com o oxigênio formando o dióxido de carbono.

Reação de formação de ferro metálico:

$$2Fe_2O_3 + 3C \rightarrow 4Fe + 3CO_2\uparrow$$

No Brasil, o carvão vegetal também é muito utilizado para esse fim. A produção do carvão vegetal é feita queimando madeira em fornos com ausência de oxigênio. O processo emite para a atmosfera grandes quantidades de gases como dióxido de carbono, monóxido de carbono, compostos orgânicos voláteis (COVs) e material particulado. O carvão vegetal é considerado um material renovável. Grandes áreas no Brasil são destinadas a cultivos de árvores de crescimento rápido como o eucalipto, com a finalidade de fornecer madeira para produção de carvão vegetal para a indústria siderúrgica. Devido à grande demanda e à falta de fiscalização adequada, parte da produção de carvão vegetal é feita de forma clandestina, com o uso de árvores de florestas nativas, e com a utilização de mão-de-obra trabalhando em condições subumanas (por causa do contato com calor, com gases tóxicos e pelo excesso de trabalho), e, *infelizmente, em vários casos, com o uso de mão-de-obra infantil*.

A hulha é utilizada tanto como combustível quanto como redutor do minério de ferro. O antracito é utilizado como redutor em metalurgia, na fabricação de eletrodos e de grafite artificial. Uma de suas principais vantagens consiste em fornecer uma chama pura, com pouca fuligem. O carvão é um combustível fóssil que vem sendo utilizado desde a pré-história. Entretanto, sua utilização não é muito prática, pois sendo sólido, é encontrado no subsolo e sua extração é difícil e perigosa. Todos os anos morrem trabalhadores soterrados em minas e outros tantos de doenças (geralmente respiratórias) contraídas no trabalho em condições adversas no interior de túneis escavados até centenas de metros da superfície do solo. A China, o maior produtor mundial de carvão, apresentou relatórios oficiais mostrando que 6 mil trabalhadores morreram em acidentes no interior de minas em 2005.

Todo o processo desde a mineração, o processamento e o transporte de carvão gera grandes danos ambientais. Na extração do carvão do solo, inicialmente é removida a vegetação natural da área com posterior remoção de terra e pedra que geralmente são dispostas sobre outras áreas de vegetação natural. Operações de minas a céu aberto destroem ecossistemas existentes no seu entorno. Minas subterrâneas podem desmoronar alterando paisagens e colocando em risco casas e construções diversas. Águas provenientes do subsolo podem ser contaminadas com resíduos de compostos de enxofre agregados ao carvão, gerando soluções de ácido sulfúrico. Essas águas altamente ácidas solubilizam metais que estavam imobilizados em rochas e no solo possibilitando o transporte e aporte dessas espécies metálicas em mananciais de águas subterrâneas (Capítulo 2, Item 2.2.2). O transporte do carvão sólido e sua utilização impõem mais limitações que os dos combustíveis líquidos. Por esse motivo, é comum a construção de termoelétricas nas proximidades de minas de carvão, assim gerando energia elétrica, que é relativamente mais fácil de transportar e utilizar.

O processo de liquefação do carvão é bastante recente e é feito com o intuito de transformá-lo do estado sólido em combustível líquido. Nos Estados Unidos já existem usinas de liquefação de carvão, no entanto, o processo é bastante sofisticado e caro. Sua gaseificação é um processo mais antigo, conhecido desde a primeira metade do século XIX, e tem a finalidade de converter o carvão mineral em combustível sintético de mais fácil aplicação na produção de energia. O processo é utilizado em vários países e o Brasil já domina essa tecnologia.

A composição dos materiais contaminantes do carvão é bastante variada e depende inclusive da região geográfica de onde ele é extraído. Algumas regiões produzem carvão com enxofre da ordem de até 5 %. A queima desse carvão também é mais difícil e como resultado aumenta a emissão de material particulado e monóxido de carbono durante o processo. Impurezas agregadas ao carvão sólido são de difícil remoção antes da sua utilização. Com isso, a presença de enxofre mesmo em pequena quantidade resulta em emissão de grandes quantidades de dióxido de enxofre (SO_2), porque geralmente são queimadas centenas de toneladas do material em termoelétricas. Dessa forma, a chuva ácida é um problema associado ao uso de carvão (Capítulo 3, Item 3.7). Ele não é só utilizado como fonte para produção de energia, mas também para produção de outros compostos na indústria química. Quando aquecido na ausência de ar, produz coque, que é um material mais rico em carbono. Durante o processo, a parte volátil se desprende e pode ser condensada em uma mistura líquida constituída por diversos compostos orgânicos de estrutura aromática, como o benzeno e o tolueno. Estes compostos podem ser utilizados pela indústria química para produção de diferentes materiais, como os corantes de tecidos.

4.3.3 Petróleo

O petróleo é um líquido escuro de composição variável, constituindo uma mistura de grande número de diferentes compostos orgânicos, sendo a maior parte deles hidrocarbonetos, compostos formados de carbono e hidrogênio. Uma pequena parte é formada de compostos orgânicos contendo átomos de enxofre e nitrogênio. A formação do petróleo é similar à do carvão, com a matéria orgânica sofrendo transformações em condições anaeróbicas e elevadas pressões. Estudos recentes indicam que o petróleo, diferentemente do carvão, é proveniente de matéria orgânica de origem animal. Grandes quantidades de micro-organismos que viviam nos oceanos na pré-história deram origem ao petróleo. Os ácidos graxos presentes nesses organismos possuem composição baixa em oxigênio (por exemplo: $C_{57}H_{110}O_6$), e durante o processo de formação do petróleo esse material perde o pouco oxigênio, formando o óleo rico em hidrocarbonetos.

O petróleo presente no subsolo encontra-se sob pressão e pode ser extraído por perfuração feita na rocha. Após a retirada do petróleo do subsolo é necessário fazer uma separação dos vários compostos que entram na sua composição. O processo é feito na refinaria petrolífera, um complexo industrial que separa os componentes do petróleo em compostos para utilização como combustível e para produção de outros materiais. Como o número de carbono na molécula do hidrocarboneto é responsável pelo seu ponto de ebulição e, consequentemente, do seu estado físico nas condições ambientais, a separação é feita em função do número de átomos de carbono na cadeia. Quanto menor o número de carbono na molécula, mais fácil ela se transforma em vapor e mais difícil é a sua lique-

QUADRO 4.4 Diferentes frações do petróleo

Frações	Número de átomos de carbono na molécula	Ponto de ebulição (°C)
Gás natural	CH_4	−161
Gás liquefeito (GLP)	C_3H_8, C_4H_{10}	−44 até +1
Gasolina de aviação	C_5H_{12} a C_9H_{20}	32 até 150
Gasolina	C_5H_{12} a $C_{12}H_{26}$	32 até 210
Nafta	C_7H_{16} a $C_{12}H_{26}$	100 até 210
Querosene e diesel	$C_{10}H_{22}$ a $C_{16}H_{34}$	175 até 290
Óleo combustível	$C_{12}H_{26}$ a $C_{18}H_{38}$	205 até 316
Óleo lubrificante	$C_{15}H_{32}$ a $C_{24}H_{50}$	250 até 400
Resíduo asfáltico	$C_{20}H_{42}$ e acima	acima de 350

fação. Esse princípio possibilita que a separação seja feita pelo processo de destilação fracionada nas refinarias de petróleo. É o fracionamento do petróleo nos diversos componentes que possibilita a obtenção das diferentes classes de compostos utilizados para as diversas finalidades (Quadro 4.4).

A gasolina combustível

A gasolina é o principal combustível proveniente do petróleo. É uma mistura de diversos hidrocarbonetos com fórmulas moleculares variando de C_5H_{12} a $C_{12}H_{26}$. Considerando que uma fórmula molecular como o C_5H_{12} possibilita a organização de várias estruturas diferentes (Figura 4.1), esta fórmula não é de um único composto, mas de vários compostos com a mesma fórmula molecular os quais são conhecidos como isômeros. Como resultado, a composição da gasolina é muito complexa e variada nos componentes. Essa composição variada para gasolina torna difícil sua análise e, consequentemente, facilita fraudes.

Os diferentes hidrocarbonetos não apresentam a mesma capacidade de queima nos motores. O ideal é que a explosão do combustível ocorra quando o pistão do motor está mais comprimido dentro da câmara de combustão. Com a explosão do combustível, o pistão retorna com força total para mover o motor. Quando a explosão ocorre no meio da câmara de combustão, o motor perde

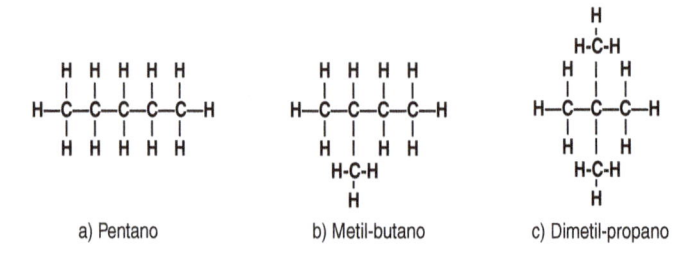

FIGURA 4.1 Exemplos de compostos isômeros que apresentam fórmula molecular C_5H_{12}.

CAPÍTULO 4 ▸ ENERGIA E AMBIENTE

sua força (Figura 4.2) e o usuário diz que o motor do carro "*está batendo pinos*". Vários compostos foram avaliados quanto à capacidade de explosão. Dentre os 18 isômeros de hidrocarbonetos com fórmula molecular C_8H_{18}, o iso-octano é o hidrocarboneto de melhor desempenho. Para possibilitar a comparação da qualidade das gasolinas, estabeleceu-se que o *iso-octano* possui valor *100 octanas*. O *n-heptano* foi avaliado como um péssimo combustível sob este aspecto e recebeu o valor de *zero octanas*. A gasolina vendida como contendo 80 octanas é similar a uma gasolina composta de 80% de iso-octano e 20% de n-heptano. Nessa escala, o benzeno possui 105 e o tolueno 120 octanas.

Para aumentar a o número de octanas da gasolina são adicionados aditivos. Durante muito tempo foi adicionado à gasolina um composto de chumbo, conhecido como chumbo tetraetila. A adição de cerca de 1 mL desse composto a um litro de gasolina de 55 octanas faz com que ela se transforme em gasolina com 90 octanas. O produto da combustão dessa gasolina era dispero no ambiente e, como consequência, as cidades possuíam grandes quantidades de chumbo na atmosfera e depositado em superfícies diversas. Em 1968, estimava-se que a emissão de todas as fontes de chumbo para atmosfera era da ordem de 167.560 Ton., sendo que 98,2% era proveniente da queima da gasolina. O chumbo é um metal bastante tóxico para o ser humano e, no passado, era comum encontrar em grandes cidades várias pessoas e, em especial, crianças com excesso de chumbo no organismo. Outro problema do chumbo é ele ser um veneno de catalisador, isto é, deixa o catalisador inativo. Com isso, o uso de catalisadores em automóveis para minimizar emissões era inviável. Outros aditivos foram pesquisados, como o metil ter-butil éter, de uso bastante comum nos Estados

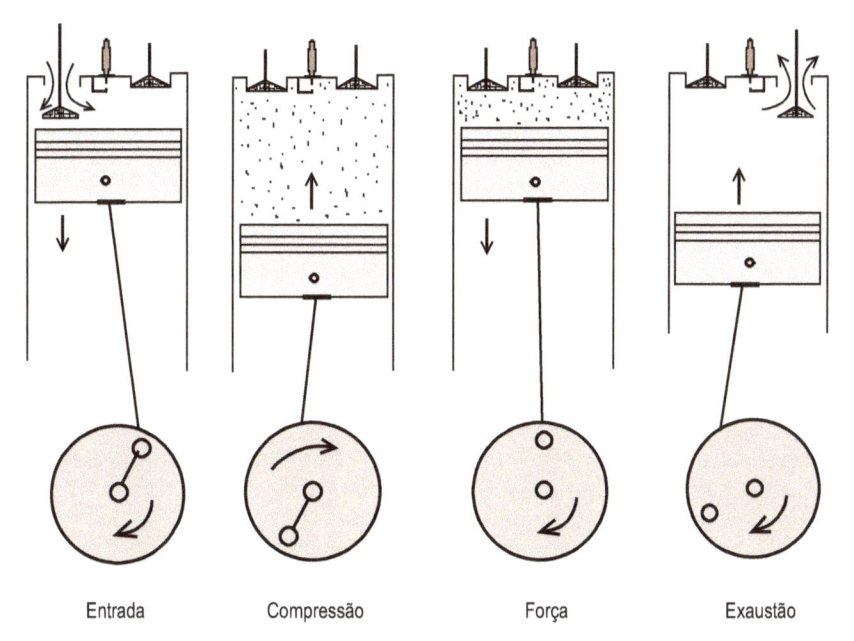

FIGURA 4.2 Esquema de funcionamento de um pistão dentro do motor de quatro tempos: Entrada: abertura da válvula para admissão do combustível; Compressão: compressão do combustível na câmara com ambas as válvulas fechadas; Força: explosão do combustível provocado pela faísca da vela; Exaustão: abertura da válvula para saída dos gases produzidos.

Unidos. Entretanto, o composto é solúvel em água e relativamente tóxico, e tem sido encontrado em corpos de água como contaminante (Capítulo 2, Item 2.2.4). O etanol também aumenta a octanagem da gasolina, e esta foi a solução encontrada para o Brasil. No país, a gasolina é composta de cerca de 22% de etanol anidro e 78% de gasolina. Essa mistura também é conhecida como gasool e o álcool deve ser anidro, isto é, isento de água, pois a mistura álcool hidratado e gasolina pode se separar em um sistema líquido de duas fases sendo uma delas a água. A Figura 4.3 ilustra as estruturas dos compostos envolvidos na modificação das propriedades da gasolina.

Danos causados pelo petróleo ao ambiente

Por ser líquido, o petróleo é fácil de ser transportado em oleoduto, bem como seus derivados, os combustíveis, também de fácil transporte, armazenamento e utilização. Problemas ambientais são comuns durante o transporte, quando podem ocorrer acidentes e o material é derramado. O problema é grave quando ocorrem acidentes com grandes navios petroleiros, causando o despejo de enormes quantidades de petróleo no mar. São poucos os animais que vivem na superfície dos oceanos que conseguem sobreviver ao impacto resultante. O turismo e a pesca são setores econômicos frequentemente afetados de forma direta com o problema do derrame do petróleo no mar.

As refinarias concentram várias atividades de transformações químicas e físicas de compostos presentes no petróleo que resultam na emissão de grandes quantidades de monóxido de carbono, dióxido de enxofre, óxidos de nitrogênio, compostos orgânicos voláteis e material particulado. Saindo das destilarias, a distribuição dos derivados de petróleo também está sujeita a vazamentos casuais e acidentais, e também à volatilização durante manuseios para troca de recipientes.

A combustão de qualquer derivado de petróleo emite o gás dióxido de carbono (CO_2) porque o carbono é o elemento comum a qualquer um deles. O uso do petróleo como fonte de energia em larga escala, por todas as reações, faz com que ele seja um dos principais vilões ao lado

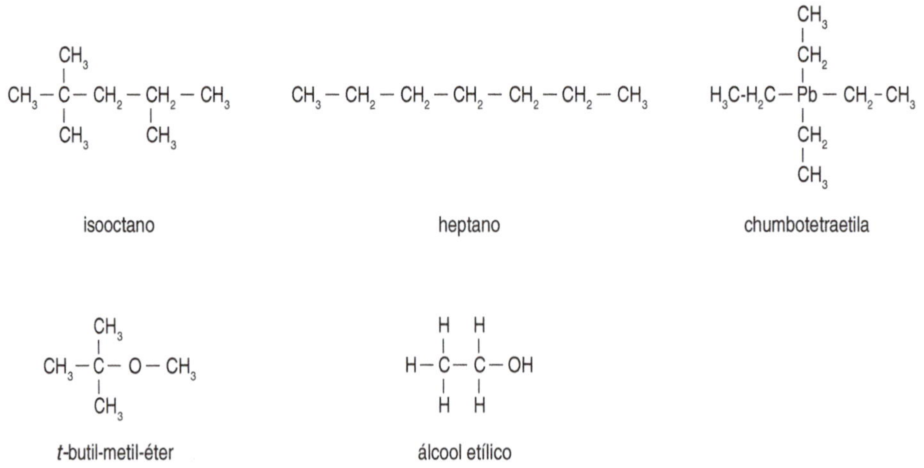

FIGURA 4.3 Estruturas das moléculas de compostos combustíveis.

do carvão, como responsável pelo aumento do efeito estufa e a consequente mudança climática global. Em quantidades menores são emitidos dióxido de enxofre (SO_2) e dióxido de nitrogênio (NO_2) provenientes de compostos de enxofre e nitrogênio, respectivamente, presentes no petróleo como compostos minoritários. O dióxido de nitrogênio ainda é emitido por reações secundárias comuns a toda reação de combustão com ar atmosférico (ver Capítulo 3, Item 3.4). Como nem todas as moléculas reagem totalmente na câmara de combustão, é comum a emissão de partes de moléculas parcialmente oxidadas como acetaldeído, formaldeído, ácido acético e monóxido de carbono. Material particulado também é emitido e sua emissão é maior para combustíveis formados por moléculas maiores como aquelas presentes no diesel e óleo combustível.

Algumas cidades, como São Paulo, exigem que durante os meses de maior dificuldade de dispersão de poluentes as indústrias utilizem óleo combustível com baixo teor de enxofre (BTE). Esse óleo combustível é tratado para reduzir a quantidade de compostos de enxofre presente na sua composição, porém, este tratamento encarece o produto. Pouca atenção tem sido dada aos vazamentos de óleos e combustíveis que ocorrem sobre ruas e avenidas e que com a chuva são arrastados diretamente para os mananciais. Outro problema são as trocas de óleo de motores de veículos feitas em local sem estrutura para recolher o produto descartado. Se o descarte é feito no efluente, o óleo irá sobrecarregar a estação de tratamento local devido à sua alta carga poluidora (elevada DBO – Ver Capítulo 2, Item 2.2.3), se descartado no solo, pode comprometer não só o solo, mas também mananciais próximos devido a processos de lixiviação.

4.3.4 Álcool combustível

No final do século XIX, o petróleo tornou-se uma fonte importante de energia. Durante a maior parte do século XX, apesar do aumento da demanda e consequente aumento da produção, o preço do petróleo, controlado pelas grandes multinacionais petrolíferas, foi mantido estável até o início da década de 1970. A instabilidade política na maior região produtora, o Oriente Médio, criou uma série de conflitos que resultou na guerra do *Youn Kippur*. Como resultado do conflito, os países produtores de petróleo criaram a Opep (Organização dos Países Exportadores de Petróleo) que passou a impor os preços e controlar a produção como forma de pressão política contra Israel e seus simpatizantes. A política de preços da Opep atingiu fortemente o Brasil, pois na época a produção nacional de petróleo representava apenas 23% do consumo interno. Em um único ano, 1973 a 1974, as despesas com a importação de combustível aumentaram de 600 milhões para 2 bilhões de dólares. Para minimizar o efeito na balança de pagamentos entre importação e exportação e diminuir sua vulnerabilidade energética, em novembro de 1975, o governo brasileiro criou o Programa Nacional do Álcool – Proálcool, que tinha como objetivo a produção de álcool combustível.

O resultado inicial do Proálcool foi a produção de etanol anidro usado como componente da gasolina. Posteriormente ele passou também a ser usado na forma hidratada como fonte única de combustível de motores à explosão, abrindo assim o espaço para uma nova matriz energética proveniente de uma fonte renovável. Embora o uso do álcool tivesse como meta inicial a solução de um problema econômico, indiretamente resultou em algumas vantagens ambientais. Pode-se citar como principais vantagens a eliminação do uso de aditivos à base de chumbo, pois o etanol é um combustível com alto poder de compressão. Comparado à gasolina, o uso do etanol reduz as emissões de SO_2, CO e hidrocarbonetos. Além disso, por ser um combustível proveniente de fonte renovável e, considerando-se todo o processo desde o plantio, a produção e o uso, pode-se contabilizar um ciclo fechado para o elemento carbono, portanto, seu uso não contribui efetivamente para aumentar o estoque de carbono atmosférico. Atualmente, com a diminuição do poder de pressão da OPEP, é justamente este o aspecto ambiental eficaz que deve impulsionar o uso do etanol como combustível no planeta, principalmente se o protocolo de Kyoto for ratificado pelos países industrializados como os Estados Unidos.

Produção de álcool

Não há uma data precisa sobre quando o ser humano começou a usar o álcool como alimento, mas existem evidências da sua presença em artefato datado de cerca de 5.500 a.C. A destilação do álcool era um processo bem conhecido pelos alquimistas quando ele passou a ser utilizado para outros fins que não a ingestão por pessoas. A produção de álcool em larga escala em regiões tropicais é feita a partir da cana-de-açúcar, enquanto nos Estados Unidos, usa-se principalmente cereais como o milho. O Brasil é destaque no cenário internacional de produção de álcool porque *o balanço energético do álcool produzido é de 1:8, isto significa que, para cada unidade de energia gasta são produzidas 8 unidades de energia.* O álcool de cereais possui um balanço energético de 1:1,5. Um fator que contribui para o balanço energético da cana é sua alta produtividade por hectare plantado, a qual apresentou significativa evolução nos últimos anos. Na região Centro-Sul, que representa cerca de 85% da produção brasileira, a média oscila entre 78 e 80 toneladas de cana por hectare e o rendimento para produção do combustível fica entre 80 e 85 litros de álcool por tonelada de cana. Essa produtividade foi alcançada como resultado de pesquisas e desenvolvimento de tecnologias feitos nas diversas etapas da produção, como o desenvolvimento de novas variedades de cana-de-açúcar mais resistentes a pragas, com maior concentração de sacarose, mais adaptadas ao clima local, ao tipo de solo e sistema de corte (manual ou mecanizado). No sistema de produção foram feitos investimentos para inovações no processo de produção de açúcar e álcool e gerenciamento da produção, ou seja, melhoria na extração do caldo, diminuição de perdas, menor uso de produtos químicos no processo industrial de fabricação de açúcar e álcool e irrigação com o subproduto vinhaça (garapão) como fonte de água, matéria orgânica e potássio, por exemplo.

Processo de fabricação do açúcar e álcool

No Brasil, a maioria das usinas produz álcool, açúcar e melaço. A matéria-prima cana-de-açúcar possui elevado teor de fibra onde se concentra grande quantidade de sacarose. Antes da moagem, a cana é lavada para retirar a terra proveniente da lavoura e posteriormente por picadores que trituram os colmos, para facilitar o processo da moagem. Na moenda, a cana é prensada entre rolos para extração do caldo. O processo é repetido algumas vezes, mas antes o bagaço é embebido em água numa proporção de 30% para aumentar a eficiência da extração do caldo. Após a extração do caldo, obtém-se o bagaço, constituído de fibra e água, e a quantidade obtida varia de 240 a 280 kg por tonelada de cana processada. O bagaço rico em fibras é queimado e o calor resultante transforma a água contida na caldeira em vapor, o qual é utilizado no acionamento de turbinas onde ocorrerá a transformação da energia térmica em energia mecânica. Essas turbinas são responsáveis pelo acionamento de diversos equipamentos dentro da usina, inclusive geradores para a produção da energia elétrica necessária nos vários setores da indústria. Em alguns casos, a energia elétrica excedente é vendida para distribuição na rede elétrica urbana.

O caldo extraído na moenda contém muitas impurezas, sendo necessário passar por um processo de clarificação para retirada de sólidos em suspensão. Para isso, é tratado com sulfito e cal causando a floculação das substâncias coloidais. Não é possível fazer a fermentação direta do melaço, devido à sua alta concentração em açúcar. Para o processo da fermentação utiliza-se o caldo ou uma mistura melaço/caldo onde podem ser adicionados nutrientes na forma de sais de nitrogênio (por exemplo NH_4^+) e fósforo (por exemplo PO_4^{3-}). Essa solução é conhecida como mosto e é utilizada para a inoculação da levedura. O processo de fermentação mais utilizado nas destilarias brasileiras é conhecido como Melle-Boinot. Sua principal característica é a recuperação de leveduras através da centrifugação do material final fermentado. Parte da levedura recuperada é utilizada para reiniciar outro processo fermentativo e a outra parte é vendida para ser utilizada como ração.

Para o processo de fermentação usa-se leveduras com cepas apropriadas. Bacteorologistas desenvolveram leveduras acidófilas, as quais se desenvolvem em meio ácido e em cujo meio leveduras selvagens não se proliferam. A levedura bastante utilizada para fermentação alcoólica é a *Saccharomyces uvarum*, sendo que no processo de fermentação os açúcares são transformados em álcool. O processo de fermentação ocorre em tanques, denominados dornas de fermentação, e a sacarose é transformada em álcool, segundo a reação simplificada:

$$C_{12}H_{22}O_{11} + H_2O \rightarrow 2\ C_6H_{12}O_6$$
$$C_6H_{12}O_6 \rightarrow 2\ CH_3CH_2OH + 2CO_2 \qquad \Delta H = -23,5\ kcal$$

O tempo de fermentação dura entre 4 e 12 horas e o processo desenvolve-se com grande liberação de gás carbônico e calor resultando no aquecimento da solução em fermentação. Devido à grande quantidade de calor liberada durante o processo e à necessidade da temperatura ser mantida baixa (34°C), é preciso fazer o resfriamento da fermentação, circulando água em serpentinas internas às dornas, ou em trocadores de calor, por onde o mosto em fermentação é bombeado continuamente com água em contracorrente. Em paralelo, durante o processo ocorrem várias reações secundárias e, consequentemente, há formação de produtos secundários como álcoois superiores, glicerol e aldeídos. A redução da liberação de gás carbônico é um indicativo que praticamente todo o açúcar já foi consumido na fermentação.

Ao terminar a fermentação, a mistura resultante recebe o nome de vinho fermentado e o teor médio de álcool é de 7 a 10% (v/v) em solução aquosa. Além do álcool, em menor quantidade são encontrados diversos compostos dissolvidos como glicerina, álcoois homólogos superiores, furfural, acetaldeído, ácido succínico, ácido acético, sais minerais e gases como CO_2 e SO_2. Também são encontrados materiais em suspensão como leveduras, bactérias e fragmentos de bagaço da cana. A levedura (fermento) é separada do vinho fermentado por processo de centrifugação. O álcool presente nesse vinho é separado por destilação que é processada em três diferentes colunas de destilação. Na primeira, o etanol é separado do vinho (inicialmente com 7 a 10°GL*) e sai com concentração média de 40 a 50°GL. Nesta etapa são eliminadas as impurezas mais voláteis (ésteres e aldeídos). Em sequência, na segunda coluna, os compostos mais voláteis são concentrados e retirados pelo seu topo, e o álcool condensado com graduação de aproximadamente 92-95°GL. A terceira coluna de destilação tem por objetivo extrair a maior quantidade possível de álcool do seu produto de fundo, que é denominado vinhaça. Esta é produzida a uma proporção aproximada de 13 litros para cada litro de álcool produzido e é constituída principalmente de água, sais e sólidos solúveis, e em suspensão. Posteriormente, é utilizada como fertilizante na lavoura de cana-de-açúcar. A vinhaça é bastante rica em potássio, chegando a ter em média 2,4 kg m^{-3} desse mineral. Uma curiosidade é que este resíduo líquido, há algum tempo, era descartado nos rios, causando poluição e mortandade dos peixes. Hoje, é grande fonte de potássio para as lavouras.

O álcool hidratado, produto final dos processos de destilação e retificação, é uma mistura binária álcool-água que atinge um teor da ordem de 96°GL. A água não pode mais ser separada do álcool pelo processo usual de destilação. Misturas com essas características são conhecidas como misturas azeotrópicas e se comportam como se fossem um composto puro, com os componentes não separados pelo processo de destilação simples. Esse álcool hidratado pode ser comercializado desta forma como combustível de carro movido a álcool ou equipados com motor bicombustível (flex). O álcool que irá ser adicionado à gasolina comercializada no Brasil deve ser anidro (isento de água). Para obtenção de álcool anidro é adicionado ciclohexano ao álcool hidratado. Esta nova mistura forma um azeotrópico ternário, ciclohexano-água-álcool e é destilada quando o álcool anidro é separado com cerca de 99,7°GL. A solução residual é rica em ciclohexano e pode retornar ao processo para iniciar novo ciclo.

4.3.5 Biodiesel

Biodiesel é um combustível renovável que não contém compostos de enxofre em sua composição. Pode ser produzido a partir de gordura animal ou de óleos vegetais. Muitas espécies vegetais podem ser utilizadas, como mamona, dendê, girassol, babaçu, amendoim, pinhão manso e soja. O biodiesel pode ser utilizado puro ou misturado ao óleo diesel comum sem a necessidade de adaptação do motor. No Brasil, o biodiesel é comercializado misturado ao diesel. Essa mistura é caracterizada pela letra B seguida de um número correspondente a porcentagem de biodiesel adicionada à mistura, assim B5 é o biodiesel que contém 5% de biodiesel e 95% de diesel de petróleo. Segundo a lei número 11.097, de 13 de Janeiro de 2005, a partir de Janeiro de 2008 foi obrigatória, em todo território nacional, a mistura B2, ou seja, 2% de biodiesel. Em janeiro de 2013, essa obrigatoriedade passará para 5% (B5).

Por possuírem elevado poder calorífico, os óleos vegetais podem ser utilizados diretamente como combustíveis. Entretanto, suas características de baixa volatilidade e alta viscosidade dificultam a queima e geram vários problemas chegando a comprometer sua vida útil dos motores. Para melhorar a qualidade desse combustível é preciso fazer um tratamento químico buscando modificar

---

* Homenagem ao químico e físico francês Joseph Louis Gay-Lussac (*1778 - †1850).

a sua estrutura química e, consequentemente, suas propriedades físicas. Atualmente, o processo mais utilizado para a produção de biodiesel é a *transesterificação* (Figura 4.4). Nesta reação a matéria-prima é colocada para reagir com um álcool, geralmente metanol ou etanol, em presença de um catalisador. O catalisador utilizado é uma base forte, que geralmente pode ser NaOH ou KOH.

Os produtos são: éster R-COO-CH_3 a partir do metanol reagente (CH_3OH) ou R-COO-CH_2-CH_3 a partir do etanol reagente (CH_3-CH_2-OH) e glicerol $HOCH_2$-CHCOH-CH_2OH. Figura 4.4. O éster é o biodiesel e deve ser separado do glicerol, o qual é imiscível no biodiesel. No Brasil, o etanol tem sido usado preferencialmente pela sua abundância em todo território, e no exterior, o metanol é o álcool mais utilizado. Após a reação de transesterificação, obtém-se um produto constituído de duas fases. Na fase mais densa fica a glicerina e na fase menos densa fica o éster. Ambas as fases são contaminadas com álcool que não reagiu, água e impurezas. Inicialmente as fases são separadas por decantação ou por centrifugação.

A fase mais densa é submetida a um processo de aquecimento para evaporação e eliminação dos constituintes voláteis que são direcionados a um condensador para liquefação do álcool e reutilização no processo de produção do biodiesel. O produto final deste processo é a glicerina bruta que é destilada para obtenção da glicerina purificada, que pode ser vendida para indústrias químicas e de cosméticos. A fase leve constituída do éster é lavada com água, separada por processo de centrifugação e, na sequência, passa por processo de secagem para eliminação da água residual. O produto é comercializado como biodiesel B 100 para posteriormente ser misturado ao óleo diesel comum, para preparar, por exemplo, o B2.

O mito do biocombustível para salvar o ambiente

No Brasil, o biocombustível perdeu a importante imagem de combustível proveniente de fonte renovável substituída pela de propaganda para salvar o ambiente. A propaganda comercial e os meios de comunicação passaram a chamar o biocombustível de "combustível verde" ou "combustível limpo". Infelizmente o álcool ou o biodiesel, os dois principais biocombustíveis já à venda no mercado, *não são considerados limpos pela ciência ambiental*.

Para entender como o biocombustível recebeu o adjetivo de "*limpo*", precisamos recordar o conceito de ciclo biogeoquímico discutido no Capítulo 3. Em nosso planeta, alguns elementos químicos estão constantemente se transformando, mudando de fases e migrando entre os diversos compartimentos (hidrosfera, litosfera, atmosfera e biota). Este ciclo de materiais é conhecido como ciclo biogeoquímico. O ciclo biogeoquímico do carbono está intimamente relacionado com a homeostase

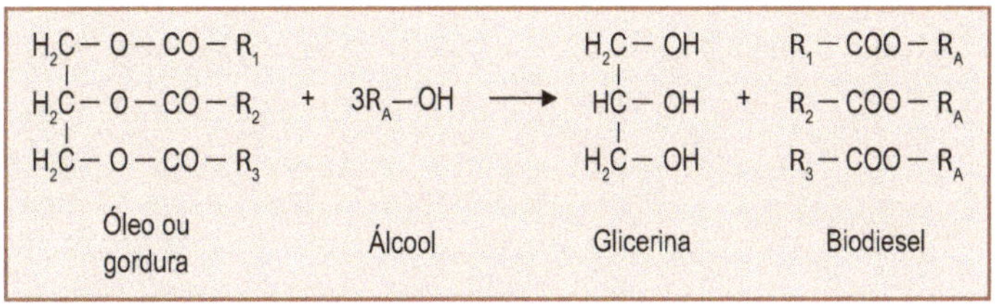

FIGURA 4.4 Reação de transesterificação e produção de biodiesel.

do planeta, mais conhecido como efeito estufa, e o ciclo do nitrogênio e enxofre com a dispersão/disposição natural de fertilizantes para os vegetais. Em um ciclo, a contabilização da quantidade de material que entra e a que sai em um compartimento é conhecida como balanço de material. A alteração da quantidade de material naturalmente presente em um dos compartimentos por um ciclo biogeoquímico interfere no ambiente e é uma forma conceitual para entender a poluição por espécies químicas. Sob o aspecto ambiental, pode-se dizer que o uso do biocombustível pouco interfere no balanço de carbono da atmosfera porque o dióxido de carbono emitido durante a queima do biocombustível é consumido posteriormente pelo processo da fotossíntese para produzir o vegetal. Isso resulta em balanço de carbono igual a zero na atmosfera, assim, seu uso não minimiza, mas apenas não interfere no efeito estufa. Para os combustíveis derivados de petróleo, o dióxido de carbono emitido gera um balanço positivo na atmosfera, com consequente aumento do efeito estufa. Para os outros macroconstituintes envolvidos na formação da biomassa, como o enxofre, nitrogênio, fósforo e potássio, não existe mecanismo similar e estes devem ser incorporados anualmente ao solo na forma de fertilizantes. Como resultado do processo de fertilização, já não existe mais a condição de balanço igual a zero para estes elementos e o conceito de *combustível limpo deixa de ter sentido*. Mas qual é a relevância ambiental para um balanço diferente de zero para um elemento? Isso significa acúmulo de material em compartimentos do ambiente comprometendo a qualidade de corpos de água, solo e atmosfera com consequências diretas para o ambiente. O ciclo biogeoquímico do nitrogênio já foi muito modificado pela ação antrópica (atividade humana) e atualmente a quantidade de nitrogênio ativo no ambiente já dobrou. O nitrogênio ativo é aquele com atividade química e biológica e possui potencial para modificar as propriedades físicas do ambiente ou a biota. O nitrogênio ativo não pode ser confundido com o gás nitrogênio (N_2), que é o principal componente da atmosfera e é considerado inerte. O nitrogênio ativo é responsável por provocar problemas ambientais locais e regionais como a chuva ácida, a contaminação de águas e ainda com grande potencial para afetar a biodiversidade vegetal de florestas naturais. A produção mundial de fertilizantes nitrogenados dobrou a cada 8 anos entre 1950 e 1973. Dobrou novamente em 1990 chegando a mais de 80 milhões de toneladas de N por ano. A adição intencional desse nitrogênio ativo no ciclo biogeoquímico do nitrogênio, com graves consequências ambientais, tem sido justificada como necessária para produção de alimentos. *Porém, uma coisa é justificar combater a fome, outra é produzir combustível.*

Com relação à utilização do álcool combustível em motores, pela descarga do cano de escapamento são emitidos formaldeído e acetaldeído que são vapores tóxicos. Por outro lado, emite menos monóxido de carbono, dióxido de enxofre e material particulado que os derivados de petróleo. Quanto à emissão de óxido de nitrogênio, pouca diferença faz o tipo de combustível (álcool ou gasolina) utilizado, pois o gás é sempre emitido. O óxido de nitrogênio é importante na formação do ozônio (gás tóxico) e da chuva ácida. *Do ponto de vista ambiental, para chamar o álcool ou outro biocombustível de combustível limpo é necessário "esconder muita sujeira debaixo do tapete".*

4.4 PROCESSOS DE GERAÇÃO DE ENERGIA ELÉTRICA

A energia elétrica é uma forma bastante prática para utilização de energia, principalmente nas grandes cidades. O seu transporte é fácil, de baixo custo e relativamente seguro.

Pode ser rapidamente transformada em outras formas de energia e, assim, utilizada para colocar em funcionamento diferentes tipos de equipamentos. Outra grande vantagem é não emitir poluentes no momento da sua utilização, o que a torna bastante conveniente para ser utilizada em ambientes fechados.

Para gerar energia elétrica é necessário um gerador elétrico, que é um dispositivo que transforma um tipo específico de energia em energia elétrica. A energia pode ser fornecida por uma reação química, luz solar ou um fluido em movimento. A forma mais comum de energia elétrica é a de corrente alternada. Um gerador simples de corrente alternada é constituído por um enrolamento de fios (espiras) girando no interior de um campo magnético uniforme como ilustra a Figura 4.5. A corrente gerada na espira, que gira no interior do campo magnético, é transportada para os anéis de deslizamento que giram acompanhando o enrolamento. Escovas estacionárias em contato com os anéis transportam a eletricidade para um transformador e deste para uso nos centros de consumo. Para fazer girar o anel de deslizamento e o enrolamento de fios é necessário que eles estejam conectados a um eixo de uma turbina. A turbina é formada por um eixo onde está fixada uma série de pás. Passando-se um fluido em movimento pelas pás, elas giram o eixo que, por sua vez, giram os anéis de deslizamento e as espiras obtendo como resultado a energia elétrica.

Para mover as pás da turbina pode ser utilizada uma corrente de água em velocidade (hidroelétrica), como a água proveniente de uma queda de água, um fluxo de ar, como o vento (eólica) ou um fluxo de vapor de água (termoelétrica). Neste último caso, para obter água na forma vapor é necessário uma fonte de energia térmica com calor suficiente para elevar a temperatura da água até o ponto de ebulição. Este calor pode ser obtido pela queima de madeira, carvão, derivados de petróleo e mesmo o calor gerado em uma reação nuclear.

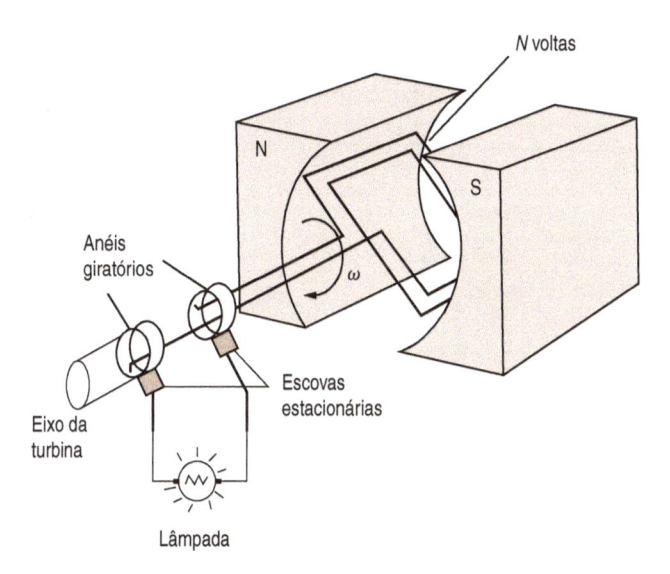

FIGURA 4.5 Esquema de um gerador de eletricidade de *N* voltas girando em um campo magnético uniforme. A corrente gerada é transmitida aos anéis giratórios que estão em contato com as escovas estacionárias que transmitem a corrente para a rede elétrica.

4.4.1 Geração de energia por hidroelétrica

A geração da energia elétrica é obtida como resultado da transformação da diferença de energia potencial contida na água no nível do reservatório na barragem e a existente no nível do rio após a barragem. Neste percurso, a energia potencial transforma-se em energia cinética, quando a água ganha velocidade na queda e faz girar a turbina. O potencial hidráulico é proporcional à vazão da água e a diferença entre os desníveis (Figura 4.6). Para melhor aproveitar a energia da água é necessário a construção de uma barragem para formação de lago ou reservatório. Por medida de segurança é preciso construir um vertedouro da usina por onde sai o excesso de água do reservatório e que possibilita o controle do nível da água do mesmo, principalmente na época das chuvas. A água represada é conduzida por meio de tubulações até a casa de força, onde estão instaladas as turbinas e os geradores que produzem eletricidade. A turbina é formada por uma série de pás ligadas a um eixo que, ao girar, movimenta o gerador de energia elétrica. No gerador, a energia cinética, ou energia mecânica, é transformada em energia elétrica. A energia elétrica produzida vai para uma subestação de onde é transmitida para os centros de consumo. Como já descrito em 4.4, o gerador é composto de um rotor (ímã), que gira no interior de uma bobina, gerando (como o próprio nome sugere) uma corrente elétrica.

Vantagens e desvantagens das hidroelétricas

A maior vantagem das usinas hidrelétricas é a utilização de um recurso energético natural, a água de um rio, e com isso a geração de energia é de baixo custo, considerando que ela é um bem natural renovável. Não há emissão de qualquer composto químico durante o processo de geração da energia. Além da geração de energia elétrica, a barragem de água pode ser utilizada para outros usos, como irrigação, navegação e controle de cheias do rio. Como desvantagem econômica existe o alto custo de construção de uma grande hidroelétrica. O custo ambiental da formação e manutenção da represa também pode ser grande. Com o represamento para a

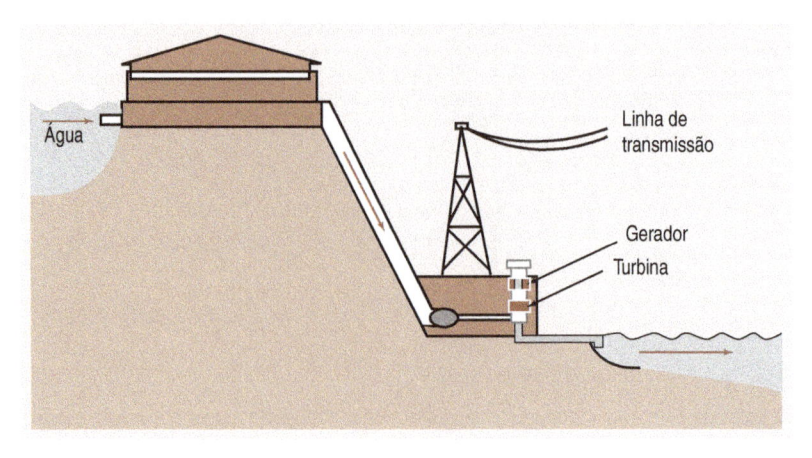

FIGURA 4.6 Representação esquemática de uma usina hidroelétrica.

formação do lago, grandes áreas são inundadas e, quando isso ocorre, a vegetação fica submersa e muitos animais fogem para áreas mais altas ou morrem afogados. Algumas dessas áreas podem posteriormente acabar submersas dizimando todos os animais ali presos antes do enchimento do reservatório. Operações de resgates são utilizadas para recolher apenas alguns animais de maior porte, minimizando apenas uma parte do problema. Em áreas habitadas, pessoas são obrigadas a deixar suas terras e casas e, apesar de serem ressarcidas dos bens materiais, referenciais de história de vida são perdidos para sempre.

As represas modificam a dinâmica das águas, transformando rios de corredeiras em águas calmas. Como consequência, espécies de peixes adaptadas às condições de água com corredeiras são extintas. Por outro lado, espécies que possuem hábitos de se movimentarem por longas distâncias nos rios encontram nas barragens uma barreira intransponível. Escadas para peixes têm sido construídas, mas sua eficiência é questionada, principalmente porque se concentram em um mesmo espaço o predador e presa.

Após a formação da represa, muito dos vegetais submersos acaba sofrendo decomposição em condições que podem ser anaeróbicas (regiões mais profundas) ou aeróbicas (águas mais superficiais). A decomposição anaeróbica da matéria vegetal gera a emissão de gases como o metano, o qual possui um potencial de aquecimento global cerca de 24 vezes maior que o dióxido de carbono, produto da decomposição aeróbica. Com isso, o processo de gerar eletricidade na hidroelétrica, limpo ambientalmente para atmosfera, pode vir a se tornar um vilão quando contabilizadas a emissão de gases estufa pela represa e outras questões ambientalmente importantes como a preservação de espécies aquáticas e mudanças de animais terrestres para outros habitats diferentes.

4.4.2 Termoelétricas

Existem dois tipos básicos de turbinas para gerar energia elétrica: a *turbina a gás*, movida por gases resultantes da queima de combustíveis, e a *turbina a vapor*, acionada pelo vapor de água em alta temperatura. A utilização dessas turbinas em termoelétricas faz com que estas sejam conhecidas como termoelétricas convencionais ou termoelétricas de ciclo combinado. Na usina termoelétrica convencional, inicialmente, existe uma etapa que consiste na queima de um combustível, como carvão, óleo ou gás, em uma caldeira para gerar calor e transformar a água em vapor. Este é direcionado, em alta pressão, para girar as pás de uma turbina a vapor que, por sua vez, aciona o gerador elétrico. Finalmente, o vapor é condensado, retornando a água para a caldeira e, assim, reiniciando um novo ciclo (Figura 4.7).

A potência mecânica obtida pela passagem do vapor através da turbina, fazendo com que ela gire, resulta em potência elétrica. A eficiência de uma termoelétrica convencional é menor que 35%, isto é, para cada 100 unidades de energia de combustível gera-se o correspondente a 35% de energia elétrica. A usina termoelétrica de ciclo combinado utiliza turbinas a gás e a vapor associadas em uma única planta, ambas gerando energia elétrica a partir da queima do mesmo combustível. Inicialmente a queima de combustível gera gases como produtos da combustão em alta temperatura, os quais são direcionados para uma turbina a gás para gerar energia elétrica. Os gases que saem do escape da turbina ainda possuem temperatura elevada e podem ser usados

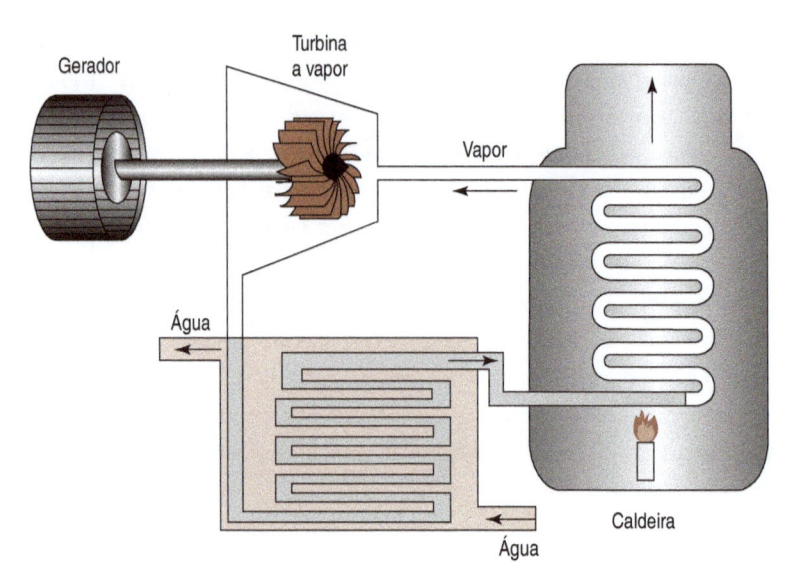

FIGURA 4.7 Esquema de geração de eletricidade por uma turbina a vapor.

para produzir vapor em uma caldeira, o qual é utilizado para movimentar uma turbina a vapor e gerar mais energia elétrica. A eficiência da usina que opera com ciclo combinado é superior à usina convencional, ou seja, cerca de 50%. No Brasil, as usinas construídas mais recentemente, as em construção e as projetadas são de ciclo combinado.

Usando gás natural como combustível, a emissão de dióxido de enxofre e material particulado é menor do que quando o combustível utilizado é carvão, óleo combustível ou outro derivado de petróleo. O problema ambiental mais grave com o uso do gás natural é a emissão de óxidos de nitrogênio (NO_x). Uma turbina queimando gás natural emite níveis maiores de NO_x que caldeiras a óleo ou carvão porque a relação entre o ar e o combustível é muito maior na queima do gás. Existe uma busca de soluções técnicas para o problema, como a utilização de queimadores com injeção de água ou vapor na zona de combustão das turbinas. Isto, além de reduzir o NO_x, ainda eleva a capacidade da turbina a gás, resultado do aumento do fluxo de massa de vapor gerado neste processo, mas o problema ainda não foi totalmente equacionado. Quando o combustível é o carvão mineral, que usualmente contém enxofre, o principal problema é a emissão de gases ácidos, resultando na deposição seca de ácidos e também na chuva ácida.

4.4.3 Energia nuclear

Alguns elementos químicos apresentam o núcleo, formado de prótons e nêutrons instáveis, conhecidos como radioisótopos. Esta instabilidade faz com que o núcleo se rompa em fragmentos menores e com liberação de energia. Este processo é conhecido como fissão. Como o que caracteriza um elemento é o número de prótons presentes no núcleo, a fissão é um processo de transmutação de elementos. A instabilidade dos radioisótopos é bem característica e pode ser prevista pelo *tempo de meia-vida*, que corresponde ao tempo em que um conjunto de N átomos sofre fissão restando $N/2$

átomos. Esse tempo pode variar de frações de segundos até bilhões de anos. Por exemplo, o cobalto 60 tem tempo de meia-vida de 5,25 anos e o carbono 14 meia-vida 5730 anos.

O núcleo do átomo de urânio pode sofrer divisão formando diferentes núcleos atômicos, um exemplo de possíveis reações é apresentado abaixo:

Reações:

$$^{235}_{92}U + 1\,^{1}_{0}n \rightarrow\,^{90}_{38}Sr +\,^{143}_{54}Xe + 3\,^{1}_{0}n + energia$$

$$^{235}_{92}U + 1\,^{1}_{0}n \rightarrow\,^{94}_{36}Kr +\,^{139}_{56}Ba + 3\,^{1}_{0}n + energia$$

$$^{235}_{92}U + 1\,^{1}_{0}n \rightarrow\,^{93}_{37}Rb +\,^{141}_{55}Cs + 2\,^{1}_{0}n + energia$$

A característica comum para a fissão do urânio é que um nêutron quebra o núcleo do urânio produzindo dois ou três nêutrons, o que pode provocar uma reação em cadeia, isto é, estes três nêutrons podem reagir cada um com um novo núcleo de urânio e formar 9 novos nêutrons, os quais em sequência, formam 27 nêutrons e assim sucessivamente. Estes nêutrons gerados no processo de fissão são rápidos, isto é, com grande energia. Nêutrons lentos (baixa energia) são mais eficientes para provocar fissão do urânio. Em reatores nucleares são utilizados moderadores como grafite e água para diminuir a energia dos nêutrons. Em reatores nucleares é preciso controlar a reação de fissão, pois a produção de nêutrons gerada por cada fissão pode fazer com que, teoricamente, mais três fissões ocorram, criando, assim, a reação em cadeia com a velocidade de reação sempre aumentando na mesma proporção da geração de nêutrons. Com uma velocidade da reação muito alta, o calor gerado pode ser tão grande que destrói a estrutura física da usina, liberando material radioativo para o ambiente. Caso a reação fique muito lenta, o calor gerado será insuficiente para gerar energia na usina.

A produção de energia baseada na fissão do urânio é muito elevada comparada com outras fontes convencionais de energia. Em uma reação de combustão existe apenas uma troca de elétrons das camadas mais externas com pouca energia envolvida no processo. Na reação nuclear, o núcleo do átomo é rompido com transformação de parte da matéria em energia. A quantidade de energia envolvida pode ser calculada pela equação proposta por Einstein, $E = mc^2$, onde E é a energia resultante, m a massa transformada e c^2 a velocidade da luz elevada ao quadrado. A energia liberada pela fissão de 1 grama de urânio é cerca de 8,2 10^{10} J e equivale à energia produzida por 3 toneladas de carvão.

Um dos principais problemas do uso do urânio é que apenas o isótopo 235 sofre fissão, e o minério natural de urânio contém apenas 0,7% dessa espécie. O processo do enriquecimento do urânio envolve várias etapas industriais, é caro e dominado por apenas alguns países. O processo da difusão é mais usado e requer inicialmente a transformação do minério de urânio em gás (UF_6). Na sequência, é necessário fazer o gás passar por diversas câmaras separadas por paredes permeáveis. A molécula do urânio 238 é cerca de 1 % mais lenta que a molécula do urânio 235 e, assim, cada nova câmara alcançada pelas moléculas do gás o torna mais rico em urânio 235. Existe um outro processo da separação baseado na centrifugação do gás, que separa as moléculas também pela diferença de massa. Este processo é usado no Brasil e é teoricamente mais vantajoso, mas ainda precisa ser melhorado, pois não permite a separação de grandes quantidades de urânio.

A usina nuclear é formada por uma câmara do reator onde é colocada a massa de urânio 235. A fissão do urânio é controlada pela introdução de barras de controle dentro do reator, com a propriedade de absorver nêutrons. O calor gerado na fissão é utilizado para aquecer um fluido que aquecerá a água dentro de uma caldeira. Todo este sistema está contido dentro de uma estrutura lacrada muito grossa construída com materiais que impedem a saída da radiação para o ambiente e que dão forma característica ao reator nuclear. O material usado na construção é geralmente concreto misturado com sais de chumbo, impermeável a todo tipo de radiação. O calor gerado na fissão é usado para ferver água e gerar o vapor que movimenta uma turbina, a qual, finalmente, movimenta um gerador de eletricidade. O vapor é liquefeito dentro do condensador e retorna ao processo (Figura 4.8). A necessidade de condensar o vapor proveniente da turbina faz com que seja também necessário o uso de grande quantidade de água para transportar o calor e dissipa-lo no ambiente. A fonte de água utilizada para servir a usina acaba recebendo de volta a água a uma temperatura mais elevada. A elevação da temperatura da água no ambiente tem duas consequências diretas, a diminuição do oxigênio dissolvido e o aumento da taxa de metabolismo dos seres vivos (lembre que a velocidade das reações depende da temperatura). Este aumento do metabolismo exige um consumo maior de oxigênio que agora está em menor concentração na água, resultado da sua maior temperatura. A consequência é que os organismos mais sensíveis acabam sendo substituídos pelos mais resistentes a menores suprimentos de oxigênio. É importante ressaltar que a água usada como refrigerante não tem contato direto com qualquer material radioativo do processo e não apresenta risco aos organismos vivos quando volta ao ambiente.

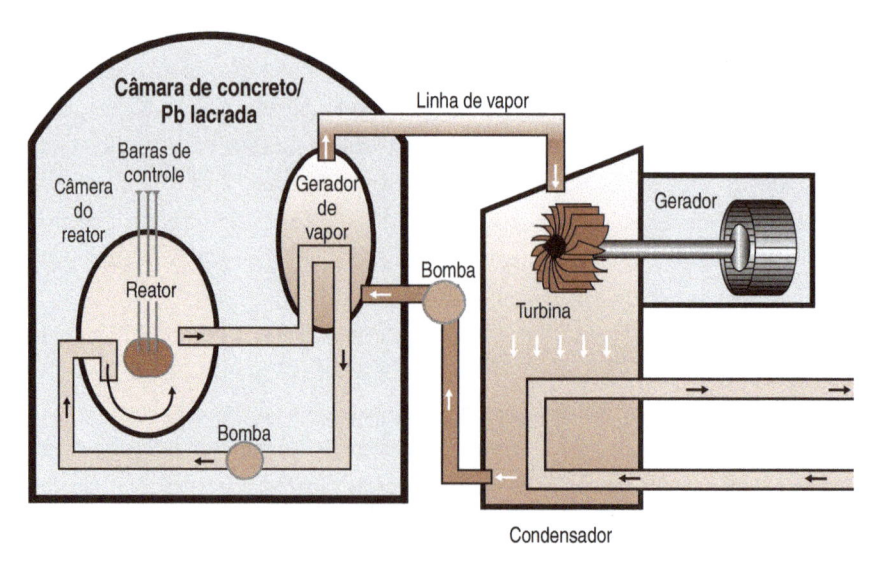

FIGURA 4.8 Esquema de uma usina nuclear para produção de energia elétrica com o reator nuclear gerando calor para um fluido primário que vaporiza a água. O vapor gira a turbina, que aciona o gerador produzindo energia elétrica. A interação do sistema com o ambiente é feita pela água utilizada como refrigerante para condensar o vapor proveniente da turbina.

Como toda indústria, a usina nuclear gera lixo (sobra de suas operações de produção de energia) e este precisa ser descartado. Mais de uma centena de diferentes núcleos de átomos podem ser formados, resultantes da fissão do urânio, e cada novo núcleo tem suas características de tempo de meia-vida, variando de frações de segundos a milhares de anos. Alguns desses elementos são perigosos aos seres humanos, por exemplo, o estrôncio 90 com meia-vida de 28 anos. Este elemento é da mesma família do cálcio (2A tabela periódica), o que significa que possuem propriedades físicas e químicas bastante similares. Quando ingerido pelo ser humano, o estrôncio radioativo pode se fixar nos ossos sendo confundido pelo organismo como um átomo de cálcio e, com isso, sua ação deletéria permanece por vários anos enquanto ele estiver fixado ao esqueleto. O descarte dos rejeitos nucleares é um problema de difícil solução, pois muitos deles precisam ser guardados em local seguro durante séculos. Em geral, o local mais conveniente é em minas profundas abandonadas, porém, existem várias dificuldades ainda não resolvidas como, qual o material usado no envoltório, considerando que a radioatividade deve durar mais que muitos materiais sugeridos? Como marcar o local para que ninguém mexa pelos próximos mil ou dois anos? *O local é no mesmo país que gerou e consumiu a energia ou o lixo atômico vai ser depositado nos países pobres e subdesenvolvidos?*

4.4.4 Energia solar

O sol é a principal fonte de energia para o nosso planeta. Como já discutido no Capítulo 3, apenas 44 % da energia solar que alcança o nosso planeta chega até a superfície. Desta energia, parte é absorvida e convertida em calor e a restante, cerca de 30%, é refletida de volta para o espaço. Para se utilizar a energia solar é necessário concentrar a energia difusa ou aproveitar melhor a capacidade de absorção de uma superfície. Usar uma lente de aumento para queimar um papel é um exemplo do primeiro caso e o fato de uma superfície preta exposta ao sol ficar mais quente que outra de mesmo material, mas de cor mais clara, é um exemplo da segunda.

Já existe utilização de equipamentos que concentram a energia solar através de espelhos côncavos refletindo-a para um determinado ponto. É possível fabricar fogões que cozinham alimentos usando este princípio. A maior dificuldade é manter os espelhos em posições diferentes para acompanhar o movimento da terra em relação ao sol e fazer com que a luz sempre fique dirigida para o ponto de interesse. Para aquecer água, ou mesmo cozinhar, é possível construir um aquecedor solar pintando um recipiente de preto e fazendo a água circular no seu interior através de uma serpentina. Para melhorar o rendimento, uma tampa de vidro ajuda a reter o calor no interior.

Para gerar energia elétrica por meio da energia solar o melhor procedimento é a utilização de celas fotovoltaicas. Um modelo bastante simplificado pode ajudar a entender o seu funcionamento. O silício (elemento da coluna 4A) possui 4 elétrons na sua última camada. Assim, em um cristal de silício puro, cada átomo faz quatro ligações covalentes envolvendo um par de elétrons com quatro diferentes átomos de silício (Figura 4.9a). A adição de átomos de arsênio, com cinco elétrons na última camada (elemento da coluna 5A), ao cristal resulta em um elétron desemparelhado no novo arranjo resultante entre os átomos de silício e os de arsênio (Figura 4.9b). O oposto ocorre quando são adicionados átomos de boro, com três elétrons na última camada (elemento da coluna 3A) ao cristal (Figura 4.9c). O boro faz apenas três ligações covalentes com

INTRODUÇÃO À QUÍMICA AMBIENTAL

```
:Si:Si:Si:Si:      :Si:Si:Si:Si:      :Si:Si:Si:Si:
:Si:Si:Si:Si:      :Si:As:Si:Si:      :Si:B:Si:Si:
:Si:Si:Si:Si:      :Si:Si:Si:Si:      :Si:Si:Si:Si:
       a                  b                  c
```

FIGURA 4.9 (a) cristal de silício, (b) cristal de silício dopado com arsênio com elétron desemparelhado ⊙, (c) cristal de silício dopado com boro com uma ligação deficiente em elétron ○.

os quatro átomos de silício sendo que na quarta ligação falta um elétron. É como se houvesse um buraco vazio dentro do cristal para ser ocupado por um elétron. A junção de dois cristais de silício, um dopado com arsênio, conhecido como cristal doador, e outro com boro, cristal aceptor, cria condições para que o elétron saia de um cristal em direção ao outro gerando uma corrente elétrica. A energia solar é fundamental para fornecer a energia necessária a esse sistema e manter a movimentação dos elétrons continuamente (Figura 4.10).

4.4.5 Energia eólica

A energia eólica, obtida pelo movimento do ar (vento), tem sido considerada uma das mais limpas do planeta, pois é abundante, renovável e disponível em diversos lugares e em diferentes intensidades, sendo uma alternativa às energias não-renováveis. O uso desse tipo de energia data do século V, na Pérsia, com os moinhos de vento utilizados para bombear água para irrigação e moagens de grãos. Os mecanismos básicos de um moinho de vento não mudaram desde então. Ou seja, o vento atinge uma hélice que ao movimentar-se gira um eixo que impulsiona uma bomba (por exemplo, um gerador de eletricidade).

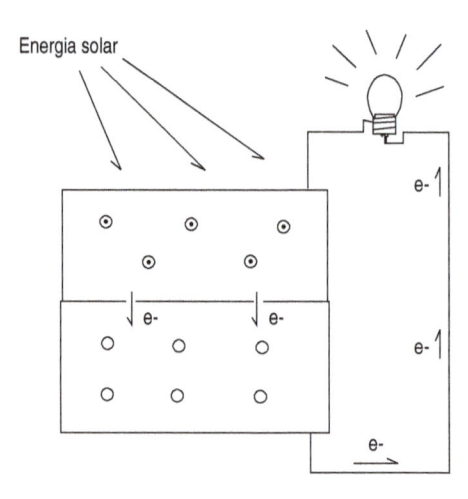

FIGURA 4.10 Diagrama esquemático de uma fotocélula solar em funcionamento com os elétrons (e-) caminhando no sentido do doador para o aceptor de elétrons dentro do cristal de silício dopado com átomos de arsênio e de boro.

Para geração de energia elétrica, as primeiras tentativas surgiram no século XIX, e a primeira turbina eólica comercial ligada à rede pública foi instalada em 1976, na Dinamarca. Os ventos são gerados pela diferença de temperatura da terra e das águas, das planícies e das montanhas, das regiões equatoriais e dos pólos do planeta. A quantidade de energia disponível no vento varia de acordo com as estações do ano e as horas do dia. A topografia e a rugosidade do solo também têm grande influência na distribuição da frequência de ocorrência dos ventos e da sua velocidade em um local. Além disso, a quantidade de energia eólica extraível numa região depende das características de desempenho, altura de operação e espaçamento horizontal dos sistemas de conversão de energia eólica instalados. As hélices de uma turbina de vento são diferentes das lâminas dos antigos moinhos porque são mais aerodinâmicas e eficientes. Elas têm o formato de asas de aviões e usam a mesma aerodinâmica. Quando em movimento, ativam um eixo ligado à caixa de mudança e, através de uma série de engrenagens, a velocidade do eixo de rotação aumenta. Este está conectado ao gerador de eletricidade.

Esquema de usina eólica para geração de energia elétrica

Embora não queimem combustíveis fósseis e não emitam poluentes, fazendas eólicas não são totalmente desprovidas de impactos ambientais. Elas alteram paisagens com suas torres e hélices e podem ameaçar pássaros quando instaladas em rotas de migração. Emitem certo nível de ruído (de baixa frequência) e, além disso, podem causar interferência na transmissão de sinais de televisão. Em regiões onde o vento não é constante, ou a intensidade é muito fraca, obtém-se pouca energia e quando ocorrem chuvas muito fortes, há considerável desperdício de energia. Embora os custos relacionados aos geradores eólicos sejam elevados, o vento é uma fonte inesgotável e o retorno financeiro pode ser em curto prazo. Na crise energética atual, as perspectivas de utilização da energia eólica são cada vez maiores no panorama energético geral, pois apresentam um custo reduzido em relação a outras opções de energia. Existem cerca de 30 mil turbinas eólicas de grande porte em operação no planeta, com capacidade instalada da ordem de 13.500 MW, e esse mercado tem se intensificado, principalmente nos Estados Unidos, Alemanha, Dinamarca e Espanha, onde a potência adicionada anualmente supera 3.000 MW. A energia eólica pode garantir 10% das necessidades mundiais de eletricidade até 2020, pode criar 1,7 milhão de novos empregos e reduzir a emissão global de dióxido de carbono na atmosfera em mais de 10 bilhões de toneladas.

No Brasil, estima-se que o potencial eólico esteja na ordem 60.000 MW, entretanto, sua participação na geração de energia elétrica ainda é pequena. Entre as centrais eólicas destacam-se as de Taiba e Prainha, no Estado do Ceará, que representam 68% do parque eólico nacional, e essa energia é consumida por aproximadamente 160 mil pessoas. Outras instalações foram feitas também no Paraná, em Santa Catarina, em Minas Gerais, no litoral do Rio de Janeiro e de Pernambuco e na ilha de Marajó. A capacidade instalada no Brasil é de 20,3 MW, com turbinas eólicas de médio e grande porte conectadas à rede elétrica. Vários estados brasileiros seguiram o exemplo do Ceará, iniciando programas de levantamento de dados de ventos. Hoje existem mais de cem anemógrafos computadorizados espalhados pelo

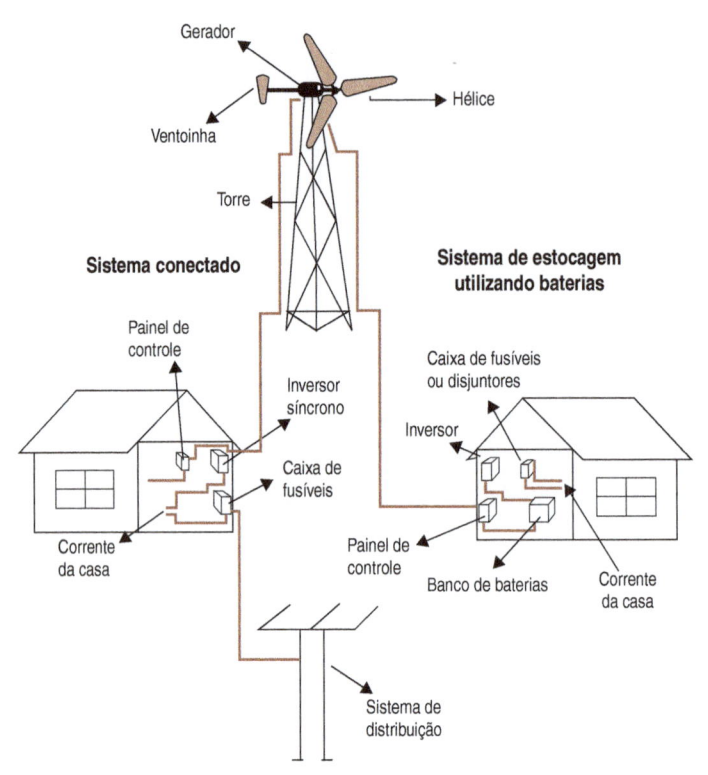

FIGURA 4.11 Esquema de usina eólica para geração de energia elétrica (Adaptado de Ferreira e Leite, [2008?]).

território nacional. Considerando o grande potencial eólico do Brasil, confirmado por meio de estudos recentes, é possível produzir eletricidade a custos competitivos com centrais termoelétricas, nucleares e hidroelétricas.

4.4.6 Pilhas de combustível

Outra forma possível de gerar energia elétrica é usar produtos químicos que reagem entre si trocando elétrons, reações conhecidas como de oxi-redução. Os exemplos mais comuns são as pilhas vendidas no comércio, de vários tamanhos, e as baterias de carro e telefone celular. Existe um outro tipo de pilha que para funcionar é necessária contínua introdução de material combustível e ela é conhecida como pilha de combustível. Em uma pilha de combustível, um combustível é oxidado para gerar eletricidade. A reação de oxidação é similar àquela que o combustível sofre em uma reação de combustão. Porém, nesta não há mecanismos de partes móveis sofrendo atrito e perdendo energia na forma de calor, o que resulta em eficiência da ordem de 40 a 80%. A pilha de combustível é bastante similar, pelo menos em funcionamento, com a pilha comum ou baterias. A principal diferença é que na pilha comum, os reagentes estão armazenados no seu interior e quando são consumidos ela deixa de funcionar.

Alguns modelos permitem que se faça a recarga, quando é necessário que ela seja conectada a uma fonte de energia para reverter a reação. Na pilha de combustível, os reagentes são constantemente adicionados gerando energia continuamente. O gás de hidrogênio (H_2) pode ser utilizado como combustível em uma pilha de combustível. Quando queimado, o hidrogênio reage com oxigênio (O_2) formando água:

$$H_2 \text{ (gás)} + 1/2\, O_2 \text{ (gás)} \rightarrow H_2O \text{ (l)} \qquad \Delta H = -68{,}4 \text{ kcal}$$

a mesma reação pode ser feita em etapas separadas sobre os eletrodos da pilha:

$$\text{anodo: } H_2 \text{ (gás)} \rightarrow 2H^+ + 2\,e$$

$$\text{catodo: } 1/2\, O_2 \text{ (gás)} + 2\,e \rightarrow O^{-2}$$

$$\text{reação global: } H_2 \text{ (gás)} + 1/2\, O_2 \text{ (gás)} \rightarrow H_2O \text{ (l)}$$

Uma pilha de hidrogênio funcionando a 25°C (Figura 4.12) produz uma tensão de cerca de 1 volt, o que torna necessário o funcionamento de várias delas em série para produzir uma corrente útil. Para o bom funcionamento da pilha são utilizados materiais recobertos com catalisadores na fabricação dos anodos e catodos para ocorrer reações com maior velocidade. Combustíveis como gás natural e etanol estão sendo utilizados em diferentes montagens de pilhas, e o ar atmosférico é mais fácil de utilizar que o oxigênio puro. Apesar de existirem algumas pilhas de combustível em funcionamento elas ainda são limitadas para poucas aplicações práticas. Espera-se que no futuro, com a utilização de novos materiais e catalisadores, esse tipo de arranjo para obter energia tenha maior utilização, em especial para uso em veículos.

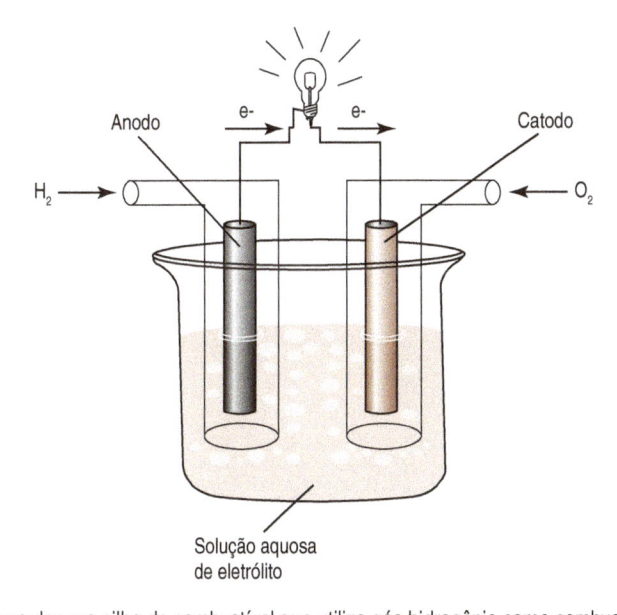

FIGURA 4.12 Esquema de uma pilha de combustível que utiliza gás hidrogênio como combustível.

EXERCÍCIOS

- Faça uma lista das formas de energia que você usou nas últimas 24 horas. Como você poderia ter economizado energia sem afetar significativamente suas atividades?
- A lenha é uma fonte de energia renovável. Aponte vantagens e desvantagens do uso da lenha como fonte de energia.
- Por que o ônibus é melhor que o automóvel como meio de transporte dentro das cidades?
- Muitas vezes, em uma visão simplista, pensamos que andar cerca de 10 km de automóvel consome cerca de 1 L de combustível. Porém, o gasto de energia para que isso seja possível é muito maior. Considere que um simples deslocamento requer: carro, estrada, disponibilidade de combustível etc. Faça uma lista dos principais gastos de energia envolvidos no processo.
- (Pesquisa) Como funciona uma usina nuclear? Quais são os resíduos gerados por ela? Quais são as consequências para a vida, caso esses resíduos sejam descartados no ambiente? Como eles são usualmente descartados? Onde as usinas nucleares estão localizadas no Brasil?
- Calcular a distância que o gás SO_2 pode ser transportado na atmosfera, considerando-se que seu tempo de residência é de dois dias e que o vento que sopra na região encontra-se a uma velocidade de 300 m min^{-1}.
- Por que um gás como o CO_2 tem sua emissão controlada por acordos internacionais, enquanto o gás NO_2 depende da legislação de cada país emissor?
- (Pesquisa) Quais as consequências para o ambiente do uso de bateria para produção de energia. Quais os tipos de bateria existentes no mercado?
- (Pesquisa) O que é célula de combustível? Por que o uso de energia proveniente de uma célula de combustível é conveniente para o ambiente?
- Quais as consequências ambientais após a instalação de uma termoelétrica utilizando como combustível o gás natural? Considere as seguintes regiões:
  - região industrial com pólo petroquímico e indústrias de solventes;
  - região semirrural com ventos constantes;
  - região de um vale reflorestado com pínus e eucalipto, onde existe uma grande fábrica de celulose e papel (que emite compostos reduzidos de enxofre).

REFERÊNCIAS

CARDOSO, A. A.; MACHADO, C. M. D.; PEREIRA, E. A. Biocombustível: o mito do combustível limpo. *Química Nova na Escola*, v. 28, p. 9-14, 2008.

FERREIRA, R.; LEITE, B.M.C. *Aproveitamento de energia eólica*. Disponível em: <http://www.fem.unicamp.br/~em313/paginas/eolica/eolica>. Acesso em: 2008.

GERRIS, R. et al. Biodiesel de soja: reação de transesterificação para aulas práticas de química orgânica. *Química Nova*, v. 30, p. 1369-1373, 2007.

OLIVEIRA, F. C. C.; SUAREZ, P. A. Z.; SANTOS, W. L. P. Biodiesel: possibilidades e desafios. *Química Nova na Escola*, v. 28, p. 3-8, 2008.

RINALDI, R. et al. Síntese do biodiesel: uma proposta contextualizada de experimento para laboratório de química geral. *Química Nova*, v. 30, p. 1374-1380, 2007.

5

LITOSFERA

(...) Afagar a terra
Conhecer os desejos da terra
Cio da terra a propícia estação e
Fecundar o chão (...)

Milton Nascimento e Chico Buarque (1976)

5.1 ORIGEM E FORMAÇÃO DA LITOSFERA

Para melhor entendimento dos fenômenos ambientais, é de fundamental importância sempre raciocinar com base nos ciclos biogeoquímicos. Ou seja, as ocorrências devem ser sempre interpretadas considerando-se os importantes fluxos de matéria e energia, os quais ocorrem dinamicamente entre os três grandes compartimentos reguladores: litosfera, hidrosfera e atmosfera.

Embora, para fins didáticos, algumas vezes as questões ambientais sejam discutidas de forma compartimentalizada, não se pode esquecer que sempre estão ocorrendo fluxos (trocas) de energia e matéria entre os reservatórios.

Hipóteses sobre a formação do planeta Terra baseiam-se em fluxos – por exemplo, considerando-se que, há cerca de 5 bilhões de anos, nosso planeta era uma bola de minerais fundidos e incandescentes como a lava dos vulcões. Em seguida iniciou-se um lento processo de resfriamento dessa massa incandescente, com formação das primeiras rochas e da atmosfera, sendo esta decorrente da aglomeração de gases ao redor do planeta. Foi então que, submetida a uma pressão atmosférica 300 vezes maior que a atual, a água conseguiu passar para o estado líquido, acumular-se em determinadas regiões e iniciar o processo cíclico de precipitação, evaporação, formação de nuvens e novas precipitações, que ocorrem até hoje.

A atmosfera daquela época possuía composição química diferente da atual. Era muito mais corrosiva, em consequência das contínuas erupções vulcânicas que lançavam ao espaço enormes quantidades de gás carbônico, enxofre e cloro, os quais se transformaram em ácido carbônico, sulfúrico e clorídrico, respectivamente. Esses compostos, dissolvendo-se nas águas da chuva, transformavam-na em um líquido extremamente corrosivo.

Assim, ao mesmo tempo em que as chuvas permitiram o resfriamento das rochas superficiais, que se solidificavam, iniciou-se um duplo processo de desgaste e desagregação dessas, ou seja, a abrasão e o ataque químico. Esses processos, auxiliados pelo calor escaldante do dia e pelo forte frio da noite, levaram à quebra das rochas em pedaços de diferentes granulometrias, como pedras, cascalho, areia e argila.

Ao longo do tempo, rochas sedimentares formadas no fundo dos oceanos vieram à superfície, e o contrário também ocorreu. Sedimentos que já estavam na superfície, inclusive formando solos férteis cobertos de florestas, afundaram em consequência de movimentos tectônicos e foram recobertos, posteriormente, por novas rochas sedimentares ou mesmo vulcânicas. Esse processo originou grandes depósitos de plantas e micro-organismos fossilizados, os quais constituem as jazidas de carvão e de petróleo, hoje utilizadas como fontes de energia. Além desses materiais, retiram-se ainda do subsolo inúmeros minerais que são matéria-prima para a indústria, como ferro, enxofre e manganês.

Todo esse lento processo cíclico de formação dos solos e sua associação com micro-organismos e plantas levaram milhões de anos para se concretizar. Ele permitiu o crescimento dos vegetais em terra firme, pois até então, devido à atmosfera altamente inóspita, viviam somente nos mares, que ocupavam a maior parte da superfície terrestre. Por conseguinte, surgiram também os primeiros animais terrestres, com os vegetais e o solo criando estruturas e sistemas cíclicos cada vez mais complexos, constituindo a natureza terrestre atual.

O solo pode ser representado como um ciclo natural em que participam fragmentos de rochas, minerais, água, ar, seres vivos e seus detritos em decomposição. Estes resultam de fatores climáticos no decorrer do tempo e da atividade combinada de micro-organismos decompondo restos de animais/vegetação. Dessa forma, o solo é considerado resultado das interações da litosfera, hidrosfera, atmosfera e biosfera. Os principais processos que levaram à sua formação são apresentados na Figura 5.1.

5.2 COMPOSIÇÃO DOS SOLOS

Os solos possuem três fases – sólida, líquida e gasosa –, cujas proporções relativas variam de solo para solo e, em um mesmo solo, com as condições climáticas, a presença de plantas e manejo. Em geral, na composição volumétrica porcentual de um solo que apresenta ótimas condições para o crescimento de plantas, verificam-se 50% de fase sólida (45% de origem mineral e 5% de orgânica), 25% de fase líquida e 25% de fase gasosa. Os quatro componentes (mineral, orgânica, líquida e gasosa) estão intimamente misturados, permitindo a ocorrência de reações e constituindo um ambiente adequado para a vida vegetal (Malavolta, 1976).

5.2.1 Fase sólida

A fração mineral da fase sólida é resultante da desagregação física das rochas. Portanto, possui dimensões bem menores, porém, com composição química idêntica à da rocha-mãe, da qual originou-se. A fração orgânica é constituída pela porção do solo formada de substâncias provenientes de plantas e animais mortos, bem como por produtos intermediários de sua de-

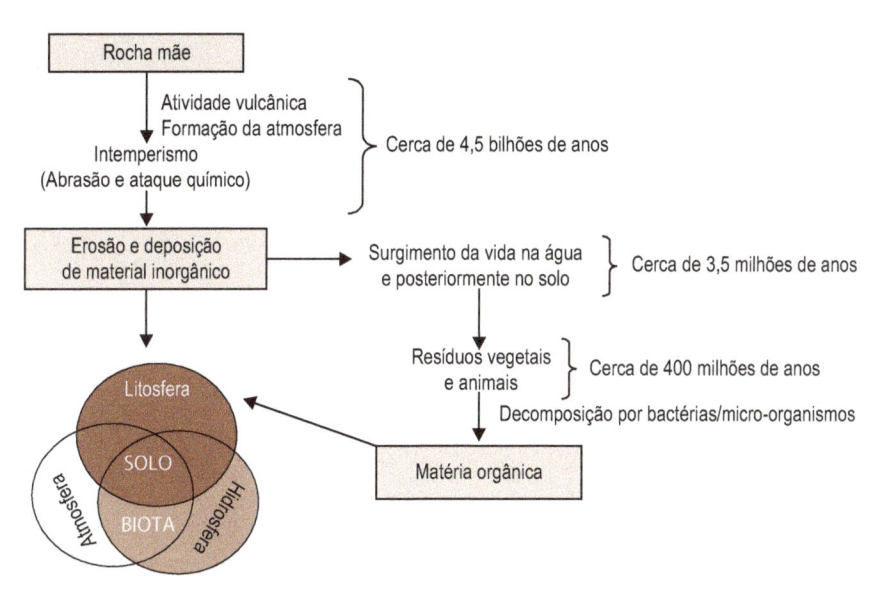

FIGURA 5.1 Processo de formação do solo.

gradação biológica, feita por bactérias e fungos. O material orgânico de fácil decomposição é transformado em gás carbônico, água e sais minerais.

Nos solos férteis, com densa vegetação, existe uma complexa fauna constituída de pequenos mamíferos, como ratos e outros roedores, além de minúsculos protozoários, minhocas, insetos e vermes, os quais desempenham função muito importante na trituração, aeração, decomposição e mistura da matéria orgânica no solo.

5.2.2 Fase líquida

Representa a chamada solução do solo "uma solução de eletrólitos quase em equilíbrio, que ocorre no solo em condições de não-saturação de umidade". E isso é assim porque a água do solo contém numerosos materiais orgânicos e inorgânicos, os quais foram dissolvidos da fase sólida.

As principais características do conceito de solução do solo são:

- constitui uma parte maior do fator de intensidade no fornecimento de nutrientes para as plantas;
- é o meio para a maioria dos processos químicos e biológicos que ocorrem no solo;
- é o principal meio para o transporte de materiais no solo.

Sempre que chove, ou quando se pratica a irrigação, as águas infiltram-se, preenchendo os espaços existentes entre as partículas de solo. A quantidade de água absorvida depende da permeabilidade do solo, pois, quando ela é pequena, a maior parte da água escorre pela superfície, em direção aos vales e rios, carregando consigo grandes quantidades de sedimentos e elementos nutritivos. Esse fenômeno natural é chamado de erosão e está ilustrado na Figura 5.2.

FIGURA 5.2 Desenho ilustrativo do processo de erosão em solos.

O fluxo de matéria e energia e as importantes inter-relações entre os três grandes compartimentos – atmosfera, hidrosfera e litosfera – podem ser exemplificados pela água da chuva. Esta, ao se formar na atmosfera, já constitui uma solução de vários elementos e compostos químicos absorvidos do ar. Quando há precipitação, além das diversas espécies trazidas da atmosfera ao atravessar as camadas de solo, a água da chuva passa a transportar também outras substâncias até chegar às raízes. Ademais, a capacidade da água de dissolver diferentes substâncias no solo é ainda bastante ampliada pela presença do gás carbônico resultante da respiração das raízes e dos micro-organismos.

O Quadro 5.1 resume dados compilados sobre a composição da solução do solo. Vê-se que todos os macronutrientes, exceto o fósforo, geralmente estão presentes em concentrações da ordem de 10^{-3} a 10^{-4} mol L^{-1}. Em geral, o fósforo apresenta menor concentração, de 10^{-5} a 10^{-6} mol L^{-1}.

QUADRO 5.1 Composição típica da solução do solo

Elementos	Solos em geral mol L^{-1} (10^{-3})	Solos ácidos
Nitrogênio (N)	0,16-55	12,1
Fósforo (P)	0,001-1	0,007
Potássio (K)	0,2-10	0,7
Magnésio (Mg)	0,7-100	1,9
Cálcio (Ca)	0,5-38	3,4
Enxofre (S)	0,1-150	0,5
Cloro (Cl)	0,2-230	1,1
Sódio (Na)	0,4-150	1,0

Adaptado de Malavolta (1976).

Todos esses elementos químicos existem em quantidades limitadas no solo. Nos ambientes naturais, eles são continuamente reciclados; isto é, à medida que absorvidos pelas raízes, são novamente depositados na superfície do solo por meio da queda contínua de folhas, frutos, ramos e outras partes vegetais. Ou, ainda, participam de um ciclo biogeoquímico maior, transferindo-se para outros compartimentos, como a hidrosfera e/ou a atmosfera.

5.2.3 Fase gasosa

Outra caracterização da dinâmica de fluxos entre os compartimentos é a constatação de que a fase gasosa do solo apresenta, qualitativamente, os mesmos componentes principais presentes no ar atmosférico. Entretanto, do ponto de vista quantitativo, pode haver grandes diferenças, conforme o Quadro 5.2. Ou seja, devido à respiração das raízes e dos micro-organismos, à decomposição da matéria orgânica e a reações ocorridas no solo, há consumo de O_2 e liberação de CO_2 com constantes alterações nos fluxos entre os compartimentos; consequentemente, a composição do ar do solo não é fixa.

O ar circulante no interior do solo é a fonte de oxigênio para a respiração das células das raízes, bem como dos micro-organismos e pequenos animais produtores de húmus (ver Capítulo 6). A maioria das plantas cultivadas requer solos bem arejados, para um máximo desenvolvimento radicular. De modo geral, os sintomas de falta de oxigênio (amarelecimento das folhas, por exemplo) aparecem quando a concentração de O_2 nos espaços porosos é muito inferior a 15%. Em contrapartida, parece não haver benefício em aumentar tal concentração acima de 21%.

5.3 CLASSIFICAÇÃO DOS SOLOS

Atualmente, na maior parte do mundo é utilizado o sistema de classificação denominado genético-natural, que está baseado nas características e nos fatores que levaram à formação do solo. O Quadro 5.3 exibe as diferentes características dos principais solos encontrados no Estado de São Paulo.

Os latossolos foram formados sob ação de lavagens alcalinas em regiões quentes e úmidas florestadas. Isso determinou a perda de parte da sílica (eluviação) do material original, permanecendo os óxidos de ferro e de alumínio. A argila silicatada presente é a caolinita.

Solos argilosos (argilosolos – podzólicos) são formados sob processo de lavagens ácidas sobre material de origem arenosa, em regiões úmidas e florestadas. Como consequência de tais

QUADRO 5.2 Composição média dos principais componentes presentes no ar atmosférico e no ar do solo

Ar	Componentes (%)		
	O_2	CO_2	N_2
Atmosférico	21	0,03	72
No solo	19	0,9	79

Adaptado de Malavolta (1976).

QUADRO 5.3 Limites de variação dos constituintes de alguns solos do Estado de São Paulo

Solos	pH	C (%)	N (%)	K⁺	Ca²⁺	Mg²⁺	H⁺	Al³⁺
				equiv. mg trocável / 100 g de terra				
Latossolos	4,0-6,1	0,42-4,08	0,03-0,38	0,04-0,77	0,17-6,25	0,10-2,42	2,58-9,49	0,25-3,40
Argilossolos (Podzólicos)	4,1-7,6	0,28-2,51	0,03-0,21	0,03-0,50	0,63-22,19	0,11-2,46	1,05-5,16	0,00-4,89
Gleissolos (Hidromórficos)	3,8-5,6	0,82-3,31	0,06-0,29	0,04-0,07	0,76-1,16	0,60-0,77	4,61-6,23	2,08-3,40
Neossolos (Litossolos)	4,30-5,10	1,15-3,12	0,18-0,41	0,20-0,78	0,79-27,17	1,18-8,42	0,00-6,27	0,00-7,06
Neossolos regolíticos (Regossolos)	4,50-5,30	0,33-0,93	0,03-0,07	0,02-0,06	0,14-1,56	0,02-0,44	1,25-1,42	0,54-0,78

Adaptado de Malavolta (1976).

lavagens, as argilas são arrastadas para o interior do solo, ficando as camadas superficiais mais arenosas, como ilustrado na Figura 5.3.

Solos formados sob excesso de água em condições de aeração deficiente são denominados gleissolos (hidromórficos). Estes solos, de coloração acinzentada, geralmente são ácidos, pobres em cálcio e magnésio e possuem acúmulo de matéria orgânica nas camadas superficiais.

Neossolos (litossolos) são solos jovens, pouco desenvolvidos e de pequena espessura, assentados diretamente sobre as rochas consolidadas ou, às vezes, aflorando à superfície.

Neossolos regolíticos (regossolos) se caracterizam por serem solos profundos, ainda que em início de formação arenosa, e, portanto, com drenagem excessiva. Apresentam camada superficial mais escurecida, devido à presença de matéria orgânica.

FIGURA 5.3 Perfil característico de argilossolos (solos podzólicos) da bacia do Rio Negro, AM.

5.3.1 Perfil do solo

O solo não é formado apenas pela camada superficial de alguns centímetros (cerca de 20 cm) que o agricultor cultiva, mas também por outras camadas abaixo desta. Em geral, as características do solo variam com a profundidade, por causa da maneira pela qual ele se formou ou depositou, em razão das diferenças de temperatura, teor de água, concentração de gases (particularmente CO_2 e O_2) e movimento descendente de solutos e de partículas. Ou seja, trata-se de fluxos de material formando diferentes camadas (denominadas horizontes), as quais podem ser identificadas a partir do exame de uma seção vertical do solo denominada *perfil do solo* (Figura 5.4). Os horizontes se diferenciam por espessura, cor, distribuição e arranjos das partículas sólidas e poros, distribuição de raízes e outras características resultantes das interações de fatores influenciadores na formação do solo. A caracterização mais detalhada dos horizontes permite que o agricultor identifique, classifique e planeje o manejo mais adequado para o solo.

Os horizontes são designados por letras maiúsculas. Assim, A, B e C representam os principais horizontes do solo. As letras O e R são também utilizadas para identificar um horizonte orgânico em solos minerais e a rocha inalterada, respectivamente. As principais características dos horizontes que um solo pode conter são:

- *Horizonte O* – horizonte orgânico com matéria orgânica recente ou em decomposição. Em condições de má drenagem, é denominado horizonte H.

Características das camadas no perfil do solo

(O) Horizonte orgânico com matéria orgânica recente e/ou em decomposição.

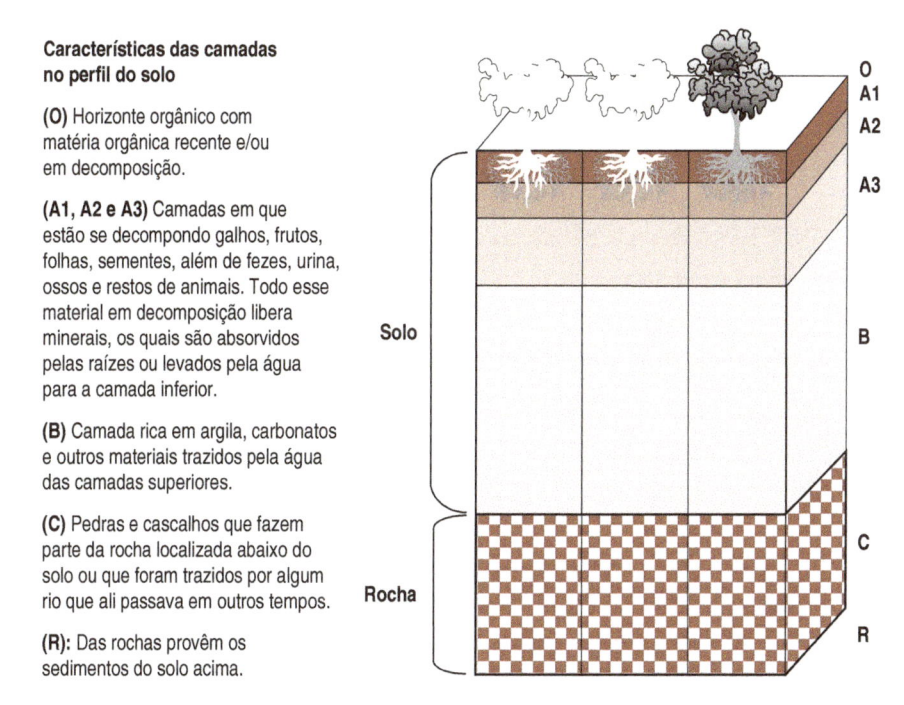

(A1, A2 e A3) Camadas em que estão se decompondo galhos, frutos, folhas, sementes, além de fezes, urina, ossos e restos de animais. Todo esse material em decomposição libera minerais, os quais são absorvidos pelas raízes ou levados pela água para a camada inferior.

(B) Camada rica em argila, carbonatos e outros materiais trazidos pela água das camadas superiores.

(C) Pedras e cascalhos que fazem parte da rocha localizada abaixo do solo ou que foram trazidos por algum rio que ali passava em outros tempos.

(R): Das rochas provêm os sedimentos do solo acima.

FIGURA 5.4 Camadas de um perfil genérico de solo (Adaptada de Rodrigues, 2001).

- *Horizonte A* – resultante do acúmulo de material orgânico misturado com material mineral. Geralmente apresenta coloração mais escura, devido ao material orgânico humificado (ver Capítulo 6). Em solos em que há eluviação (transporte vertical de material solúvel) muito intensa, forma-se uma camada de cores claras, com menor concentração de argila abaixo do horizonte A.
- *Horizonte B* – caracterizado pelo acúmulo de argila, ferro, alumínio e pouca matéria orgânica. É denominado horizonte de acúmulo ou iluvial. O conjunto dos horizontes A e B caracteriza a parte do solo que sofre a influência das plantas e dos animais.
- *Horizonte C* – camada de material não-consolidado, com pouca influência de organismos, geralmente apresentando composição química, física e mineralógica similar à do material em que se desenvolve o solo.
- *Rocha* – rocha inalterada que poderá ser, ou não, a rocha matriz a partir da qual o solo se desenvolveu.

5.4 PROPRIEDADES FÍSICO-QUÍMICAS DOS SOLOS

As propriedades físico-químicas dos solos se devem principalmente à elevada superfície específica e à alta reatividade apresentadas pelos componentes da fração argila. Esta geralmente é constituída por minerais secundários, óxidos de ferro e de alumínio cristalinos ou amorfos e matéria orgânica. Apresentam tamanhos iguais ou inferiores a 4 μm, caráter coloidal e carga líquida negativa, saturada por cátions diversos. De modo geral, essas características são devido a certas propriedades estruturais da fase dispersa, como tamanho, forma e área superficial das partículas. Portanto, em decorrência dos diferentes mecanismos de formação, tem sido admitido que a carga total negativa dos solos é constituída por duas componentes: uma constante, denominada "carga permanente", e outra variável, denominada "dependente do pH".

O silte (partículas de diâmetro de 62,0-4,0 μm) e a areia (partículas de diâmetro de 200-62 μm), são menos eficientes nos processos químicos, pois constituem-se de partículas mais grossas de minerais primários e quartzos.

5.4.1 Capacidade de troca catiônica (CTC) de solos

É definida como a quantidade de cátions adsorvidos reversivelmente por unidade de massa de material seco e expressa a capacidade do solo de trocar cátions. A quantidade destes é fornecida pelo número de cargas positivas (centimol ou milimol) e a massa de solo seca, geralmente 100 g ou 1000 g. Os valores encontrados para minerais argilosos variam de 1 a 150 centimol kg^{-1}, enquanto a CTC para a matéria orgânica pode atingir 400 centimol kg^{-1}, devido ao grande número de grupos oxigenados, particularmente carboxílicos (–COOH), os quais podem ligar e trocar cátions.

Do ponto de vista da fertilidade dos solos, são desejados valores elevados de CTC, pois maiores quantidades de cátions podem ser armazenadas e, posteriormente, cedidas às raízes dos vegetais mediante reações de troca iônica na interface raiz/solo (fluxos entre reservatórios).

5.4.2 Acidez do solo

De acordo com o conceito de Bronsted e Lowry, uma substância ácida é aquela que tende a ceder prótons (íons hidrogênios, H^+) a uma outra e base é qualquer substância que tende a aceitá-los. Quando em solução aquosa, o ácido se dissocia ou se ioniza, gerando H^+ e o ânion correspondente:

$$HA \rightleftharpoons H^+ + A^-$$
$$\text{ácido} \quad \text{próton} \quad \text{ânion}$$

Diz-se que os H^+ dissociados (segundo membro da equação) correspondem à acidez ativa e que o HA, no primeiro membro, indica a acidez potencial. Quanto mais o equilíbrio da reação se desloca para a direita, maior é a atividade em H^+ e mais forte é o ácido. Em meio aquoso, o H^+ está sempre hidratado e, por isso, predomina como hidrônio, H_3O^+ ($H_2O + H^+ \rightarrow H_3O^+$). Entretanto, é muito mais comum, embora menos rigoroso, falar-se em H^+ que em H_3O^+.

No caso de ácidos fortes, a acidez ativa se aproxima da potencial. Todavia, em se tratando de ácidos fracos, ela é inferior a esta. Por tal motivo, no segundo caso a medição da acidez total não oferece indicação da acidez ativa. A noção que os solos ácidos poderiam ser neutralizados com cargas (carbonatos de cálcio e de magnésio misturados com argila) já era conhecida dos gauleses, gregos e romanos e Plínio escreveu a respeito dela no primeiro século da era cristã.

Admite-se, hoje, que a acidez do solo é constituída de duas frações:

- *Fração trocável* – corresponde principalmente ao alumínio (Al^{3+}) adsorvido no complexo de troca.
- *Fração titulável* – corresponde principalmente ao H^+ ligado covalentemente a compostos da matéria orgânica (grupos carboxílicos e fenólicos) e, possivelmente, ao alumínio ligado aos complexos argila-matéria orgânica.

Como a fração titulável se deve aos íons Al^{3+} e H_3O^+, fortemente retidos aos minerais da argila e matéria orgânica, evidenciando-se somente por extração em pH mais elevado, pode-se aceitar que, nas condições normais dos solos, o alumínio é o principal responsável pela acidez.

5.4.3 Processos de oxidação e redução em solos

Solos podem sofrer variações em seus estados de oxidação-redução (redox), influenciando principalmente as características de elementos como C, N, O, S, Fe e Mn, além daquelas dos elementos Ag, As, Cr, Cu, Hg e Pb. Os equilíbrios redox são controlados pela atividade de elétron livre, podendo ser expressos pelos valores de pE (o logaritmo negativo da atividade do elétron) ou E_h (a diferença, em milivolt, do potencial entre o eletrodo de platina-Pt e o eletrodo-padrão de hidrogênio-H). O fator de conversão de unidades é E_h (mV) = 59,2 pE. Altos valores de pE (ou E_h) favorecem a existência de espécies oxidadas e baixos ou negativos valores de pE (ou E_h) estão associados à presença de espécies reduzidas.

O potencial redox E_h pode ser medido utilizando-se um eletrodo de Pt e calomelano conectados a um multímetro, e as medidas de E_h podem ser usadas para determinar se condições oxidantes ou redutoras predominam no solo. Reações catalíticas em solos são frequentemente lentas, mas podem ser catalisadas por micro-organismos que podem sobreviver em longos intervalos de pH e pE encontrados em solos (pH 3-10 e pE +12,7 a −6,0). A respiração de micro-organismos aeróbicos, microfauna e raízes de plantas também influenciam no estado redox de solos, pois consomem grandes quantidades de oxigênio.

A combinação de efeitos de E_h (ou pE) e pH nas espécies Fe e Mn é apresentada na Figura 5.5. Nela se observa que óxidos de Fe e Mn podem ser dissolvidos pela diminuição do pH e E_h, sendo os óxidos de Mn mais facilmente dissolvidos que os de Fe. Também se observa que o aumento de E_h e pH leva à precipitação de óxidos de Fe, antes dos óxidos de Mn, e que pequenas mudanças nos valores de E_h e pH influem fortemente na dissolução ou precipitação de óxidos de Fe.

Algumas espécies podem sofrer influências, indiretamente, por mudanças nas condições redox de solos. Por exemplo, íons sulfato podem ser reduzidos a sulfetos, com valores de pE abaixo de -2,0, sendo possível a ocorrência da precipitação de sulfetos metálicos, como FeS_2, HgS, CdS, CuS, MnS e ZnS. Ademais, a dissolução de óxidos de Mn, Al e Fe, sob condições redutoras, pode liberar para a solução do solo metais coprecipitados, como Zn, Co, Ni, Cu e Mn.

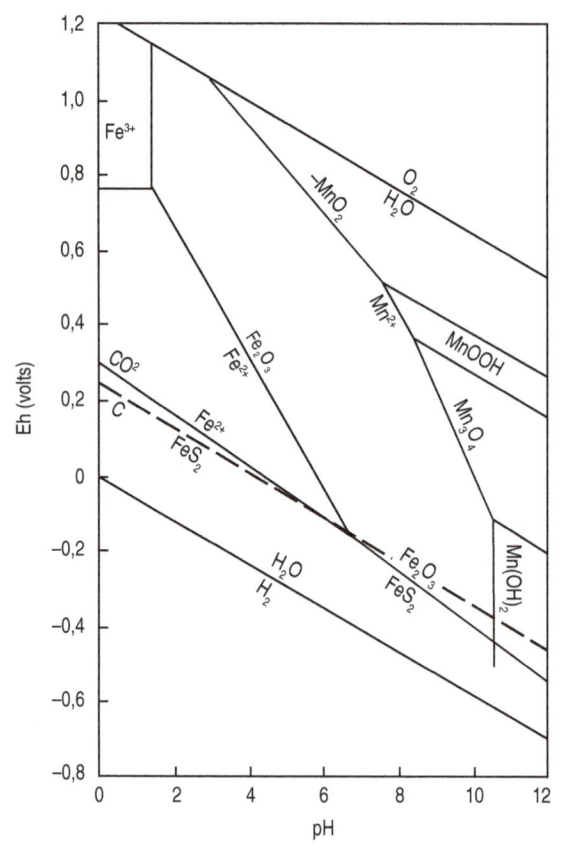

FIGURA 5.5 Diagrama de E_h/pH mostrando a estabilidade de óxidos de ferro e manganês, pirita e carbono orgânico (Adaptada de Rose, Hawkes e Webb, 1979).

5.4.4 Adsorção de metais em solos

O mais importante processo químico a influenciar o comportamento e a biodisponibilidade de metais em solos está associado à adsorção de metais da fase líquida na fase sólida. Esses processos controlam a concentração de íons metálicos e seus complexos na solução do solo e exercem grande influência no seu acúmulo em plantas.

Os óxidos de Al, Fe e Mn são os principais constituintes do solo relacionados a reações de adsorção. Resultados têm mostrado que algumas espécies metálicas podem ser adsorvidas, em maiores quantidades, em estruturas iônicas complexadas na matéria orgânica de solos. A capacidade de adsorção de zinco em óxidos de ferro e alumínio é, respectivamente, 7 a 26 vezes mais elevada em relação à capacidade de troca catiônica do solo com pH 7,6.

A adsorção específica é fortemente dependente do pH e está relacionada à hidrólise dos metais. Assim, os metais com maiores possibilidades de formar hidroxocomplexos são mais adsorvíveis. Os valores de pK da reação determinam o comportamento de adsorção de diferentes metais em solos. A adsorção específica aumenta com a diminuição dos valores de pK, mas, no caso de Cu e Pb, que têm os mesmos valores de pK, o Pb com maior tamanho iônico é mais fortemente adsorvido. Brummer (1986) verificou aumento da adsorção específica na seguinte ordem, para alguns metais: Cd (pK = 10,1) < Ni (pK = 9,9) < Co (pK = 9,7) < Zn (pK = 9,0) << Cu (pK = 7,7) < Pb (pK = 7,7) < Hg (pK = 3,4).

Íons metálicos adsorvidos em superfícies minerais podem se difundir no solo. A velocidade de difusão relativa aumenta com o pH até um valor máximo correspondente ao valor de pK, quando a velocidade de difusão relativa diminui. Também essa última está associada ao diâmetro iônico, sendo que, quanto menor, maior será sua velocidade de difusão; por exemplo, para Cd, Zn e Ni com diâmetros de 0,97, 0,74 e 0,60 nm, respectivamente, observa-se um aumento da velocidade de difusão na seguinte ordem: Ni > Zn > Cd.

Descrição quantitativa da adsorção de metais

Tradicionalmente, a adsorção de íons em solos tem sido descrita quantitativamente pelas isotermas de adsorção de Langmuir ou Freundlich. A equação de Langmuir apresenta-se como:

$$\frac{C}{x/m} = \frac{1}{Kb} + \frac{C}{b}$$

onde C é a concentração do íon em equilíbrio na solução, x/m é a quantidade de C adsorvido por unidade de adsorvato, K é uma constante relacionada à energia de ligação e b é a máxima quantidade de íons adsorvida pelo adsorvente. Essa equação pode ser utilizada em solos, visto que K e b podem ser determinados experimentalmente e, assim, a quantidade de íons adsorvidos pode ser estimada.

A isoterma de adsorção de Freundlich apresenta a seguinte forma:

$$x = kc^n \text{ ou } \log x = \log k + n \log c$$

onde x é a quantidade de espécies adsorvidas por unidade de adsorvente em uma concentração c de adsorvato e k e n são constantes.

Nenhuma dessas equações fornece informações em relação ao mecanismo de adsorção envolvido. Ambas assumem uma distribuição uniforme nos sítios de adsorção e ausência de reações entre os íons adsorvidos. Apesar disso, elas têm sido consideradas úteis a muitos pesquisadores em estudos quantitativos de processos de adsorção em solos.

De Haan e Zwerman (1976), a partir das equações de Langmuir e Freundlich, obtiveram uma equação simplificada, aplicável a condições específicas:

$$x/m = K_d c_o$$

onde K_d é a constante de distribuição correspondente à inclinação da isoterma e c_o é a concentração do composto adsorvido no equilíbrio. O coeficiente de distribuição K_d constitui um parâmetro interessante para a comparação da capacidade de adsorção de diferentes solos por um determinado íon (quando medido sob as mesmas condições experimentais) e pode ser definido pela razão entre a quantidade de íons adsorvidos por massa de solo e a quantidade de íons em solução por unidade de volume de líquido.

5.5 FERTILIDADE DO SOLO

O conceito fertilidade do solo também está intimamente relacionado aos vários fluxos de matéria e energia no ambiente. São várias as reações químicas que ocorrem entre as substâncias presentes no solo e na água, bem como as trocas de substâncias entre os seres vivos, as raízes, as partes aéreas das plantas e as partículas minerais do solo. Desses processos resulta a formação de componentes secundários responsáveis por um estado de equilíbrio, seja em nível físico-químico (como, por exemplo, a estabilidade do pH, ou o equilíbrio ácido/base), químico ou biológico.

Outra constatação do fluxo dinâmico de energia e matéria entre os grandes reservatórios reguladores é, por exemplo, a obtenção dos quatro principais elementos químicos componentes dos vegetais pelas plantas a partir do reservatório atmosfera. Como citado nos Capítulos 2 e 3, a água da chuva (H_2O), indispensável a qualquer processo biológico, é também a fornecedora de hidrogênio. O carbono e o oxigênio são retirados do ar, sendo o primeiro no processo de fotossíntese e o segundo no de respiração. Além disso, o nitrogênio também é absorvido do ar por algumas bactérias fixadoras localizadas nas raízes e, posteriormente, disponibilizado às plantas.

Para o crescimento destas, com exceção dos quatro principais elementos em questão, todos os demais (macro e micronutrientes) devem encontrar-se no solo. Portanto, os vegetais conseguem desenvolver-se em cada ambiente, à medida que encontram no solo os elementos que lhes são indispensáveis. Mesmo nos solos férteis, os elementos essenciais aos vegetais não são inesgotáveis. Por isso, após sua utilização pelas plantas, eles participam de ciclos biogeoquímicos, voltando ao solo (e/ou atmosfera e hidrosfera), para que ele se mantenha fértil e a vida vegetal tenha continuidade. Se, por algum motivo (por exemplo, queimadas, erosão, salinização etc.), os ciclos forem interrompidos, o solo se tornará progressivamente estéril ou improdutivo.

5.5.1 Compostos de nitrogênio no ambiente

Conhecer o quanto a humanidade perturbou o ciclo natural do nitrogênio por adição de compostos nitrogenados é fundamental para estimar qual é sua contribuição para o aumento da poluição. Com este objetivo, é construído o modelo do ciclo biogeoquímico contabilizando as quantidades dos principais compostos de nitrogênio presentes em cada um dos compartimentos. Nesta construção é necessário determinar quanto e quais compostos de nitrogênio existem em ambientes pouco afetados pelo ser humano. A quantidade e o tipo de composto varia muito de um local para outro e é inviável fazer medidas em todas as regiões do planeta; assim, são feitas algumas medidas em alguns locais. Posteriormente, as quantidades de compostos de nitrogênio presentes em ambiente de países, continentes ou do planeta são então estimadas como médias de alguns poucos valores. Essa é a razão porque são apresentados os valores por intervalos, isto é, o menor e o maior valor estimado. Em uma segunda etapa com um procedimento similar, deve-se estimar o quanto a humanidade fixou de nitrogênio de forma intencional, com a produção de fertilizantes, ou de forma não-intencional, como os compostos produzidos por processos de combustão ou fixados por vegetais utilizados na agricultura. O cálculo da quantidade de nitrogênio fixada de forma intencional é bastante precisa: basta contabilizar a produção de fertilizantes. Entretanto, a fixada indiretamente é difícil de ser medida em larga escala e, assim, também é estimada globalmente por uma média de alguns poucos valores. Como resultado, é comum serem encontrados na literatura valores diferentes para os compostos presentes no ciclo calculados por diferentes autores ou de épocas diferentes.

Na ausência de atividades humanas, os processos naturais de fixação de nitrogênio que ocorrem no ecossistema terrestre produzem cerca de 90-130 Tg de N por ano (Tg = 10^{12} g). Ecossistemas marinhos fixam entre 40-200 Tg de N por ano, sendo que pouco desse nitrogênio é transportado para o ecossistema terrestre, resultando em pequena influência dos compostos nitrogenados marinhos nele. Atualmente, as atividades humanas como produção de energia por processos de combustão (ver Capítulo 4), produção de fertilizantes e algumas culturas de vegetais (leguminosas, arroz, alfafa) contribuem com a fixação de 150 Tg de N por ano. A perturbação causada pelas atividades humanas no ciclo natural do nitrogênio no ecossistema terrestre é bastante significativa, pois mais que dobrou a quantidade natural de nitrogênio fixada. Isto é uma evidência que várias regiões do nosso planeta já estão seriamente comprometidas com o excesso de nitrogênio ativo.

5.5.2 Transformações microbiológicas do nitrogênio no solo

Participam dos ciclos biogeoquímicos vários micro-organismos decompositores, os quais habitam o solo e são essenciais para o processo de fertilização. Ao decompor vegetais e animais mortos ou seus excrementos, a população de decompositores produz uma matéria gelatinosa, de coloração amarelo-castanha, denominada húmus e de importância fundamental como fornecedora dos elementos químicos ciclados (ver Capítulo 6).

Todo organismo necessita de nitrogênio para viver e crescer. Ele é um dos componentes majoritários do DNA, RNA e das proteínas. Apesar da grande quantidade de nitrogênio existente no planeta, apenas 0,02% está disponível para vida. O restante encontra-se incrustado em rochas ou na atmosfera na forma de N_2. A difícil quebra da tripla ligação existente entre os átomos da molécula de nitrogênio (N_2) requer grande quantidade de energia, não o deixando disponível para os organismos. Para ser utilizado, o nitrogênio precisa estar em uma forma mais acessível, combinado com o hidrogênio na forma do íon amônio, NH_4^+, com o oxigênio na forma de nitrato, NO_3^-, ou com o carbono na forma de uréia, $(NH_3)_2CO$. Algumas das mais importantes reações químicas mediadas por micro-organismos no solo e sistemas aquáticos envolvem compostos nitrogenados. O processo para transformar o gás N_2 em nitrogênio ligado com C, H ou O é conhecido como fixação de nitrogênio. Em ambientes naturais, a pouca disponibilidade de nitrogênio reativo pode ser uma forma de controle do crescimento de vegetais e acúmulo de biomassa, o que é importante para manter a biodiversidade. O aumento da disponibilidade de nitrogênio ativo pode favorecer algumas espécies naturalmente controladas e afetar todo equilíbrio do ecossistema natural, como o existente em uma floresta. Os processos de fixação de nitrogênio podem ser naturais ou resultantes da interferência humana.

5.5.3 Fixação de nitrogênio por processos naturais

Ação bacteriana

Algumas bactérias possuem a capacidade de fixar o nitrogênio do ar e este é o principal processo natural de fixação de nitrogênio. Essas bactérias fixadoras de nitrogênio conseguem retirá-lo do ar, deixando-o em formas biologicamente disponíveis (nitrato e amônia) para as plantas, e são responsáveis pelo controle do fornecimento desse elemento para os organismos vivos. Elas vivem em simbiose ancoradas em raízes de leguminosas da família dos feijões e da alfafa. O melhor exemplo de simbiose é o que ocorre entre as leguminosas e as bactérias do gênero *Rhizobium*. Ambas conseguem sobreviver independentemente, porém, quando associadas, conseguem fixar o nitrogênio e o benefício é para ambas. Algumas cianobactérias (bactérias que fazem fotossíntese) que vivem em campos alagados, em especial onde se produz arroz, também podem fixar o nitrogênio. Outras poucas bactérias fixadoras vivem no solo. A estimativa de quanto é fixado pelas bactérias é muito difícil, pois o tipo de solo e as condições ambientais influenciam no processo. Como resultado do cultivo induzido de leguminosas e de arroz, a melhor estimativa sugere que sejam fixados pelo processo entre 32- 53 Tg de N por ano. Em resumo, a fixação biológica de nitrogênio é a chave do processo biogeoquímico e é essencial para o crescimento de plantas sem fertilizantes sintéticos:

$$3\{CH_2O\} + 2N_2 + 3H_2O + 4H^+ \rightarrow 3CO_2\uparrow + 4NH_4^+$$

Nitrificação

A nitrificação é, em especial, importante ambientalmente, pois o nitrogênio é absorvido pelas plantas, a princípio, na forma de nitrato. A oxidação de N^{-3} em N^5 é catalisada por nitrossomonas e nitrobactérias:

$$2O_2 + NH_4^+ \rightarrow NO_3^- + 2H^+ + H_2O$$

Quando o nitrogênio é aplicado ao solo na forma de sais de amônio (fertilizante sintético), a amônia é microbiologicamente oxidada a nitrato, o qual pode ser assimilado pelos vegetais.

Logo, quando há queimadas da matéria orgânica antes ou após as colheitas (palhas, galhos etc.), a maioria dos micro-oganismos da camada superficial do solo morre e, consequentemente, o importante processo de nitrificação fica prejudicado.

Redução de nitratos

Em compostos químicos, na ausência de oxigênio livre, e por ação microbiológica, o nitrogênio é reduzido a estados de oxidação mais baixos:

$$2NO_3^- + \{CH_2O\} \rightarrow 2NO_2^- + H_2O + CO_2\uparrow$$
$$2NO_2^- + 3\{CH_2O\} + 4H^+ \rightarrow 2NH_4^+ + 3CO_2\uparrow + H_2O$$

Raios e vulcões

Durante as tempestades, os raios atingem a atmosfera e produzem o óxido de nitrogênio. Estima-se que a produção anual por este processo é da ordem de 3-5 Tg de N por ano. Já os vulcões atualmente representam uma fonte menor do nitrogênio fixado, pouco menor que 0,02 Tg N por ano.

5.5.4 Fixação de nitrogênio por processos industriais

Atualmente, a produção de fertilizante nitrogenado é feita industrialmente por um processo químico que usa o nitrogênio do ar como matéria-prima. É o processo conhecido como Haber-Bosch que transforma o nitrogênio do ar em amônia sob ação de catalisador, alta pressão e temperatura. A amônia pode ser posteriormente oxidada e transformada em nitrato, NO_3^-.

$$N_2 + 3\,H_2 \rightarrow 2\,NH_3 \text{ (catalisador, pressão e temperatura)}$$

A produção de fertilizante dobrou a cada 8 anos entre 1950 e 1973. Dobrou novamente em 1990 chegando a cerca de 80 Tg de N por ano. Com a quebra da economia da antiga União Soviética, a produção chegou a ter um pequeno decréscimo entre 1990 e 1995. Novamente voltou a crescer com a demanda provocada pelo fortalecimento da economia da China. Para se ter uma idéia do crescente uso de nitrogênio comparado com a população mundial, entre 1950 e 1990, a quantidade de nitrogênio distribuído por habitante passou de 1,3 para 15 kg de N por pessoa. Neste momento é importante uma reflexão: o fertilizante é fabricado por indústrias que transformam o nitrogênio inerte do ar em nitrogênio ativo. A adição intencional de nitrogênio ativo no tão abalado ciclo biogeoquímico do nitrogênio tem sido justificada como necessária para produção de alimentos e se contrapõe a possíveis consequências ambientais resultantes do uso de fertilizante químico.

5.5.5 Fixação de nitrogênio por processo de combustão

a) Materiais que possuem compostos de nitrogênio na sua composição produzem como produto, principalmente, óxido nítrico (NO). Este gás na atmosfera é oxidado e forma o dióxido de nitrogênio (NO_2).

$$NO + 1/2\,O_2 \rightarrow NO_2$$

Os radicais HO• formados pela luz do sol presentes na atmosfera reagem com o dióxido de nitrogênio para produção de ácido nítrico, HNO_3.

$$NO_2 + HO^{\bullet} \rightarrow HNO_3$$

b) O calor produzido por qualquer combustão faz com que o nitrogênio (N_2) presente na atmosfera sofra reação com o oxigênio (O_2) formando óxido nítrico (NO). Isso é possível porque a composição majoritária em volume da atmosfera é de 78% de nitrogênio e 21% de oxigênio.

$$N_2 + O_2 \rightarrow 2\,NO$$

A quantidade de óxido nítrico formada depende da eficiência da combustão, ou seja, do calor gerado. O processo de combustão é a principal fonte de energia da humanidade. A média diária de energia gasta por um ser humano que vive em condições primitivas, isto é, na condição de caçador/coletor é de 5 000 kcal por dia, e quem dispõe de toda tecnologia ao seu alcance gasta de energia cerca de 230.000 kcal por dia.

5.6 DESNITRIFICAÇÃO

Pelo processo de desnitrificação, o nitrogênio fixado retorna à atmosfera como N_2 gasoso:

$$4NO_3^- + 5\{CH_2O\} + 4H^+ \rightarrow 2N_2\uparrow + 3CO_2\uparrow + 7\,H_2O$$

Entretanto, a transferência de nitrogênio para a atmosfera pode também ocorrer mediante a formação de N_2O e NO a partir de nitratos e nitritos por ação de bactérias anaeróbicas denominadas *desnitrificantes*. O processo é comum e ocorre em regiões anaeróbicas do planeta, como fundo de lagos, oceanos e solos. Assim, o nitrogênio proveniente da biomassa (matéria orgânica) é decomposto na litosfera e hidrosfera, e o compartimento atmosfera está constantemente recebendo nitrogênio dos outros dois grandes compartimentos.

5.7 INTERAÇÕES SOLO-PLANTA

Durante seu desenvolvimento a partir de uma semente, a planta estende suas raízes para o interior do solo, formando um aglomerado de minúsculos filamentos distribuídos em várias direções, constituindo, assim, a rizosfera. A raiz tem formas tortuosas, adquiridas durante seu crescimento, à medida que vai penetrando no solo e desviando-se dos grãos e das partículas de terra, buscando encontrar água, oxigênio e nutrientes. Além disso, para absorver o máximo de minerais do solo, as raízes produzem substâncias que ajudam a solubilizá-los, modificando-os quimicamente e causando alterações de natureza química no solo.

5.7.1 Produtividade do solo e lei do mínimo

A produção de vegetais por área de solo é denominada produtividade. Em um sentido ecológico, a produtividade de uma área refere-se à produção total de matéria vegetal (produção primária), seguida da produção de animais herbívoros (produção secundária) e da produção de animais predadores (produção terciária).

Na primeira metade do século XIX, o químico alemão Justus von Liebig (1803-1873) propôs a lei do Mínimo ou Lei de Liebig. Ele verificou que o elemento essencial que se encontra em menor disponibilidade do ambiente limita o crescimento do vegetal. Alguns aspectos importantes da Lei proposta por Liebig são (Branco; Cavinatto, 1999):

- a limitação do crescimento do vegetal se dá por falta, e não por excesso, de um elemento componente do ambiente;
- o fator em mínimo é o elemento que se encontra em quantidades mínimas, em relação às necessidades da planta;
- os microelementos, ou micronutrientes, que entram na composição das plantas em quantidades mínimas também podem controlar seu crescimento;
- atualmente se sabe que a Lei de Liebig, não está associada apenas às substâncias químicas dissolvidas no solo, mas também aos ciclos biogeoquímicos, às componentes químicas do ar (p. ex., gás carbônico) e a fatores físicos, como incidência luminosa, temperatura, umidade etc.

5.7.2 Manejo do solo e atividades antrópicas

No decorrer dos anos, a população cresceu significativamente. No início, poucas pessoas viviam sobre a Terra, e as que viviam andavam pelas savanas em pequenos grupos como pastores e/ou caçadores. Posteriormente, o ser humano aprendeu a utilizar o ambiente a fim de obter benefícios e conforto. Um dos mais importantes fatores para o desenvolvimento do ser humano foi o aprendizado de domar e criar animais, além do de plantar para seu benefício. Dessa forma, ele passava de caçador nômade a sedentário, pois havia necessidade de esperar pelas colheitas.

O cultivo do solo iniciou-se há cerca de dez mil anos, com os sumérios na Mesopotâmia, às margens dos rios Tigre e Eufrates (onde se localiza atualmente o Iraque). Depois, há cerca de oito mil anos se iniciaram as plantações no vale do Rio Nilo, no Egito. Ou seja, as pessoas perceberam que a agricultura nas margens férteis dos rios alcançava padrões de produtividade suficientes para sustentar numerosos agrupamentos humanos. Essa fertilidade nos vales era devido aos constantes ciclos de cheias e vazantes dos rios, os quais trocavam matéria orgânica e nutrientes com o solo. Os primitivos observaram também que as terras escuras, constituídas de um material gelatinoso e macio unindo as partículas (o húmus), associavam partículas com maior diâmetro, tornando o solo mais poroso e permeável. Com o tempo, verificou-se que a intervenção humana na constituição e na estrutura física do solo podia aumentar a produtividade do mesmo; a esse processo se dá o nome de manejo do solo.

São muitos os progressos obtidos nesse manejo. Entretanto, atualmente, com um melhor conhecimento dos ciclos biogeoquímicos e das interações entre os três grandes compartimentos, sabe-se que várias práticas agrícolas de manejo utilizadas no passado provocam impactos ambientais irreversíveis aos solos, como, por exemplo, infertilidade, erosão e perda de produtividade. Por falta de informação ou por razões históricas, muitas vezes o agricultor se nega a mudar de uma prática agrícola que aprendeu com seus antepassados para outra mais adequada ao tipo de solo da sua propriedade. Recentes experimentos agrícolas indicam que o manejo do solo deve variar de uma região para outra, de acordo com o clima e a natureza do solo (EMBRAPA, c2003).

5.7.3 Aração/revolvimento do solo

Desde tempos remotos os processos de aração e revolvimento profundo de solos duros e/ou congelados de climas temperados ou frios são utilizados para desagregar particulados, permitindo penetração de água (nutrientes) e ar necessários para o desenvolvimento da planta. No entanto, para climas tropicais esses processos podem não ser adequados. Com o revolvimento, os micro-organismos, tão importantes nos processos de troca entre hidrosfera, litosfera e atmosfera, ficam mais expostos na superfície, e os efeitos da intensidade luminosa e do forte calor podem diminuir suas atividades. Uma vez revolvido, o solo torna-se mais sujeito ao arraste de nutrientes por águas de chuvas (causa infertilidade), e, dependendo das condições do terreno, o perigo de erosão é iminente. Além disso, atualmente se sabe que o revolvimento pode facilitar a transferência do carbono retido no solo para a atmosfera, na forma de dióxido de carbono (CO_2).

5.7.4 Adubação

Em 1840, o químico alemão Justus von Liebig observou a relação entre o crescimento de plantas e a utilização de fezes de animais como adubo. Desde então, para atender à demanda cada vez maior por alimentação, a adubação tem sido utilizada no manejo de solos. Ela tem não só a finalidade de modificar quimicamente a composição do solo, de modo a fornecer à planta os elementos necessários, mas também de melhor condicioná-lo fisicamente.

Contudo, a adubação sem acompanhamento técnico agrícola, planejamento de culturas de acordo com a topografia da propriedade e conhecimento prévio do tipo de solo tem causado vários impactos ambientais e prejuízos financeiros ao agricultor. Além de salinizar o solo, a aplicação de fertilizantes pode causar a eutrofização de mananciais devido à lixiviação de fertilizantes aplicados em solos revolvidos que ocorre, sobretudo, em época de chuvas (ver Capítulo 2).

Atualmente, uma das alternativas sugeridas é a utilização de adubo orgânico ou organomineral. Este, ao contrário dos fertilizantes sintéticos, contém alta porcentagem de húmus, contribuindo para a fixação de nutrientes e para a reestruturação física do solo. Dentre as diversas formas de adubação orgânica com custo/benefício atrativos e amplos resultados técnicos para solos e plantas, a adubação verde é a de mais fácil aplicação e de menor custo. Baseia-se praticamente no plantio rotativo de plantas leguminosas entre as safras sendo que, até poucos anos, sugeria-se a incorporação da biomassa verde ao solo via revolvimento. Entretanto, com o melhor conhecimento dos ciclos biogeoquímicos (por exemplo, a caracterização de perdas de carbono, CO_2, do solo para a atmosfera), tem sido sugerido que, após o corte, a massa verde produzida pelas leguminosas seja mantida na superfície do solo, sem revolvimento, para a decomposição natural por micro-organismos aeróbicos (Figura 5.6).

FIGURA 5.6 Exemplo de adubação verde. A biomassa resultante das leguminosas é deixada na superfície do solo para decomposição natural da matéria orgânica (www.agroecologia.com.br/amaranthus/imagens/canteiros.jpg).

Qual é a importância do manejo do solo para o sequestro de carbono?

Como descrito no Capítulo 3, o aumento da concentração de gases como CO_2, CH_4 e N_2O na atmosfera tem sido relacionado ao efeito estufa. A queima de combustíveis fósseis é a principal causa desse aumento, especialmente pela emissão de CO_2. A agricultura contribui para a emissão ou o seqüestro desses gases, dependendo do efeito do manejo sobre o conteúdo de matéria orgânica do solo (MOS). Quando o balanço entre a taxa de adição de resíduos vegetais ao solo (determinada pelo sistema de cultura) e a taxa de perda de MOS (determinada principalmente pelo manejo do solo) for positivo, ocorrerá aumento da MOS. Nesse caso, o solo atuará como um dreno de CO_2 atmosférico, diminuindo o efeito estufa. Em contrapartida, se o balanço for negativo ocorrerá redução da MOS e o solo contribuirá para o aumento do efeito estufa emitindo CO_2 para a atmosfera. Logo, práticas de manejo que acumulem MOS poderão contribuir para o aumento da qualidade do solo e também para o seqüestro de CO_2 atmosférico. Ou seja, o manejo adequado do solo está diretamente ligado às mudanças climáticas globais.

Atualmente, no mundo inteiro procura-se descobrir quanto os sistemas agrícolas contribuem para o seqüestro (fixação no solo) de carbono. No Brasil, a Embrapa Solos tem feito medições da quantidade de carbono no solo, no perfil entre 0 e 60 centímetros, buscando quantificar a massa desse elemento. Assim, é possível medir em diferentes ecossistemas o estoque de carbono sob, por exemplo, plantio convencional, adubação verde e solo não-cultivado. Tais estudos são parte de uma avaliação da contribuição dos diferentes tipos de manejo de solo para o seqüestro de carbono (EMBRAPA, 200?).

5.7.5 Irrigação

Considerando que a quantidade de água na Terra é constante e que a população tem crescido em proporções assustadoras, tal substância já é considerada um bem natural de valor incalculável (ver Capítulo 2). Sob esse aspecto, do ponto de vista ambiental outro fator importante, em relação ao manejo do solo, é a irrigação. Embora, na Antiguidade, não se conhecesse o efeito dos fluxos de energia e matéria entre os reservatórios, sabia-se da dependência direta entre a disponibilidade de água no solo e a produtividade. Atualmente, sabe-se que isso se deve às características da água em atuar no transporte, na dissolução e na disponibilidade de nutrientes para as plantas (ver Capítulo 2, Quadro 2.2). A intensidade da acumulação de sais no solo depende da qualidade da água de irrigação, do manejo da irrigação e da eficiência de drenagem. No caso de irrigação com bombeamento de água de efluentes tratados ou de mananciais que recebem efluentes (tratados ou não) é necessário um monitoramento da água e do solo irrigado, pois o aumento da salinidade pode aumentar muito a concentração de sais na rizosfera e causar problemas de rendimento da planta (ver Capítulo 2, Item 2.3.3).

Em solos em que há escassez de água, como, por exemplo, o do Nordeste brasileiro e de alguns países árabes, tem sido utilizada a irrigação mecânica, que consiste na captação de água de mananciais, utilizando-se bombas e distribuição nas lavouras. Sem acompanhamento técnico-científico, esse tipo de manejo tem causado grandes prejuízos aos mananciais, via sucção de excessivas quantidades de água. Com o bombeamento não-compatível à vazão do manancial, toda vida aquática fica comprometida devido à falta d´água e do consequente assoreamento.

Recentemente se tem discutido a viabilidade e/ou possibilidade de transpor água do rio São Francisco para atender à demanda básica em partes da região Nordeste e ainda utilizar essa água para irrigar culturas de frutas, como melão e melancia, para fins de exportação. A utilização de água do rio São Francisco para irrigar plantações frutíferas na região nordestina pode ser considerada uma exportação de água na forma de frutas (melão e melancia contêm mais de 90% de água), de uma região há tempos comprovada com problemas de secas! *Esse é mais um exemplo de impacto no ambiente causado pela falta de uma visão ambiental integrada entre os reservatórios litosfera e hidrosfera.*

Outro tipo é a ferti-irrigação, que consiste no aproveitamento de efluentes urbanos tratados como fonte de água e de húmus na agricultura (ver Capítulo 2, Figuras 2.4 e 2.5). Nesse caso, embora a reutilização de água venha sendo amplamente recomendada, como forma de atender a demandas cada vez maiores, é necessário ter um acompanhamento constante de poluentes potencialmente tóxicos e de micro-organismos patogênicos nesses efluentes. Para mais informações sobre o assunto irrigação/qualidade ver Ayres e Westcot (1999).

5.8 PESTICIDAS/HERBICIDAS

Devido ao grande crescimento populacional, há tempos tem sido necessária a utilização de pesticidas/herbicidas na agricultura para atender à demanda alimentícia. Atualmente, é difícil imaginar a produção de alimentos sem o uso desses produtos, pois eles melhoram a produtividade agrícola, podendo, eventualmente, diminuir os preços dos alimentos e da mão-de-obra. Denominam-se pesticidas todas as substâncias de origem natural ou sintética utilizadas no controle e/ou na eliminação/diminuição de pragas (insetos, ervas daninhas etc.), as quais causam prejuízos na produção de alimentos ou transferem enfermidades aos seres humanos e a outros organismos. Herbicidas são substâncias químicas que possuem a finalidade de controlar ou matar plantas daninhas, as quais se desenvolvem juntamente com nossas culturas. Quando sintetizados industrialmente, pesticidas/herbicidas são considerados substâncias estranhas ao ambiente e podem ser chamados também de *xenobióticos*.

Embora haja conhecimento acerca dos muitos impactos ambientais causados pela aplicação de xenobióticos, parece certo que eles ainda continuarão sendo um componente indispensável às muitas atividades agrícolas. Após a aplicação e atuação nas culturas, o pesticida pode permanecer no solo por muito tempo, mantendo ou não seu efeito biológico. Assim, é importante conhecer seu comportamento no solo para prever se irá causar algum dano a esse meio e aos demais reservatórios coexistentes (hidrosfera e atmosfera).

O comportamento dos herbicidas depende das propriedades físico-químicas e biológicas do solo, bem como de fatores climáticos. Os três processos básicos que podem ocorrer com os pesticidas no solo são retenção, transformação e transporte. A Figura 5.7 mostra alguns fatores envolvidos no comportamento de herbicidas no solo.

O processo de transporte determinado pelo movimento das moléculas do herbicida no solo é fortemente influenciado por fatores como umidade, temperatura, densidade, características físico-químicas do solo e do herbicida.

No caso de pesticidas, às vezes apenas uma pequena porcentagem da quantidade aplicada atinge o objetivo desejado. Grande parte é transportada por ventos e chuvas e é aportada em outros reservatórios, como atmosfera e recursos hídricos (ver Capítulo 2, Figura 2.6). Logo, para minimizar os impactos ambientais, quando necessária, a aplicação de pesticidas deve ser feita com orientação técnica agronômica, no que diz respeito aos cuidados durante a aplicação, à dosagem necessária, à época e às condições climáticas favoráveis (chuvas, velocidade e direção do vento etc.).

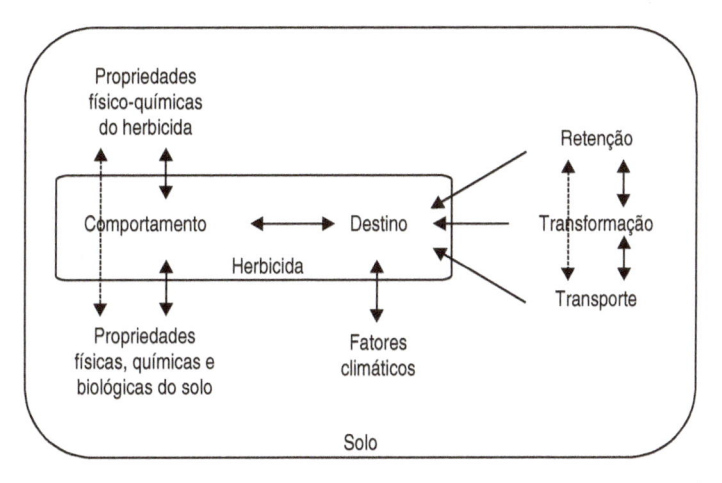

FIGURA 5.7 Esquema genérico da interação entre herbicida e solo (Adaptada de Lavorenti, 1999).

5.9 OCUPAÇÃO E MINERAÇÃO

O ideal seria que o solo fosse também ocupado com planejamento urbano adequado. Infelizmente, por falta deste, muitas metrópoles estão hoje edificadas em áreas de difícil escoamento pluvial, nas quais ocorreu completa impermeabilização dos solos (cobertura com asfalto e cimento), provocando enchentes nos rios e frequentes inundações de cidades (Ferreira; Tamanaha, 1997) (Figura 5.8).

Ademais, os problemas antrópicos causados ao solo, decorrentes das atividades de mineração, são frequentes. A exploração de minérios deve sempre ter como base fundamental o preceito do uso sustentável, ou seja, considerar também o bem-estar das gerações futuras. Para tanto, devem-se utilizar técnicas menos destrutivas e recuperar as áreas degradadas devido aos inerentes impactos causados pelas atividades mineradoras (Kohän-Saagoyen, 2003). A vegetação atua como um importante fator de proteção aos solos, permitindo maior infiltração das águas e evitando o arrastamento da camada superficial e mais fértil do solo para os mananciais. Se o desmatamento ocorrer em áreas de recargas de aquíferos e/ou em matas ciliares, as conse-

FIGURA 5.8 Algumas atividades que podem causar impactação de solos (Ferreira; Tamanaha, 1997; Kohän-Saagoyen, 2003).

quências serão danosas e os efeitos dos impactos ambientais sentidos rapidamente, resultando no rebaixamento do nível do lençol freático e no assoreamento dos mananciais.

5.10 É POSSÍVEL RECUPERAR UM SOLO CONTAMINADO?

Existem algumas tecnologias que permitem a recuperação ou remediação (do inglês *remediation*) de solos contaminados e/ou degradados. Tais tecnologias se baseiam nas propriedades químicas de substâncias e/ou processos físicos que serão utilizados para retenção, mobilização ou destruição de um determinado contaminante presente no solo. Podem ser aplicadas *in situ*, isto é, no lugar da contaminação, ou *ex situ* (Figura 5.9), isto é, primeiramente removendo o material contaminado para outro local. Entretanto, deve-se sempre considerar o alto custo financeiro para a aplicação de tecnologias de remediação de solos.

5.10.1 Biorremediação

Biorremediação é a utilização de organismos vivos, especialmente micro-organismos, para degradar ou transformar poluentes ambientais em substâncias de menor toxicidade. É uma técnica mais utilizada para substâncias orgânicas, como combustíveis e solventes orgânicos, podendo também ser aplicada em substâncias inorgânicas.

Na biorremediação de substâncias orgânicas, geralmente os poluentes são degradados a CO_2 ou CH_4 e H_2O, dependendo das condições do meio, podendo ocorrer sob condições aeróbicas e anaeróbicas. Em condições aeróbicas, os micro-organismos usam o oxigênio atmosférico disponível para oxidar os poluentes orgânicos em CO_2 e H_2O. Em condições anaeróbicas, as substân-

FIGURA 5.9 Exemplo de remediação de solo *ex situ*: o solo contaminado é transferido para outro local, onde será feito o tratamento (Adaptada de Silvestre e Marchi, 2003).

cias formadas pela degradação do composto original, geralmente, estarão nas suas formas mais reduzidas, o carbono, por exemplo, na forma CH_4. A estrutura química dos poluentes orgânicos tem uma grande influência na habilidade dos micro-organismos metabolizarem essas moléculas, especialmente com respeito às taxas e à extensão da biodegradação. Geralmente, compostos ramificados e polinucleados são mais difíceis para degradar que moléculas monoaromáticas ou com cadeias simples, e aumentando o grau de halogenação da molécula, diminui-se a biodegradabilidade. Ainda considerando poluentes orgânicos, os micro-organismos utilizam o catabolismo e o cometabolismo como principais rotas para a degradação destes contaminantes.

Catabolismo é a parte do metabolismo que se refere à assimilação ou processamento da matéria adquirida para fins de obtenção de energia. A partir de moléculas grandes, que contêm quantidades consideráveis de energia, são geradas moléculas pequenas, pobres em energia (H_2O, CO_2, NH_3), o organismo aproveita a liberação de energia resultante do processo de degradação.

Muitos micro-organismos são capazes de transformar parcialmente os compostos químicos em produtos que não produzem energia para o seu crescimento, isto é, transformam um substrato que não promove o crescimento na presença obrigatória de outro substrato que promova o crescimento ou outro composto biotransformável. Este processo é denominado de *cometabolismo* e é tipicamente um fenômeno celular. Sua especificidade biológica é caracterizada pelo metabolismo de diferentes substâncias na célula. Estas transformações cometabólicas microbianas indicam que estes processos são normalmente atribuídos a atividade de enzimas não-específicas do metabolismo periférico celular, capazes de modificar outras substâncias que não são seus substratos naturais.

Compostos inorgânicos, como metais e metalóides, não podem ser degradados biologicamente. Entretanto, podem ser transformados ou imobilizados, sendo a biosorção, a bioacumulação, a oxi-redução e a metilação os processos mais utilizados, via micro-organismos. A *biosorção* é uma propriedade que certos tipos de biomassa microbianas inativas ou mortas apresentam de se ligar a metais potencialmente tóxicos. A biomassa exibe esta propriedade agindo como se fosse um trocador iônico de origem biológica. A estrutura da parede celular de certas algas, fungos e bactérias é o agente responsável por este fenômeno (formação de complexos metal-orgânicos), podendo-se acumular um excesso de 25% de seu peso seco em metais, como Pb, Cd, U, Cu, Zn, Cr e outros.

A *bioacumulação* resulta do transporte de metais essenciais ao metabolismo microbiano ou das proteínas com potencial para complexar metais. A bioacumulação intracelular é muito menor do que a atingida por adsorção, no intervalo de 0,5% a 2,0 % do peso do seco celular. Reações de oxi-redução em metais potencialmente tóxicos podem ocorrer via micro-organismos, influenciando na disponibilidade de espécies metálicas, podendo diminuir sua toxicidade. Alguns micro-organismos têm a capacidade de metilar metais e, em alguns casos, a forma metilada é menos tóxica.

As condições ambientais – como tipo de solo, profundidade do nível da água, concentração de nutrientes, potencial redox, pH e temperatura – são os principais fatores que influenciam na biorremediação. Antes de iniciar um projeto de biorremediação, a natureza e a extensão das substâncias químicas no solo deve ser avaliada; então, a necessidade de reabilitação pode ser considerada juntamente com as opções disponíveis. Uma estratégia adequada de biorremediação pode então ser desenvolvida e implementada. É importante reconhecer que os solos afetados podem conter substâncias que não são adequadas para a biorremediação. Isso deve ser considerado quando se determinar a viabilidade da biorremediação, a necessidade de soluções alternativas para a remediação, o tratamento e a reutilização dos solos tratados.

A gestão de biorremediação dependerá da natureza e da concentração das substâncias químicas, bem como a proximidade do processo de biorremediação de ambientes sensíveis e garantias adequadas para a proteção da saúde humana e ao ambiente. Considerações incluem o controle, o acompanhamento e a minimização das emissões ou das descargas a partir do processo de biorremediação.

A Figura 5.10 mostra um fluxograma que define a estratégia envolvida na biorremediação.

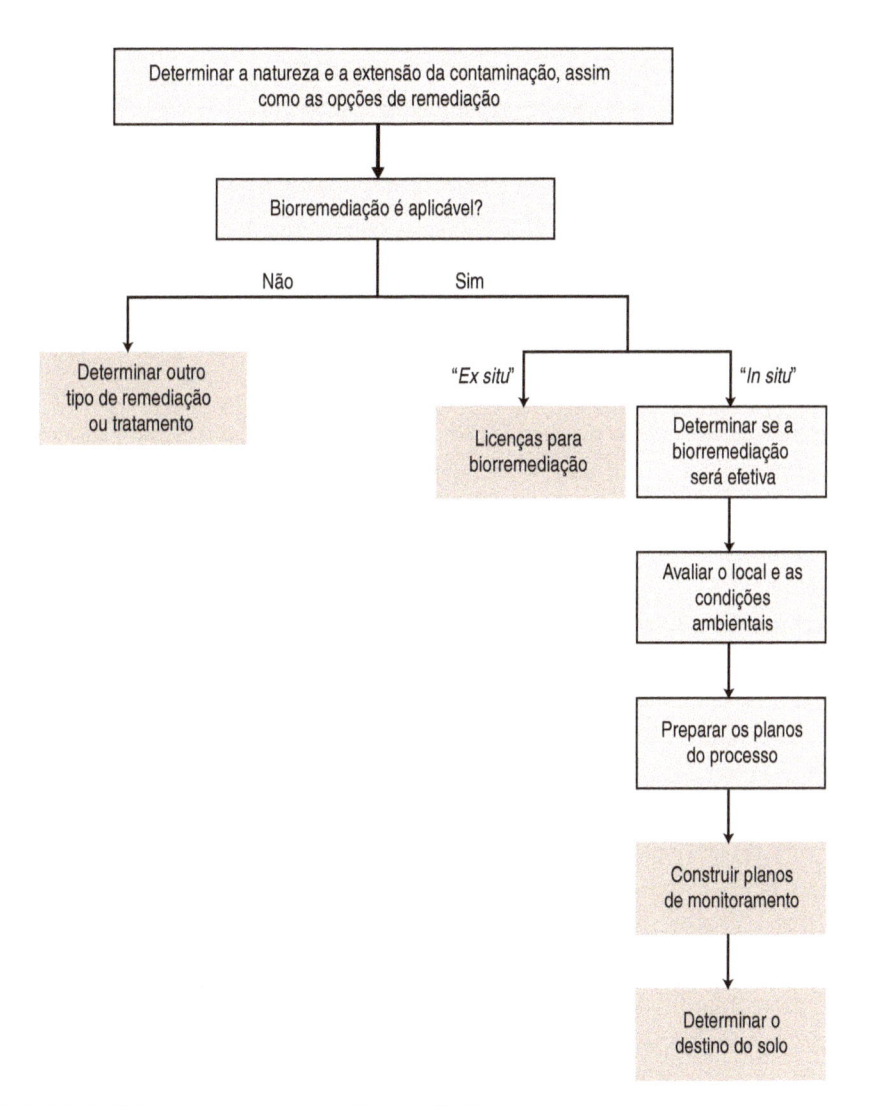

FIGURA 5.10 Estratégias para os processos de biorremediação.

A biorremediação de plano de gestão deverá incluir, no mínimo, as seguintes informações:

- volume de solo a ser tratado e as concentrações de todas as substâncias químicas, bem como a sua origem e características;
- meta, remediação, concentrações e tempo previsto para a concretização do plano proposto;
- adequação do local para aplicação da biorremediação;
- construção de instalações adequadas;
- proposta de pormenores incluindo relatórios de gestão e ação corretiva;
- detalhes dos processos de tratamento, por exemplo, mistura, armazenamento, área, volume de agentes ou outros aditivos fontes, misturando natureza e processos;
- detalhes de reciclagem de água e nutrientes para manter a umidade do solo (na medida do possível), ou, caso não seja reciclado, os detalhes do tratamento e eliminação;
- detalhes sobre o abastecimento da água para garantir a proteção do fornecimento, utilizando pressão reduzida, zona válvulas ou similares;
- métodos de extração e tratamento de compostos voláteis antes da liberação para a atmosfera, e como irá controlar as suas emissões de acordo com a política e diretrizes da agência ambiental reguladora;
- detalhes do programa proposto para amostragem do solo e de procedimentos analíticos – números, parâmetros, frequência.

5.10.2 Fitorremediação

Outro tipo de remediação que tem se tornado uma tecnologia emergente é a *fitorremediação*, isto é, o uso de vegetação para a descontaminação *in situ* de solos e sedimentos (Figura 5.11).

As substâncias-alvo da fitorremediação incluem metais (Pb, Ni, Hg, Zn, Cu, Se, U, Cs), compostos inorgânicos (NO_3^-; NH_4^+; PO_4^{3-}), hidrocarbonetos derivados de petróleo (BTXs), pesticidas (compostos organoclorados e nitroaromáticos), explosivos (TNT, DNT), solventes clorados (TCE) e resíduos orgânicos industriais (PCPs e HPAs), entre outras. A fitorremediação pode ser classificada dependendo da técnica a ser empregada, da natureza química ou da propriedade do poluente. Fitoextração, fitoestabilização, fitoestimulação, fitovolatilização e fitodegradação compreendem as principais técnicas de fitorremediação.

A *fitoextração* envolve a absorção dos contaminantes pelas raízes das plantas, sendo armazenados, ou transportados, e acumulados nas partes aéreas. Esta técnica é aplicada principalmente para metais, mas pode ser utilizada também para compostos orgânicos. Ela utiliza plantas denominadas hiperacumuladoras, que têm a capacidade de armazenar elevadas concentrações (0,1 a 1% [M/M] do peso seco, dependendo do metal). As espécies de *Brassica juncea, Aeolanthus biformifolius, Alyssum bertoloni* e *Thlaspi caerulescens* são exemplos de plantas acumuladoras de Pb, Cu, Co, Ni e Zn respectivamente.

Na *fitoestabilização*, os contaminantes orgânicos ou inorgânicos são assimilados pela lignina da parede vegetal ou pelo humus do solo, e os metais são precipitados sob formas insolúveis, sendo posteriormente retidos na matriz do solo, evitando a disponibilização do contaminante e

CAPÍTULO 5 ▶ LITOSFERA

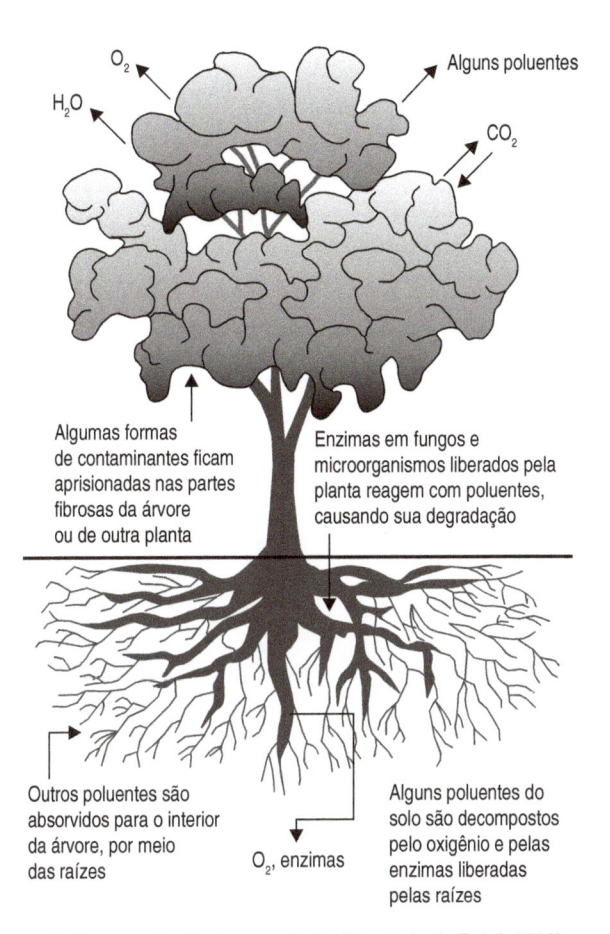

FIGURA 5.11 Mecanismos de fitorremediação de uma planta (Adaptada de Baird, 1999).

limitando sua difusão no solo pela cobertura vegetal. Exemplos de plantas cultivadas com este fim são as espécies de *Haumaniastrum, Eragrostis, Ascolepis, Gladiolus* e *Alyssum*.

O processo pelo qual raízes em crescimento (extremidades e ramificações laterais) causam a proliferação de micro-organismos degradativos na rizosfera, usando metabólitos exudados da planta como fonte de carbono e energia, é denominado *fitoestimulação*. Além disso, as plantas podem excretar enzimas biodegradativas. A aplicação da fitoestimulação limita-se aos contaminantes orgânicos. A comunidade microbiana na rizosfera é heterogênea devido à distribuição espacial variável dos nutrientes nesta zona, porém os *Pseudomonas* são os organismos predominantes associados às raízes.

Alguns elementos como mercúrio, selênio e arsênio são absorvidos pelas raízes, convertidos em formas não-tóxicas e depois liberados na atmosfera. Esta técnica, denominada *fitovolatilização*, pode ser empregada para compostos orgânicos também.

Na *fitodegradação*, contaminantes orgânicos são degradados ou mineralizados dentro das células vegetais por enzimas específicas. Entre essas enzimas, destacam-se as nitroredutases (degradação de nitroaromáticos), desalogenases (degradação de solventes clorados e pesticidas) e lacases (degradação de anilinas). *Populus sp.* e *Myriophyllium spicatum* são exemplos de plantas que possuem tais sistemas enzimáticos.

Alguns requisitos para a implantação de programas de fitorremediação devem ser considerados. Principalmente características físico-químicas do solo, do contaminante e sua distribuição na área. Qualquer fator que interfira negativamente no desempenho das plantas deve ser controlado ou minimizado para favorecer sua ação descontaminante. As plantas que apresentam potencial para fitorremediação devem possuir características que serão utilizadas como indicativo para seleção, tais como:

- alta taxa de crescimento e produção de biomassa;
- capacidade de absorção, concentração ou metabolização e tolerância ao contaminante;
- sistema radicular profundo e denso;
- elevada taxa de transpiração radicular, especialmente em árvores e plantas perenes;
- fácil colheita, quando necessário remover a planta da área;
- ocorrência natural em áreas poluídas;
- resistência a pragas e doenças;
- capacidade transpiratória elevada;
- capacidade de se desenvolver em ambientes diversos.

Naturalmente, é difícil reunir todas essas características em uma só planta. Estudos estão sendo desenvolvidos com o objetivo de selecionar as plantas que reúnam o maior número dessas características.

A fitorremediação possui vantagens, como baixo custo, com possibilidades de remediar águas comtaminadas, solos e embelezar o ambiente, simultaneamente. Entretanto, o tempo para se obter resultados satisfatórios pode ser longo. A concentração do poluente e a presença de toxinas devem estar dentro dos limites de tolerância da planta utilizada para não comprometer o tratamento. Riscos, como a possibilidade dos vegetais entrarem na cadeia alimentar, devem ser considerados quando se empregar esta tecnologia.

5.11 CONSIDERAÇÕES

Diferentes partes do sistema biofísico do planeta Terra estão relacionadas intrinsecamente, e em equilíbrio dinâmico, entre os três grandes reservatórios. Tal conceito implica que, se esse equilíbrio for deslocado por algum impacto, o ambiente sempre reagirá de modo a atingir outro estado de equilíbrio, trocando energia e matéria entre os reservatórios.

Nesse contexto, o reservatório solo sempre foi importante para a espécie humana e para grande parte dos seres vivos, no que se refere ao fornecimento de alimentos e à extração de matérias-primas necessárias à sobrevivência. Dessa forma, devido ao crescimento demográfico, o ser humano tem desenvolvido e aprimorado técnicas de reconhecimento, manejo, conservação e melhoramento dos solos (www.cnpdia.embrapa.br). Entretanto, os solos precisam ser protegidos por meio do uso sustentado, alicerçado em um planejamento adequado. Se essas ações forem praticadas de maneira equilibrada com os outros reservatórios, o recurso natural solo não será esgotado e/ou degradado, evitando o comprometimento das futuras gerações.

EXERCÍCIOS

- Explique como a modificação de práticas agrícolas pode contribuir para diminuir a concentração de CO_2 na atmosfera, melhorando a fixação de carbono e de nitrogênio no solo.
- Descreva os principais impactos ambientais causados pelo setor agrícola.
- Qual é a importância das bactérias fixadoras de nitrogênio?
- Discuta quais são as implicações de uma chuva ácida no solo e nos mananciais.

REFERÊNCIAS

ALLOWAY, B. J. *Heavy metals in soils.* New York: Blackie Academic & Professional, 1993.

AYERS, R. S.; WESTCOT, D. W. *A qualidade da água na agricultura.* Tradução H. R. GHEYI; J. F. MEDEIROS; F. A. V. Campina Grande, UFPA, 1999. (Estudos FAO: Irrigação e drenagem, 29 Revisado I).

BAIRD, C. *Química ambiental.* 2. ed. Porto Alegre: Bookman, 1999.

BRANCO, S. M.; CAVINATTO, V. M. *Solo*s: a base da vida terrestre. São Paulo: Moderna, 1999.

BRUMMER, G. W. *The importance of chemical speciation in environmental processes.* Berlim: Springer Verlag, 1986.

CANTO, E. L. *Minerais, minérios metais de onde vêm para onde vão?* São Paulo: Moderna, 1997.

DE HAAN, F. A. M.; ZWERMAN, P. J. Polution of soil. In: BOLT, G.J.; BRUGGENWIRT, M. G. M. (Ed.). *Soil chemistry:* a basic element. Amsterdan: Elsevier, 1976.

EMBRAPA (EMPRESA BRASILEIRA DE PESQUISA AGROPECUÁRIA). *Bem-vindo ao site da Embrapa Solos.* Rio de Janeiro, [200?]. Disponível em: <https://www.cnps.embrapa.com.br>. Acesso em: 28 jul. 2003.

EMBRAPA (EMPRESA BRASILEIRA DE PESQUISA AGROPECUÁRIA). *Cientistas publicam livro sobre colheita e beneficiamento de frutas e hortaliças.* São Carlos, c2003. Disponível em: <http://www.cnpdia.embrapa.br/>. Acesso em: 20 jan. 2009.

FERREIRA, J. B.; TAMANAHA, K. In: SEMASA (SANEAMENTO AMBIENTAL). *Santo André antes do PDD.* Santo André, 1997. Disponível em: <http://www.semasa.sp.gov.br/scripts/display.asp?idnot=305>. Acesso em: 20 jan. 2009.

JARDIM, W. F. Evolução da atmosfera terrestre. *Química Nova na Escola*: cadernos temáticos, n. 1, p. 5-8, 2001.

KOHÄN-SAAGOYEN. *Mineração.* Rio de Janeiro, [2003]. Disponível em: <http://www.ksnet.com.br/paginas/servicos/mineracao1.htm>. Acesso em: 20 jan. 2009.

LAVORENTI, A. Comportamento de herbicidas no solo. In: ENCONTRO BRASILEIRO SOBRE SUBSTÂNCIAS HÚMICAS. 3, 1999, Santa Maria. Resumos..., Santa Maria: Pallotti, 1999, p. 21.

MAGNOLI, D.; ARAÚJO, R. *A nova geografia.* São Paulo: Moderna, 1996.

MALAVOLTA, E. *Manual de química agrícola*: nutrição de plantas e fertilidade do solo. São Paulo: Agronômica Ceres, 1976.

MOERI, E.; SALVADOR, C. Áreas contaminadas: novos conceitos na avaliação e recuperação. *Saneamento Ambiental*, v. 93, p. 24-27, 2003.

PILON, C. N. et al. Seqüestro de carbono por sistemas de manejo do solo e seus reflexos sobre o efeito estufa. In: ENCONTRO BRASILEIRO SOBRE SUBSTÂNCIAS HÚMICAS. 4, 2001, Viçosa. Resumos..., Viçosa: Suprema, 2001. p. 20.

ROCHA, J. C.; OLIVEIRA, S. C.; SANTOS, A. Recursos hídricos: noções sobre o desenvolvimento do saneamento básico. Saneamento Ambiental, v. 39, p. 36-43, 1996.

ROCHA, J. C.; ROSA, A. H. *Substâncias húmicas aquáticas*: interações com espécies metálicas. São Paulo: UNESP, 2003.

RODRIGUES, R. M. *O solo e a vida*. São Paulo: Moderna, 2001.

ROSA, A. H.; ROCHA, J. C.; Fluxos de matéria e energia no reservatório solo: da origem a importância para a vida. *Química Nova na Escola*, p. 7-14, 2003.

ROSE, A. W.; HAWKES, H. E.; WEBB, J. S. Geochemistry in mineral exploration. 2nd. ed. Londres: Academic Press, 1979.

SILVESTRE, M.; MARCHI, R. S. Áreas contaminadas: quem responde pelo passivo de empresas falidas? *Saneamento Ambiental*, v. 93, p. 28-32, 2003.

SPOSITO, G.; PAGE, A. L. Circulation of metals in the. environment. In: SIGEL, H. (Ed.). *Metal ions in biological systems*. New York: Marcel Dekker, 1985.

TOSCANO, I. A. S. *Influência das substâncias húmicas aquáticas na determinação de atrazina por imunoensaio (ELISA)*. Araraquara, 1999. 107 p. Tese (Doutorado em Química) – Instituto de Química de Araraquara, Universidade Estadual Paulista, 1999.

6
MATÉRIA ORGÂNICA (SUBSTÂNCIAS HÚMICAS)

6.1 CLASSIFICAÇÃO

Um comentário inicial diz respeito ao desenvolvimento da alquimia e aspectos da matéria orgânica em solos e águas do Egito antigo. A palavra alquimia, de onde derivou o nome da ciência química, teve origem no termo grego, *chemia*, com o artigo árabe, *al*, posto como prefixo. É provável que *chemia* tenha derivado de *chemi*, significando escuro, negro. Por causa do solo escuro do vale do Nilo, os gregos chamavam o Egito de *Chemi* ou *Kemi*. Os solos do Vale do Nilo apresentavam cor escura, ao contrário do vermelho do deserto, devido ao alto teor de matéria orgânica, ou húmus, que o rio trazia das florestas da África nas suas enchentes. Desse modo, o próprio nome da ciência, química, teria surgido de propriedade peculiar da matéria orgânica de águas e solos, a cor escura (Rocha; Rosa, 2003).

A expressão matéria orgânica natural (MON) tem sido empregada para designar toda matéria orgânica existente nos reservatórios ou ecossistemas naturais, diferindo da matéria orgânica viva e dos compostos de origem antrópica. Cerca de 20% da MON nos ecossistemas naturais consiste em compostos orgânicos com estrutura química definida, como carboidratos, aminoácidos e hidrocarbonetos. Os 80% restantes correspondem a massas de matéria orgânica detríticas, pertencentes a um grupo de estrutura química indefinida, com tempo de residência mais longo no ambiente e relativamente resistente à degradação; elas são denominadas matéria orgânica refratária (MOR).

A matéria orgânica natural pode ser classificada de acordo com a origem das plantas, que serviram como material de partida para a formação desses compostos. A matéria orgânica natural aquagênica (MOA) é aquela formada na água, pela excreção e decomposição de plâncton e bactérias aquáticas, ao passo que a pedogênica (MOP) refere-se à decomposição de plantas terrestres e de micro-organismos, incluindo material lixiviado dos solos e aportado nos sistemas aquáticos.

A MOP é formada pela degradação de lignina, carboidratos e proteínas, os quais levam à formação de compostos aromáticos (especialmente substâncias carboxílicas, fenólicas e benzênicas) e, em menor quantidade, de compostos alifáticos. A matéria orgânica encontrada em lagos e rios é predominantemente decorrente de processo de lixiviação da MOP do solo. Desta forma, processos unicamente de MOA ocorrem apenas em águas oceânicas.

Substâncias húmicas (SH) são os principais constituintes da matéria orgânica natural (MON), globalmente distribuídas em ambientes terrestres e aquáticos. Estima-se que cerca de 50% do carbono orgânico dissolvido (COD) em águas superficiais e oceânicas consiste em matéria orgânica refratária do tipo SH.

6.1.1 Substâncias húmicas de solos

A matéria orgânica presente nos solos, turfas e sedimentos consiste em uma mistura de produtos, em vários estágios de decomposição, resultantes da degradação química e biológica de resíduos vegetais/animais e da atividade de síntese de micro-organismos. Essa matéria é chamada de húmus, substâncias húmicas e substâncias não-húmicas. A base da diferenciação é que as substâncias não-húmicas são de natureza definida, como, por exemplo, aminoácidos, carboidratos, proteínas e ácidos orgânicos, ao passo que as substâncias húmicas são de estrutura química complexa, compondo um grupo de compostos heterogêneos. As substâncias húmicas são importantes do ponto de vista ambiental, pois representam a principal forma de matéria orgânica distribuída no planeta Terra. São encontradas não apenas em solos, mas também em águas naturais, turfas, pântanos, sedimentos aquáticos e marinhos. A quantidade de carbono presente na Terra, na forma de SH ($60 \cdot 10^{11}$ T), excede àquela presente em organismos vivos ($7 \cdot 10^{11}$ T).

As propriedades físico-químicas de solos e sedimentos são, em grande medida, controladas pelas substâncias húmicas. Dependendo das condições do meio, possuem características oxirredutoras, influenciando na redução de espécies metálicas. Por exemplo, participam do ciclo do mercúrio reduzindo espécies Hg(II) presentes em solos e sistemas aquáticos à espécie Hg° (volátil), a qual consequentemente é transferida para o compartimento atmosfera. Na litosfera e na hidrosfera, atuam no mecanismo de sorção de gases orgânicos e inorgânicos presentes na atmosfera. Como agentes complexantes, as substâncias húmicas também influem no transporte, acúmulo, toxicidade, biodisponibilidade de espécies metálicas e nutrientes para plantas e/ou organismos da micro e macrofauna. Interagem com compostos orgânicos antrópicos – por exemplo – pesticidas e herbicidas (xenobióticos) por efeitos de adsorção, solubilização, hidrólise, processos microbiológicos e fotossensibilizantes. O efeito solubilizante das SH sobre compostos orgânicos influi na dispersão, mobilidade e no transporte desses produtos xenobióticos nos ambientes aquático e terrestre. Quando presentes em altas concentrações durante o processo de tratamento de água, as SH podem reagir com o cloro, produzindo compostos orgânicos halogenados, os quais possuem características cancerígenas. O Quadro 6.1 lista alguns efeitos benéficos do húmus ao solo.

6.1.2 Substâncias húmicas aquáticas

Embora há cerca de 200 anos venham sendo estudadas as características e as propriedades das substâncias húmicas presentes no solo, apenas nos últimos 40 anos tem aumentado o

CAPÍTULO 6 ▸ MATÉRIA ORGÂNICA (SUBSTÂNCIAS HÚMICAS)

QUADRO 6.1 Propriedades gerais das substâncias húmicas e efeitos causados ao solo. (Adaptado de Stevenson, 1994.)

Propriedades	Observações	Efeitos no solo
Cor	A coloração escura de muitos solos é causada pelas substâncias húmicas.	Retenção de calor, auxiliando na germinação de sementes.
Retenção de água	Podem reter água até 20 vezes sua massa.	Evitam erosão e mantêm a umidade do solo.
Combinação com argilominerais	Cimentam partículas do solo, formando agregados.	Permitem a troca de gases e aumentam a permeabilidade do solo.
Quelação	Formam complexos estáveis com Cu^{2+}, Mn^{2+}, Zn^{2+} e outros cátions polivalentes.	Melhoram a disponibilidade de nutrientes para as plantas maiores.
Insolubilidade em água	Devido à sua associação com argilas e sais de cátions divalentes e trivalentes.	Pouca matéria orgânica é lixiviada.
Ação tampão	Têm função tamponante em amplos intervalos de pH.	Ajudam a manter as condições reacionais do solo.
Troca de cátions	A acidez total das frações isoladas do húmus varia de 300 a 1400 cmols kg^{-1}.	Aumentam a CTC do solo. De 20 a 70% da CTC de solos devem-se à MO.
Mineralização	A decomposição da MO fornece CO_2, NH_4^+, NO_3^-, PO_4^{3-} e SO_4^{2-}.	Fornecimento de nutrientes para o crescimento das plantas.

interesse pelo estudo das substâncias húmicas aquáticas (SHA). Isso se deve principalmente à conscientização sobre a importância de manter e melhorar a qualidade química da água para consumo humano e, consequentemente, à necessidade do conhecimento dos ciclos e destinos finais de poluentes lançados no ambiente. Nesse contexto, o entendimento dos mecanismos pelos quais as SHA interferem em processos de tratamento de água e suas propriedades associadas ao transporte, à labilidade e à complexação de espécies metálicas/pesticidas em sistemas aquáticos são relevantes do ponto de vista ambiental.

Em sistemas aquáticos, a matéria orgânica pode ser dividida em particulada e dissolvida, e a definição entre material orgânico dissolvido e particulado é operacional. Considera-se como carbono orgânico dissolvido (COD) a fração que passa, por filtração, através de membrana 0,45 μm, podendo ser ainda fracionada em carbono hidrofóbico e hidrofílico. Substâncias húmicas aquáticas contribuem com cerca de 50% do COD presente em águas naturais.

A definição operacional de SHA está baseada em métodos cromatográficos de extração. Thurman e Malcolm (1981) definiram SHA como a porção não-específica, amorfa, constituída de carbono orgânico dissolvido em pH 2 e adsorvente em coluna de resina XAD 8, com altos valores de coeficiente de distribuição. As substâncias húmicas detêm cerca de 50% de carbono em massa. Logo, sua concentração pode ser estimada como o dobro do valor de carbono determinado no extrato húmico. As SHA podem ser de origem alóctone (levadas por lixiviação e/ou erosão dos solos e transportadas aos lagos, rios e oceanos pelas águas das chuvas, por pequenos cursos de água e pelas águas subterrâneas) ou autóctone (derivadas dos constituintes celulares e da degradação de organismos aquáticos nativos). Ainda que haja alguma similaridade entre substâncias húmicas presentes no solo e na água, a diversidade no ambiente de formação e nos

QUADRO 6.2 Composição elementar média (%) de substâncias húmicas extraídas de águas. (Adaptado de Malcolm e MacCarthy, 1986.)

Amostra	C	H	O	N	S
Ácidos fúlvicos aquáticos	55,03	5,24	36,08	1,42	2,00
Ácidos húmicos aquáticos	54,99	4,84	33,64	2,24	1,51

Valores médios da composição elementar, livres de cinzas e em base seca.

compostos de origem faz com que elas apresentem diferenças peculiares. A natureza da água (rios, lagos ou mar) e a estação do ano também são fatores determinantes nos processos de formação e de humificação das SHA.

Embora possuam composição variada, dependendo de sua origem e de seu método de extração, as similaridades entre as SHA são mais significativas que suas diferenças. Geralmente, cerca de 90% das SHA dissolvidas em água são constituídas de ácidos fúlvicos aquáticos (AFA), e o restante corresponde aos ácidos húmicos aquáticos (AHA). O AHA difere do AFA na composição elementar, no teor de grupos funcionais, no intervalo de massa molar e em outras características. Ademais, as características do AHA e AFA diferem dessas respectivas frações presentes no solo. A composição elementar das substâncias húmicas extraídas de água e de solo é apresentada no Quadro 6.2. Os dados da composição elementar das SH são importantes na predição da influência destas no ambiente. Por exemplo, as SH com maiores teores de oxigênio possuem maiores concentrações de grupos funcionais, tornando-as mais hidrofílicas e diminuindo o acúmulo de compostos orgânicos não-iônicos. Entretanto, a maior concentração de grupos oxigenados torna as SH com características mais ácidas, favorecendo a complexação por espécies metálicas.

Os grupos funcionais predominantes nas SHA também são carboxilas e hidroxilas fenólicas e alcoólicas. Geralmente, a massa molecular do AFA situa-se no intervalo de 800-1.000 Daltons, ao passo que o AHA normalmente está entre 2.000-3.000 Da. Todavia, a massa molecular de AH extraído de solos pode atingir centenas de milhares de daltons (Da), sendo que 1 Da corresponde a uma unidade de massa atômica. Por outro lado, Piccolo e Conte (1999) sugeriram a hipótese de que as SH poderiam ser uma associação de moléculas menores formando estruturas supramoleculares. Embora contestada inicialmente por alguns membros da International Humic Substances Society (IHSS), esta hipótese tem ganhado bastante credibilidade junto aos demais cientistas membros da IHSS e da comunidade científica em geral que trabalha com substâncias húmicas.

6.2 EXTRAÇÃO DE SUBSTÂNCIAS HÚMICAS

6.2.1 Extração de substâncias húmicas de solos

Um resumo dos métodos mais utilizados para a extração de substâncias orgânicas de solos é mostrado no Quadro 6.3.

QUADRO 6.3 Métodos utilizados para extração de substâncias orgânicas de solos

Substâncias orgânicas	Extrator	Material orgânico extraído% (m/m)
Substâncias húmicas	NaOH	80
	Na_2CO_3	30
	$Na_4P_2O_7$	30
	acetilacetona	30
	8-hidroxiquinolina	30
	ácido fórmico	55
	acetona-água-HCl	20
Compostos hidrolizáveis		
Aminoácidos/aminoaçúcares	HCl 6 mol L^{-1}	25-45
Açúcares	H_2SO_4	5-25
Aminoácidos/açúcares livres	água, álcool 80%, acetato de amônio	até 1
Polissacarídeos	NaOH, água quente e HCOOH	até 5
Argilas	HF	5-50
Ceras, resinas e graxas	hexano, éter	2-6%

Compostos apolares como ceras, resinas, graxas etc. podem ser extraídos com solventes orgânicos (p. ex., hexano, éter, tetracloreto de carbono, misturas benzênicas e outros). A hidrólise ácida tem sido muito utilizada para a extração de aminoácidos e açúcares.

Para a extração de substâncias húmicas de solos, são consideradas duas classes de extratores: os moderados e os alcalinos. Para alguns pesquisadores, os extratores moderados são preferíveis; outros preferem a extração mais completa das SH utilizando álcalis, mesmo havendo risco de alterações estruturais. Recentemente, alguns trabalhos propõem extração das SH utilizando uma sequência de extratores, na qual parte do material é extraído com extratores moderados e, posteriormente, com solventes alcalinos.

6.2.2 Extração de substâncias húmicas aquáticas

Como as subtâncias húmicas de águas não apresentarem estrutura definida, torna-se indispensável a descrição detalhada da origem, o tratamento e os métodos aplicados às amostras durante a extração das SHA para possível comparação de resultados. Além disso, vale salientar que, no decorrer do processo de separação/extração das SHA, diversas interações são interrompidas, podendo causar importantes alterações estruturais; essas alterações são fatores limitantes para interpretação das funções das SHA no ambiente. De modo geral, a concentração de substâncias húmicas em águas é baixa (Quadro 6.4); por isso, geralmente são requeridos grandes volumes de amostra para se obter quantidades satisfatórias de material húmico.

QUADRO 6.4 Concentrações de substâncias húmicas aquáticas extraídas de alguns sistemas aquáticos

Amostras	Concentração estimada de SHA (mg L^{-1})	Referências
Águas superficiais	7	Rocha e Rosa, 2003; Aiken, 1985
	8	
	16	
	30	
Águas subterrâneas	20	Suffet e MacCarthy (1989)
Águas marinhas	0,0029*	Malcolm (1990)

* Teor de ácidos húmicos aquáticos (fração das SHA) obtido.

Devido à baixa concentração em águas naturais, a extração/concentração das SHA são as primeiras etapas para estudos relacionados às suas características e propriedades. Quanto aos métodos de separação, elas têm sido isoladas de águas naturais por vários procedimentos, como precipitação, ultrafiltração, extração por solvente, liofilização e adsorção.

Na extração de SHA pelo método cromatográfico em coluna empacotada com resinas XAD, a fração sorvida é eluída com solução aquosa de hidróxido de sódio 0,1 mol L^{-1}, resultando em um extrato de pH > 13. A separação de SHA por cromatografia de sorção tornou-se a técnica mais empregada para a extração das SHA. As resinas XAD não-iônicas são macroporosas e têm grande superfície de contato, o que faz com que o efeito hidrofóbico seja o principal agente na sorção delas. A sorção de SHA é determinada pela solubilidade em água e pelo pH. Em pH baixo, ocorre protonação dos ácidos orgânicos, causando sorção destes na resina. Em pH elevado, os ácidos orgânicos são ionizados, favorecendo a dessorção. Nesse processo, geralmente a acidificação é feita com ácidos minerais, como a solução de ácido clorídrico e a dessorção com solução de hidróxido de sódio 0,1 mol L^{-1}.

6.3 FRACIONAMENTO DAS SUBSTÂNCIAS HÚMICAS

Outra etapa importante nos estudos das características e propriedades das SH é a escolha do método utilizado para o fracionamento. O objetivo deste é a obtenção de frações distintas, com propriedades similares que permitam melhor entendimento da participação das SH em processos ambientais. Verifica-se que os procedimentos de fracionamento aplicáveis às substâncias húmicas extraídas de solos são também aplicáveis às substâncias húmicas aquáticas. Fracionamentos baseados em diferença de solubilidade, tamanho molecular, densidade de carga, precipitações com íons metálicos e características de sorção têm sido utilizados para separar SH em diferentes frações. O Quadro 6.5 resume os principais procedimentos empregados para fracionamento das SHA.

A variação do pH é a forma mais utilizada para fracionamento das SH extraídas por solventes alcalinos. As frações obtidas são ácidos húmicos, solúveis em álcali e insolúvel em ácido

CAPÍTULO 6 ▸ MATÉRIA ORGÂNICA (SUBSTÂNCIAS HÚMICAS)

QUADRO 6.5 Procedimentos utilizados para fracionamento das substâncias húmicas

Procedimento	Frações
Diferença de solubilidade e precipitação com ácidos e bases	Ácidos húmicos, ácidos fúlvicos e humina
Extração com diferentes solventes orgânicos	Bem definidas
Cromatografia de exclusão com base no tamanho molecular	Menos definidas
Ultrafiltração	Dependem da porosidade das membranas filtrantes
Eletroforese	Separação depende das substâncias húmicas
Cromatografia de exclusão com base no tamanho molecular e alta pressão	Boa separação
Cromatografia com afinidade por metais	Obtêm-se 3-4 frações
Cromatografia em fase reversa	Menos definidas
Adaptado de Rocha e Rosa (2003).	

(precipita em pH < 2), ácidos fúlvicos, solúveis em álcali e ácido, e humina, fração insolúvel em todo intervalo de pH.

A ultrafiltração é uma técnica relativamente recente e interessante para o fracionamento das SH, devido à possibilidade de minimização de alterações químicas, o que é fundamental em estudos ambientais. Permite o fracionamento baseado no tamanho molecular das SH, utilizando uma série de membranas com diâmetro de poro de alguns nanômetros. Unidades de ultrafiltração (UF) com fluxo tangencial possibilitam filtração relativamente rápida, devido ao reduzido processo de obstrução dos poros, pois os compostos acumulados na superfície da membrana são deslocados pelo forte fluxo cruzado. Rocha e colaboradores (2000a) construíram um sistema de fracionamento sequencial por ultrafiltração (SFSUF) utilizando filtros disponíveis, comercialmente equipados com membranas de *polyethersulfone* (Sartocon® Micro), para fracionar SH em diferentes tamanhos moleculares (Figura 6.1).

Particularmente, o fracionamento de substâncias húmicas por ultrafiltração em filtros de membranas adequados é, em princípio, um método simples para estudar misturas complexas de macromoléculas, como substâncias húmicas, em função da distribuição dos respectivos tamanhos moleculares. Nesse caso, seria possível a caracterização de importantes propriedades físicas e químicas das SH dissolvidas (por exemplo, solubilidade, comportamento de sorção, acidez, capacidade complexante com espécies metálicas, distribuição de grupos funcionais e estruturas reativas) em função do tamanho molecular.

6.4 INTERAÇÕES DE METAIS COM MATÉRIA ORGÂNICA – ESPECIAÇÃO

Efluentes industriais e domésticos, aplicação indiscriminada de pesticidas/herbicidas às lavouras e remanescentes de poluentes do ar têm contribuído para a deterioração da qualidade de ambientes aquáticos. Dentre esses poluentes, metais potencialmente tóxicos representam um gru-

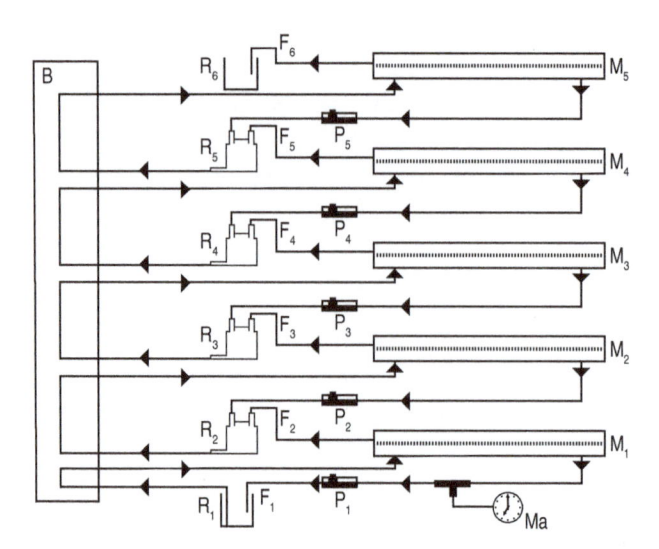

FIGURA 6.1 Esquema do sistema de fracionamento sequencial por ultrafiltração utilizado para fracionar substâncias húmicas. Condições: filtros equipados com membranas comerciais *polyethersulfone* (Sartocon® Micro), com 50 cm², M_1:100; M_2:50; M_3:30; M_4:10; e M_5:5 kDalton; frações obtidas e respectivos intervalos de tamanho molecular médio de F_1 (>100), F_2 (100-50), F_3 (50-30), F_4 (30-10), F_5 (10-5) e F_6 (<5 kDalton); B: bomba peristáltica com cinco canais (Ismatec) e tubos de bombeamento Tygon® (AU-95609-10); reservatórios de frações (construídos em vidro de borossilicato) R_2, R_3, R_4, R_5 (25 mL), R_1 (250 mL) e R_6 (500 mL); reguladores de pressão (pinça de Mohr – Fisher Nº Cat. 05-875A) P_1, P_2, P_3, P_4 e P_5; manômetro (Ma); 250 mL de solução de substâncias húmicas aquáticas 1,0 mg mL^{-1} em pH 5; fluxo tangencial com vazão de 85 mL min^{-1} em todos os filtros; pressão inicial de 0,2-0,3 bar; fluxo de permeação através das membranas 0,8-1,4 mL min^{-1}. (Adaptada de Rocha et al., 2000a.)

po especial, pois não são degradados, química ou biologicamente, de forma natural. A presença no ambiente aquático de metais potencialmente tóxicos em concentrações elevadas causa a morte de peixes e seres fotossintetizantes. Sua introdução no organismo humano via cadeia alimentar pode originar várias doenças, pois apresentam efeito cumulativo, podendo até causar a morte.

Sabe-se que a biodisponibilidade de metais é influenciada principalmente pela forma encontrada na natureza, e não só pela concentração total, como se acreditava no passado. Em sistemas aquáticos, íons metálicos podem estar presentes em diferentes formas físico-químicas, e o estudo e a busca do conhecimento de como essas formas influenciam no meio são frequentemente denominados especiação de metais. A especiação é influenciada por diversos fatores, como pH, potencial redox, tipos e concentrações de ligantes orgânicos (p. ex., substâncias húmicas) e inorgânicos (p. ex., hidróxidos e bicarbonatos), material particulado e coloidal.

6.4.1 Metodologias utilizadas na determinação de metais em matéria orgânica natural

Os fatores mais relevantes a serem considerados na caracterização das espécies MON-metais são a característica, o teor de grupos funcionais, a capacidade de complexação, o tamanho molecular da MO e as estabilidades termodinâmicas e cinéticas do complexo MON-metal. Dentre esses fatores, apresentados na Figura 6.2, a escolha do método e do procedimento analítico a serem utilizados na determinação das espécies metálicas é de fundamental importância.

A quantificação de metais em MON exige o emprego de métodos de determinação com elevada sensibilidade, os quais irão permitir a quantificação das concentrações de metais na MON e em suas frações previamente separadas. Com essa finalidade, os métodos baseados em espectrometria atômica, utilizando atomizadores de chama (AAS-chama), forno de grafite (AAS-grafite), plasma (ICP-OES, ICP-MS) ou fluorescência total com reflectância de raios-X (TXRF), têm sido preferencialmente usados. Essas metodologias permitem a determinação de metais em intervalos de concentração até ng mL^{-1}, dependendo do analito de interesse e dos interferentes presentes na matriz, conforme mostra o Quadro 6.6.

Soluções com concentrações menores do que 100 mg L^{-1} de matéria orgânica causam pequenas interferências analíticas. Nesse caso, os sinais analíticos podem ser calibrados utilizando-se soluções de padrões aquosos. Entretanto, para determinações de metais em amostras de MON utilizando AAS, é necessário adotar procedimentos de adição-padrão para eliminar interferências no sinal analítico, mesmo para baixas concentrações. Ademais, pode-se optar por procedimentos de digestão, convencionalmente utilizados para amostras de água, para eliminação dos efeitos de matriz da MON.

6.4.2 Capacidade complexante

Em águas naturais, vários ligantes têm capacidade de reduzir os efeitos tóxicos de metais aportados via fontes antrópicas. Isso tem sido atribuído à complexação dos metais pelos ligantes presentes na água, e geralmente essa propriedade é referida como "capacidade complexante" (CC). Trata-se de um importante parâmetro de qualidade de águas, definido como a concentra-

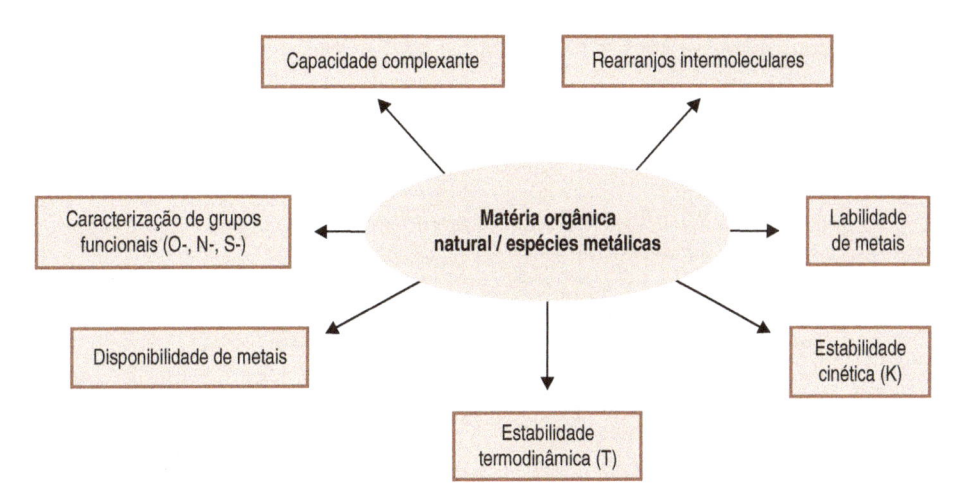

FIGURA 6.2 Principais fatores a ser considerados na caracterização de espécies metálicas e de matéria orgânica natural.

QUADRO 6.6 Algumas técnicas utilizadas na determinação de metais em amostras de matéria orgânica natural

Técnicas	Elementos	Limite de detecção
AAS-chama	Metais alcalinos, alcalinos terrosos e metais pesados	ng mL^{-1} – µg mL^{-1}
AAS-grafite	Metais alcalinos, alcalinos terrosos e metais pesados	até ng mL^{-1}
ICP-OES	Metais alcalinos, alcalinos terrosos e metais pesados	ng mL^{-1} – µg mL^{-1}
ICP-MS	Metais alcalinos, alcalinos terrosos e metais pesados	até ng mL^{-1}
TXRF	Elementos com número atômico maior do que 12	até ng mL^{-1}

Adaptado de Rocha e Rosa (2003).

ção de íon metálico a ser adicionada a um sistema aquático, sem que a espécie predominante seja a iônica. Frequentemente tal propriedade é determinada pelo ponto final da titulação de uma amostra de água com um íon metálico.

A capacidade complexante está muito associada à matéria orgânica dissolvida, de massa molar entre 1.000 e 10.000 Dalton. A maior parte dessa matéria orgânica dissolvida tem características semelhantes às dos ácidos fúlvicos e varia com o sistema aquático em questão. Diversos métodos têm sido aplicados para obter informações sobre a capacidade complexante da MON, e cobre tem sido o íon mais utilizado nesses estudos, devido à sua característica de formar complexos estáveis com vários ligantes de ocorrência natural na água. Dentre os métodos empregados pode-se citar a titulação potenciométrica, bem como fluorescência, polarografia, voltametria, dentre outros (Quadro 6.7). Embora a comparação entre eles mostre que todos estão sujeitos a vantagens e desvantagens analíticas, os métodos eletroanalíticos têm sido mais utilizados.

A capacidade complexante das SHA é convencionalmente expressa em mmol g^{-1} de SH ou em mmol g^{-1} de COD e caracteriza a máxima quantidade de metais livres que podem ser ligados às SHA em solução aquosa.

Uma técnica simples utilizada para a determinação da CC das SHA é a titulação potenciométrica com íons Cu(II), a qual resulta em uma curva plotando-se a concentração de Cu(II) livre em função da concentração total de íons Cu(II) adicionado. A Figura 6.3 mostra a determinação

QUADRO 6.7 Algumas técnicas utilizadas para determinação da capacidade complexante da matéria orgânica natural

Técnicas	Intervalo de concentração log (mol L^{-1})
Eletrodo íon seletivo para íons Cu(II)	–5 a –6
Fluorescência	–6 a –7
Polarografia	–6 a –7
Ultrafiltração/AAS	–7 a –8
Voltametria	< –9

Adaptado de Rocha e Rosa (2003).

CAPÍTULO 6 ▸ MATÉRIA ORGÂNICA (SUBSTÂNCIAS HÚMICAS)

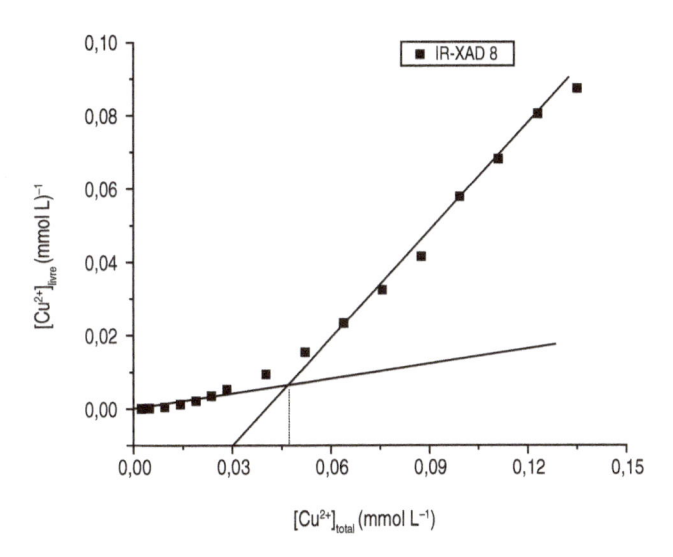

FIGURA 6.3 Determinação da capacidade complexante de amostra de substâncias húmicas aquáticas, utilizando eletrodo íon seletivo para íons Cu(II). IR-XAD 8 substâncias húmicas aquáticas extraídas com resina XAD 8 de amostra de água coletada no rio Itapitangui, Cananéia, SP (Adaptada de Romão et al., 2003).

da CC de uma amostra de SHA empregando-se eletrodo íon seletivo. Mantendo o pH e a força iônica constantes, verifica-se o aumento do potencial em função da quantidade de íons Cu(II) adicionada, conforme descrito pela Lei de Nernst. A CC é determinada por extrapolação, no eixo das abscissas, do valor correspondente à intersecção das retas nas porções lineares da curva de Cu(II) livre em função da concentração total de íons Cu(II) adicionada.

Modelos de interpretação

Para o estudo de reações de complexação de MON, é preciso utilizar modelos matemáticos, os quais estão ligados às propriedades físicas. Devido à complexidade do sistema, todos os modelos de complexação de metal por MON são empíricos. Logo, um modelo deve descrever a interação do metal em função do pH, da concentração de SH ou MON e da força iônica.

A expressão de equilíbrio que descreve uma reação de complexação de uma espécie metálica por um sítio simples de complexação L é

$$mM + lL \leftrightarrow M_m L_l$$

$$K = \frac{[mM L_l]}{[M]^m [L]^l}$$

onde os termos M, L e ML representam as concentrações do íon metálico livre, ligante e complexo, respectivamente.

Para um sistema polifuncional, o número de parâmetros a ser determinado é muito grande. Logo, isso não é possível na prática, pois, para que os parâmetros ajustáveis sejam significativos estatisticamente, somente três ou quatro deles poderão ser utilizados no ajuste das curvas de titulação. Muitos dados de complexação encontrados na literatura foram obtidos considerando-se os sítios complexantes como ligantes dissolvidos em uma solução, não existindo interações entre os sítios e negligenciando-se a influência da carga elétrica da molécula na reação de complexação.

Alguns métodos gráficos são utilizados para avaliar e modelar sistemas aquáticos e determinar o valor de K e $[L]$ para os complexos formados entre metais e diversos ligantes. Dentre estes, os mais discutidos na literatura são os de Scatchard, Coleman e Shen (1957) e de Ruzic (1982). Esses métodos são linearizações para o modelo de formação de complexo 1:1 e consideram um número finito de diferentes sítios complexantes presentes na MON (L_a, L_b, ...L_z) com diferentes valores de constante de equilíbrio.

A concentração do metal complexado $[ML]$ é calculada a partir do balanço de massa $[ML] = [M]_{total} - [M]$. A fração de sítios de ligação f_i é definida como

$$f_i = \frac{[ML]_i}{[L]_{ti}} \quad (1)$$

onde $[L]$ é a concentração total dos sítios de complexação, expressa em mol L^{-1}. No caso de ligantes de ocorrência natural, como as SH, nos quais a massa molar não é definida por um único valor e a concentração total dos sítios de complexação não é conhecida *a priori*, expressa-se a fração de sítios ligantes como

$$f_i = \frac{[ML]}{\{P\}} = CC \quad (2)$$

onde $\{P\}$ é a concentração do ligante expressa em g L^{-1} e CC é a capacidade complexante, a qual representa o número de mol de sítios de complexação da classe (i) por grama do ligante.

A partir das Equações (1) e (2), a expressão para a constante de equilíbrio condicional K, em pH e força iônica constante, pode ser:

$$K_i = \frac{[ML]_i}{[M][L]_i} \quad (3)$$

e a seguinte expressão, encontrada de acordo com a proposta de Scatchard, é:

$$\frac{[ML]_i}{[M]} = K_i[L]_i - K_i[ML]_i \quad (4)$$

Esse tratamento matemático é utilizado para interpretar curvas de titulação de ligantes por íons metálicos, plotando

$$\frac{[ML]}{[M]}$$

em função de $[ML]$. Para complexos com apenas um tipo de sítio ligante, é obtida uma função linear, e K corresponde ao módulo do coeficiente angular, sendo a intersecção com o eixo das abscissas igual ao produto de $[L]$ por K.

CAPÍTULO 6 ▸ MATÉRIA ORGÂNICA (SUBSTÂNCIAS HÚMICAS)

Quando dois tipos de sítios significativamente distintos estão presentes, a curva obtida tem a forma côncava e pode ser dividida em dois segmentos lineares (Figura 6.4), nos quais os valores K_1 e K_2 são estimados pelo módulo da inclinação das retas 1 e 2, respectivamente. Pela intersecção da reta 1 com o eixo das abscissas e da reta 2 com o eixo das ordenadas, os valores de CC_1 e CC_2 podem ser estimados.

6.4.3 Labilidade relativa de espécies metálicas complexadas por matéria orgânica natural

A estabilidade cinética e termodinâmica da espécie formada MON-metal influencia diretamente em seu transporte, acúmulo e biodisponibilidade para o ecossistema. Assim, investigações dos processos de troca entre MON e metais são importantes, por exemplo, em estudos de hidrogeoquímica. Para tanto, é fundamental o desenvolvimento de métodos analíticos para caracterizar qualitativa e quantitativamente espécies metálicas no ambiente. Um dos principais problemas desse tipo de medida é que, geralmente, trabalha-se com concentrações extremamente baixas e em matrizes complexas, nas quais coexistem um grande número de interferentes.

Processos de troca iônica

Way e Thompson (1850) citados por Padilha (1993) descobriram a capacidade de troca iônica trabalhando com solos. Verificaram que quando se percola uma solução de íons amônio em uma alíquota de solo, há retenção dos cátions NH_4^+ e liberação de uma quantidade equi-

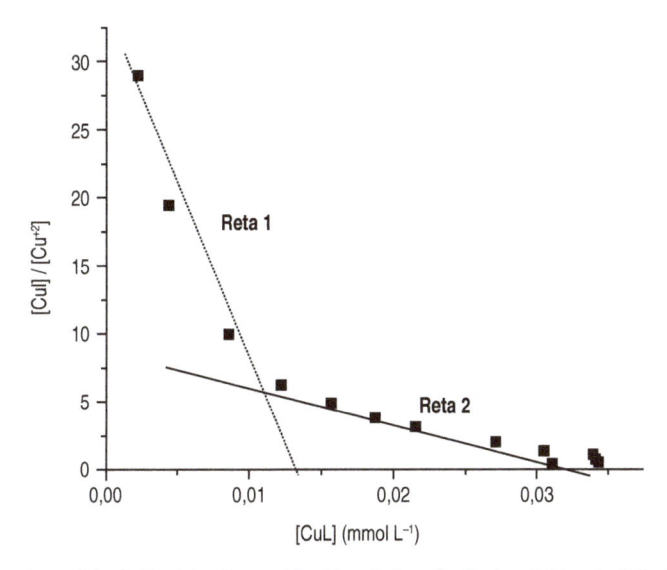

FIGURA 6.4 Gráfico do modelo de Scatchard com dois sítios de ligação. Dados obtidos da titulação de substâncias húmicas aquáticas extraídas de amostras de água coletadas no rio Itapanhaú – Bertioga, SP (Adaptada de Romão e cols., 2003).

valente de íons cálcio (Ca^{2+}). A partir dessas observações, diversos pesquisadores trabalharam na tentativa de sintetizar trocadores de íons. No processo de troca iônica, ocorre uma reação química reversível entre os íons das duas fases imiscíveis. Pode-se considerar um trocador iônico como uma substância insolúvel podendo trocar alguns de seus íons por outros do mesmo tipo de carga, contidos em um meio com o qual está em contato. As principais características de um trocador iônico são a capacidade de troca iônica e a seletividade. Além disso, um bom trocador deve possuir estabilidade mecânica, química, térmica e extrema insolubilidade. Tais propriedades são influenciadas tanto pela estrutura do suporte quanto pelo grupo funcional responsável pela troca iônica.

A utilização de trocadores iônicos para estudos de labilidade de metais complexados por SH tem sido descrita por Rocha e colaboradores (1997). O princípio do procedimento baseia-se na troca de espécies metálicas complexadas às SH (SH-M) por um trocador iônico, cujo equilíbrio pode ser descrito pelo seguinte:

$$\text{SH-M} \underset{\text{solução}}{\overset{K_{SH}}{\longleftrightarrow}} \text{HS} + \text{M} + \text{RTI} \underset{\text{trocador}}{\overset{K_{troca}}{\longleftrightarrow}} \text{M-RTI}$$

onde SH-M: espécie formada entre substâncias húmicas aquáticas SH e íon metálico; SH: substâncias húmicas; RTI: resina trocadora iônica; M-RTI: espécies formadas entre a resina trocadora e o íon metálico.

O coeficiente de distribuição (Kd) é definido como a relação entre a concentração da espécie iônica no trocador e a concentração dessa espécie em solução. As concentrações são geralmente expressas em mol L^{-1}, embora também sejam aceitos resultados em mL g^{-1}. O valor de Kd possibilita verificar se o sistema atingiu o equilíbrio e pode servir para indicar qual íon metálico é melhor separado dentre outros.

No caso do uso de técnicas de eluição, a velocidade com que os íons se movem é proporcional aos seus coeficientes de distribuição, e o Kd é calculado conforme mostra a equação

$$Kd \text{ (mL g}^{-1}) = \frac{\text{Concentração de metal na RTI (g g}^{-1})}{\text{Concentração de metal na solução (g mL}^{-1})}$$

Uma eficiente pré-concentração multielementar por procedimento em batelada requer resinas de troca iônica com altos coeficientes de distribuição, Kd, preferivelmente da ordem $>10^4$. Baseado no coeficiente de distribuição, pode-se caracterizar a labilidade relativa de metais potencialmente tóxicos complexados às substâncias húmicas aquáticas, utilizando-se resinas trocadoras em função do pH, da concentração de SHA, do tempo de contato e do tempo de complexação (*ageing*), conforme mostra a Figura 6.5. Dessa forma, a separação de frações metálicas lábeis complexadas por SHA mediante, por exemplo, resina fosfato de celulose pode ser estudada em função do tempo de contato, e a cinética/ordem de reação desse processo pode ser obtida conforme mostram as Figuras 6.6 e 6.7. Experimentos, tratamentos matemáticos e interpretações de estudos de troca entre espécies metálicas e SHA podem ser encontrados com maiores detalhes na literatura.

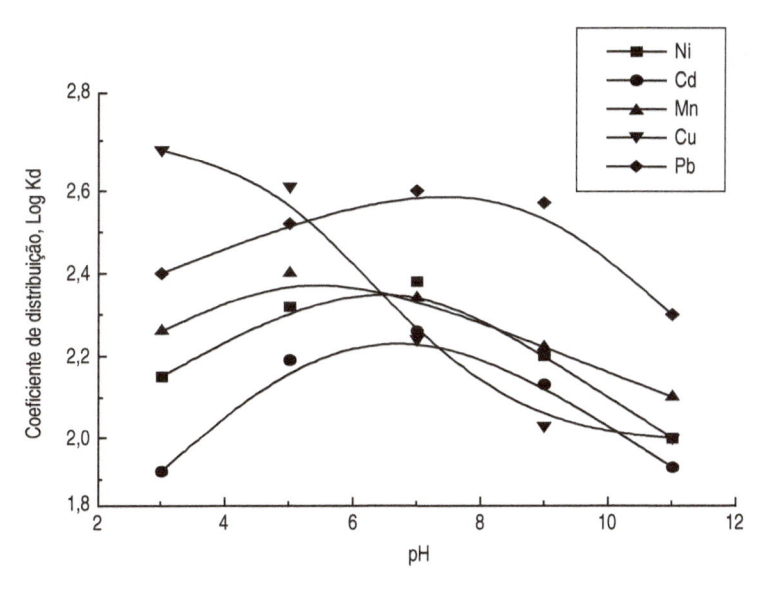

FIGURA 6.5 Coeficiente de distribuição de metais, Kd, com resina fosfato de celulose na presença de SHA, em função do pH (10,0 mL de SHA [1,0 mg mL^{-1}], 24 h de complexação e 80,0 mg de RTI).

6.4.4 Distribuição e rearranjos intermoleculares de espécies metálicas em frações de substâncias húmicas aquáticas com diferentes tamanhos moleculares

O estudo da distribuição de metais em águas naturais possibilita um melhor entendimento dos fenômenos de transporte, acumulação e biodisponibilidade das várias espécies metálicas no ambiente aquático. A distribuição de níquel, cobre, zinco, cádmio e chumbo, em frações

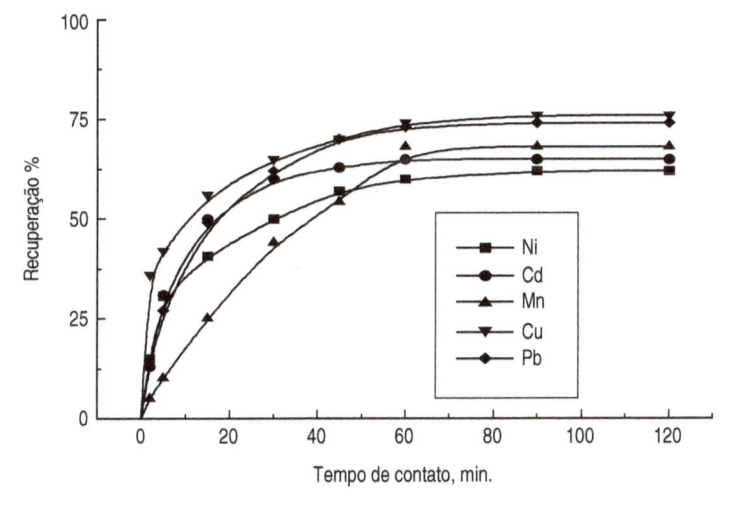

FIGURA 6.6 Separação de íons metálicos ligados à SHA em função do tempo de contato (10,0 mL de SHA [1,0 mg mL^{-1}], pH 5,0, 24 h de complexação e 80,0 mg de resina).

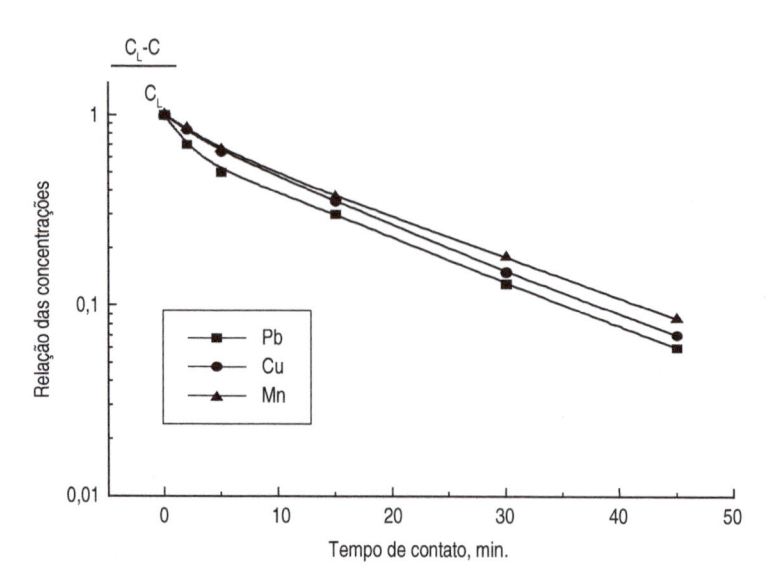

FIGURA 6.7 Separação da fração metálica lábil trocável (concentração C_L), em função do tempo de contato (Condições idênticas às da Figura 5.6).

com diferentes tamanhos moleculares de substâncias húmicas extraídas de amostras de água do Rio Negro, AM, tem mostrado que a fração de menor tamanho molecular, F_6 (< 5 kDa), conta com cerca de quatro vezes mais carbono do que a fração de maior tamanho molecular, F_1 (> 100 kDa), e as frações de tamanhos moleculares intermediários têm entre 10 a 20% de carbono (Figura 6.8).

A simulação de um *input* de metais pesados em sistema hídrico mostra que, devido à complexação dos metais pelas substâncias húmicas, após 24 horas de contato (metal-SHA 1D) ocorre modificação da distribuição de carbono (Figura 6.8b) para todas as frações, em comparação com as SHA originalmente complexadas (Figura 6.8a). Nesse caso, caracterizou-se a seguinte ordem intermediária de distribuição de carbono nas diferentes frações: $F_3 > F_1 > F_6 > F_5 = F_2 > F_4$. Entretanto, após 10 dias de reação entre as substâncias húmicas e os íons metálicos adicionados metal-SHA 10D (Figura 6.8c), caracterizou-se uma ordem decrescente de distribuição de carbono, nas frações de diferentes tamanhos moleculares, semelhante àquela estabelecida para a SHA sem adição de metais (Figura 6.8a), ou seja: $F_6 > F_2 > F_3 > F_1 > F_4 > F_5$.

Esses resultados, obtidos em experimentos laboratoriais, reforçam a hipótese de que, quando as macromoléculas húmicas interagem com íons metálicos formando diferentes espécies, devido a rearranjos inter e/ou intramoleculares, o complexo metal-SHA tende a se estabilizar em função do tempo e, consequentemente, a labilidade relativa dos íons metálicos diminui. Assim, em águas com elevada concentração de matéria orgânica, como, por exemplo, as do Rio Negro, AM, as substâncias húmicas aquáticas podem agir como um "tampão", diminuindo a disponibilidade de íons metálicos para participar de outras reações no ambiente aquático.

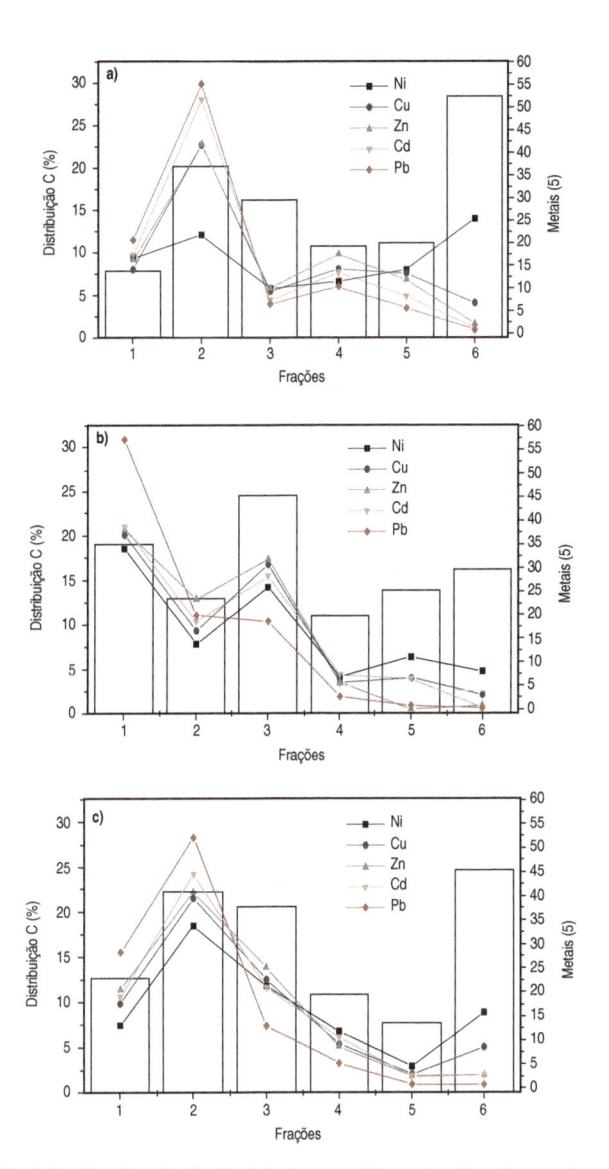

FIGURA 6.8 Distribuição de frações de substâncias húmicas aquáticas extraídas de amostras de água do Rio Negro, AM, em função do tamanho molecular e das concentrações de espécies metálicas: a) originalmente complexadas (SHA); b) após adição de íons metálicos com tempos de complexação de 24 horas (metal-SH 1D); c) após 10 dias de complexação (metal-SH 10D).

6.4.5 Redução de mercúrio iônico por substâncias húmicas aquáticas

As interações da MON com metais potencialmente tóxicos não estão limitadas somente à complexação, mas também a reações de oxirredução. Poucos estudos são encontrados na literatura sobre a variação do número de oxidação de íons metálicos na presença de SH, como manganês, ferro, vanádio, crômio e molibdênio e mercúrio.

Estudos da redução de mercúrio iônico por SHA extraídas de amostras de água do Rio Negro, AM, em função do tempo, têm mostrado que cerca de 40% dos íons Hg(II) adicionados às SHA são reduzidos, independentemente da razão de concentração Hg(II)/SH, conforme mostra a Figura 6.9. O restante dos íons Hg(II) adicionados provavelmente foi complexado por grupamentos presentes na estrutura das SHA. Ou seja, os processos de redução por grupamentos semiquinonas e de complexação por grupamentos tiofenólicos atuam simultaneamente na interação das SHA e do íon Hg(II). Assim, as SHA exercem importante papel nos fenômenos associados à complexação/redução do íon mercúrio(II), participando ativamente do ciclo do mercúrio em águas predominantemente escuras, como, por exemplo, as da Bacia do Rio Negro, na região amazônica.

6.5 INTERAÇÕES ENTRE MATÉRIA ORGÂNICA E PESTICIDAS

As interações das SH com compostos antrópicos (por exemplo, os pesticidas) estão relacionadas com efeitos de adsorção e efeitos solubilizantes, hidrólises, processos microbiológicos e fotossensibilizantes. O efeito solubilizante do material húmico sobre compostos orgânicos pode desempenhar importante função na dispersão, mobilidade e no transporte desses produtos no ambiente aquático. Humatos de sódio causam diminuição da tensão superficial da água, elevando a solubilidade do 2,2-bis(p-clorofenil)-1.1.1-tricloroetano (DDT) cerca de vinte vezes. Resíduos de dicloroaminas, quando ligados à matéria orgânica do solo, causam baixa ou nenhuma

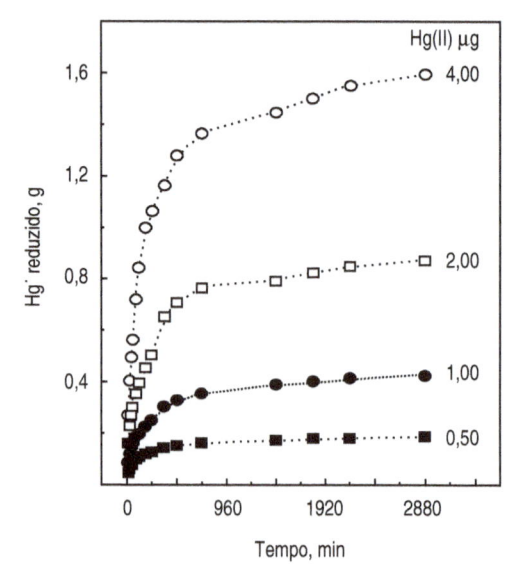

FIGURA 6.9 Redução de mercúrio(II) por SHA extraídas do Rio Negro, AM, em função do tempo (Condições: 1,0 mg SHA; 0,5-4,0 mg Hg(II); pH 5,0).

toxicidade aos micro-organismos. Os ácidos húmicos retardam a fotólise de soluções aquosas de produtos como benzoantraceno, benzopireno, quinolina etc.

Estudos de fotodegradação de pesticidas da família dos carbamatos indicam que os ácidos húmicos atuam como catalisadores, aumentando a velocidade de degradação desses compostos. O pesticida clorado Mirex é transformado rapidamente em seu principal produto de degradação, 10-monohidromirex, na presença de ácidos húmicos. Gauthier, Seltz e Grant (1987) relataram que a extensão da ligação de pireno com ácidos húmicos e fúlvicos está fortemente associada à estrutura e composição do material húmico. Esses autores sugerem, ainda, que tal fato deve ser considerado nos estudos de transporte e destino de poluentes orgânicos hidrofóbicos em sistemas aquáticos.

Estudos cinéticos mostraram que a velocidade de degradação da atrazina triplicou na presença de 10 mg L^{-1} de COD, sendo detectada a presença de metabólitos como hidroxatrazina e ácido cianúrico. Schmitt e colaboradores (1995) notaram alterações no comportamento fotoquímico da atrazina, na presença de substâncias húmicas, com formação de etilatrazina e amelina. Toscano (1999) também verificaram que a produção de radicais livres como OH$^{\cdot}$ e O_2, pelas substâncias húmicas, não só acelerou a degradação da atrazina como também influenciou na estabilização dos metabólitos da fotodegradação.

6.6 NOVAS PERSPECTIVAS E APLICAÇÕES DAS SUBSTÂNCIAS HÚMICAS

Os estudos sobre substâncias húmicas de solos iniciaram há cerca de 200 anos, mas experimentos com objetivos de interpretar as importantes funções das substâncias húmicas aquáticas no ambiente são relativamente recentes. Embora existam à disposição várias técnicas e procedimentos analíticos empregando métodos químicos, físicos e espectroscópicos, a caracterização de SHA, especificamente em relação às suas interações com espécies metálicas, é uma tarefa difícil, carecendo ainda de desenvolvimento de procedimentos analíticos mais adequados, como, por exemplo:

- adequação de procedimentos de preservação das amostras de água e suas espécies (p. ex., metálicas ou xenobióticas) originalmente complexadas;
- desenvolvimento/aprimoramento dos procedimentos de extração/fracionamento das SHA que altere o mínimo possível as características originais da amostra;
- padronização de procedimentos analíticos para caracterização da labilidade de espécies complexadas;
- procedimentos para caracterização/quantificação das interações entre as espécies metálicas e os sítios complexantes presentes nas SHA.

Com o objetivo de minimizar a influência de alguns desses inconvenientes, Burba, Van den Bergh e Klockow (2001), Rocha e colaboradores (2002), Rosa e colaboradores (2006) e Gouveia e colaboradores (2008) têm trabalhado no desenvolvimento de procedimentos de campo, os quais permitem a caracterização de espécies metais-SOR (Substâncias Orgânicas Refratárias, do inglês *Refractory Organic Substances in Environmental – ROSE*) *on-site* e/ou *in-situ*. Esses autores, utilizando sistema de ultrafiltração equipado com membrana de 1 kDa, têm determinado constantes de troca de metais em SOR, conforme mostram as Figuras 6.10a e b. A estabilidade relativa de espécies metal-SOR é caracterizada *on-site* baseando-se na reação de troca do(s) metal(is) por um ligante (p. ex., EDTA, DTPA), ou mesmo por outro metal.

O procedimento analítico desenvolvido por Burba, Van den Bergh e Klockow (2001) traz novas perspectivas para estudos de especiação de metais em ambientes aquáticos. A possibilidade de se fazer experimentos *on-site*, ou seja, imediatamente após a coleta da amostra e praticamente sem pré-tratamento desta, evita alterações, que provavelmente ocorrem durante o transporte, a estocagem e a extração e purificação da amostra. Assim, a partir dos resultados, é possível obter interpretações mais próximas das situações reais ocorridas no ambiente aquático – condição especial e de fundamental importância em estudos ambientais.

Almeida e colaboradores (2003) desenvolveram uma metodologia para extração de matéria orgânica aquática utilizando apenas abaixamento da temperatura, minimizando, assim, a ocorrência de alterações nas características originais da amostra. A metodologia proposta torna possível a separação da matéria orgânica aquática de águas naturais, sem adição de reagentes químicos, de forma relativamente simples e com baixo custo.

Dentre as novas e promissoras aplicações das SH destaca-se também o trabalho desenvolvido por Rosa e colaboradores (2000). Esses autores utilizaram as SH para preparação de

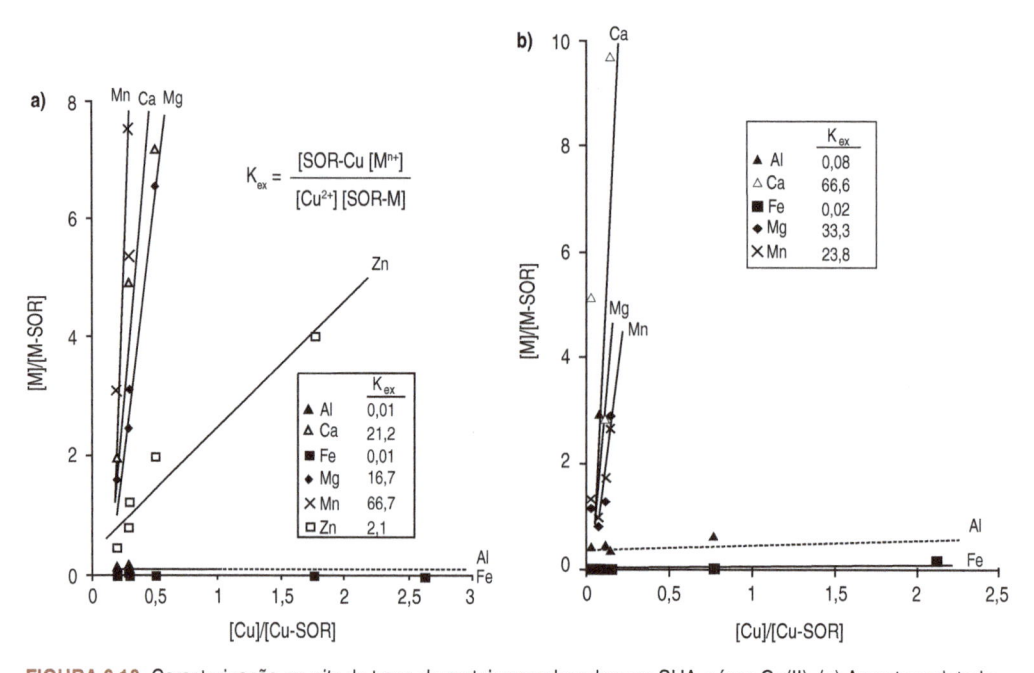

FIGURA 6.10 Caracterização *on-site* de troca de metais complexados por SHA e íons Cu(II). (a) Amostra coletada em 07/1998, no Reservatório Hohlohsee, na Alemanha. b) Amostra coletada em 06/1999, no Reservatório Hohlohsee, na Alemanha (Adaptada de Burba, Van den Bergh e Klockow [2001]).

um novo suporte para imobilização da enzima invertase, com redução dos custos de tal preparação, pois as SH podem ser extraídas de águas naturais e de solos ricos em matéria orgânica, a baixo custo. A invertase possui interesse industrial, pois é responsável pela hidrólise da sacarose, gerando uma mistura equimolar de frutose e glicose (açúcar invertido), a qual tem sido utilizada no preparo de produtos alimentícios especialmente para diabéticos. O novo suporte preparado para imobilização da enzima invertase abre uma nova perspectiva para a aplicação das SH nas mais diversas áreas relacionadas à imobilização de enzimas. Além disso, há ainda a possibilidade de ser estudada sua aplicação como suporte para preparação de resinas trocadoras de íons e colunas cromatográficas.

Santos e colaboradores (2004) compararam o poder complexante entre SH e α-aminoácidos (metionina, sulfóxido de metionina e cloridrato de cisteína) por elementos-traço de interesse biológico. Os resultados mostraram que, para algumas espécies metálicas, as substâncias húmicas são complexantes seletivos com maior capacidade de complexação do que os α-aminoácidos. Esses resultados abrem novas perspectivas para estudos futuros acerca de possíveis aplicações terapêuticas das substâncias húmicas.

EXERCÍCIO EXPERIMENTAL

- *Assunto:* Extração de matéria orgânica de solos
- *Amostra:* Turfa (triturada em gral de porcelana e peneirada em 2 mm)
- *Reativos:* hidróxido de sódio 0,1 mol L^{-1} e ácido clorídrico 2 mol L^{-1}
- Procedimento:

1. Extração das substâncias húmicas (ácidos húmicos e fúlvicos) e separação da humina

a) lavar e secar uma espátula e um vidro de relógio com tamanho e diâmetro adequados à massa de material a tomar;

b) ajustar a balança a ser utilizada (precisão de no mínimo 0,01g) com o vidro de relógio sobre seu prato e tomar cerca de 0,2g da amostra;

c) com pequenos jatos de água destilada de uma pisseta, transferir quantitativamente o material do vidro de relógio para um béquer de 100 mL, adicionar cerca de 20 mL de água destilada e homogeneizar;

d) adicionar 3,0 mL de solução de hidróxido de sódio 0,1 mol L^{-1}, agitar com o bastão de vidro (sem atritar as laterais do béquer) e aguardar cerca de uma hora com agitações periódicas;

e) ajustar papel de filtro quantitativo em funil de vidro de haste longa (preparar coluna d'água no funil para facilitar a filtração) e filtrar quantitativamente a mistura recolhendo o filtrado (*SH*) em outro béquer de 100 mL – (alternativamente pode-se fazer a filtração à vácuo);

f) lavar o béquer que continha a mistura, o bastão de vidro e o sólido retido no papel de filtro (*humina*) com pequenas porções de água destilada, passando a água de lavagem também pelo filtro e recolhendo junto com o filtrado;

No papel de filtro ficará a humina (material escuro insolúvel em ácidos e bases), que após secagem a 110 °C* em estufa pode ser pesada e, com base na massa inicial, calcula-se o teor de humina na amostra.

O filtrado recolhido no béquer é uma solução alcalina de coloração escura contendo uma mistura de ácidos húmicos e ácidos fúlvicos.

2. *Separação dos ácidos húmicos dos ácidos fúlvicos*

g) sob agitação constante, acidificar o filtrado com solução de ácido clorídrico 2 mol L^{-1} até pH 2 e aguardar para decantar os ácidos húmicos precipitados em meio ácido;
h) separar por centrifugação. O precipitado é constituído por ácidos húmicos que, após secagem a 110 °C em estufa, pode ser pesado e, com base na massa inicial, calcula-se o teor de ácidos húmicos na amostra. O filtrado recolhido no béquer é uma solução ácida contendo os ácidos fúlvicos (material amarelado solúvel tanto em meio ácido quanto em meio básico), que após pré-concentração em evaporador rotativo e secagem a 110 °C em estufa pode ser pesado e, com base na massa inicial, calcula-se o teor de ácidos fúlvicos na amostra.

REFERÊNCIAS

ABATE, G.; MASINI, J. C. Utilização de eletrodos potenciométricos de amálgama em estudos de complexação de substâncias húmicas. *Química Nova*, v. 22, n.5, p. 661-665, 1999.

AIKEN, G. R. Isolation and concentration techniques for aquatic humic substances. In: AIKEN, G. R. et al. (Eds.). *Humic substances in soil, sediment and water:* geochemistry, isolation and characterization. New York: John Wiley & Sons, 1985. p. 363-385.

ALMEIDA, R. N. H. et al. Extração de matéria orgânica aquática por abaixamento de temperatura: uma metodologia alternativa para manter a identidade da amostra. *Química Nova*, v. 26, p. 208-212, 2003.

BERNHARD, M.; BRINCKMAN, F. E.; SADLER, P.J. (Ed.). *The importance of chemical speciation in environmental process*. Berlin: Springer-Verlag, 1986. 761 p.

BUFFLE, J. *Complexation reactions in aquatic systems*: an analytical approach. New York: Ellis Horwood, 1990. 692p.

BURBA, P.; VAN den BERGH, J.; KLOCKOW, D. On-site characterization of humic-rich hydrocolloids and their metal loads by means of mobile size-fractionation and exchange techniques. *Fresenius Journal of Analytical Chemistry*, v. 371, p. 660-669, 2001.

CHOUDHRY, G.G. Interactions of humic substances with enviromental chemicals. In: AWTZINGER, O. *The handbook of enviromental chemistry*. Berlin: Springer-Verlag, 1982. p.103-127.

DANIELSSON, L. G. On the use of filters for distinguishing between dissolved and particulate fractions in natural waters. *Water Resources*, v. 16, p. 179-182, 1982.

FADINI, P. S.; JARDIM, W. F. Is the Negro river basin (Amazon) impacted by naturally occuring mercury? *Science Total Environment*, v. 275, p. 71-82, 2001.

---

* Obs.: Recomenda-se a secagem a 110 °C só para fins didáticos/práticos em laboratório didático devido ao limitado tempo de aula. Quando se deseja extrair substâncias húmicas para fins de estudos complementares, deve-se fazer as secagens com temperaturas inferiores para minizar alterações nas estruturas moleculares.

FLORENCE, T. M.; MORRISON, G. M.; STAUBER, J. L. Determination of trace element speciation and the role of speciation in aquatic toxicity. *Science Total Environment*, v. 125, p. 1-13, 1992.

FRIMMEL, F. H. Investigations of metal complexation by polarography and fluorescence spectroscopy. In: MATTHESS, G. et al (Ed.). *Progress in hydrogeochemistry.* Berlin: Springer-Verlag, 1992. p. 61-65.

GAUTHIER, T. D.; SELTZ, W. R.; GRANT, C. L. Effects of structural and compositional variations of dissolved humic materials on pyrene K_{OC} values. *Environmental Science & Technology*, v. 21, p. 23-248, 1987.

GOUVEIA, D. et al. In situ application of cellulose bag and ion exchanger for differentiation of labile and inert metal species. *Analytical and Bioanalytical Chemistry*, v. 390, p. 1173-1180, 2008.

HART, B. Trace metal complexing capacity of natural waters: a review. *Environmental Technology Letters*, v. 2, p. 95-110, 1981.

LACERDA, D. L.; SALOMONS, W. *Mercury from gold and silver mining:* a chemical time bomb? Berlin: Springer, 1998. 146 p.

LUND, W. The complexation of metal ions by humic substances in natural waters. In: BROEKAERT, J. A. C.; GÜÇER, S.; ADAMS, F. (Ed.). *Metal speciation in the environment.* Berlin: Springer-Verlag, 1990. p. 45-55.

MALCOLM, R. L. Geochemistry of stream fulvic and humic substances. In: AIKEN, G. R.et al. (Ed.). *Humic substances in soil, sediment and water:* geochemistry, isolation and characterization. New York: John Wiley & Sons, 1985. p. 181-209.

MALCOLM, R. L. The uniqueness of humic substances in each of soil, stream and marine environments. *Analytica Chimica Acta*, v. 232, p. 19-30, 1990.

MALCOLM, R. L.; MACCARTHY. Limitations in the use of commercial humic acids in water and soil research. *Environmental Science & Technology* v. 20, p. 904-911, 1986.

MARTIN-NETO, L.; VIEIRA, E. M.; SPOSITO, G. Mechanism of atrazine sorption by humic acid: a spectroscopy study. *Environmental Science & Technology*, v. 28, p. 1867-1873, 1994.

MORRISON, G. M. P.; BATLEY, G. E.; FLORENCE, T. M. Metal speciation and toxicity. *Chemistry Brittain*, v. 25, p. 791, 1989.

PADILHA, P. M. *Contribuição ao estudo das interações físico-químicas entre os cátions cobre(II) e as celuloses naturais e modificadas quimicamente: aplicação analítica na pré-concentração e separação de cátions metálicos.* Araraquara, 1993. 189 p. Tese (Doutorado em Química Analítica) – Instituto de Química, Universidade Estadual Paulista, Araraquara, 1993.

PADILHA, P. M. *Contribuição ao estudo das interações físico-químicas entre os cátions cobre(II) e as celuloses naturais e modificadas quimicamente:* aplicação analítica na pré-concentração e separação de cátions metálicos. Araraquara, 1993. Tese (Doutorado em Química Analítica) – Instituto de Química, Universidade Estadual Paulista, Araraquara, 1993.

PERDUE, E. M. Measurements of binding site concentrations in humic susbtances. In: KRAMER, J. R.; ALLEN, H. E. (Ed.). *Metal speciation:* theory, analysis and applications. New York: Lewis Chelsea, 1988. p. 135-154.

PICCOLO, A.; CONTE, P. Molecular size of humic substances. Supramolecular associations versus macromolecular polymers. *Advances in Environmental Research*, v. 3, p. 511-521, 1999.

ROCHA, J. C. et al. Characterization of humic-rich hydrocolloids and their metal species by means of competing ligand and metal exchange-an on site approach. *Journal of Environmental Monitoring*, v. 4, p. 799-802, 2002.

ROCHA, J. C. et al. Lability of heavy metal species in aquatic humic substances chracterized by ion exchange with cellulose phosphate. *Talanta,* v. 44, p. 69-74, 1997.

ROCHA, J. C. et al. Reduction of mercury (II) by tropical river humic susbtances (Rio Negro) – A possible process of the mercury cycle in Brazil. *Talanta,* v. 53, p. 551-559, 2000.

ROCHA, J. C. et al. Reduction of mercury(II) by tropical river humic substances (Rio Negro) – Part II. Influence of structural features (molecular size, aromaticity, phenolic groups, organically bound sulfur). *Talanta,* v. 61, p. 669-707, 2003.

ROCHA, J. C. et al. Substâncias húmicas: sistema de fracionamento seqüencial por ultrafiltração com base no tamanho molecular. *Química Nova,* v. 23, p. 410-412, 2000a.

ROCHA, J. C.; ROSA, A. H. *Substâncias húmicas aquáticas:* interações com espécies metálicas. São Paulo: UNESP, 2003. 123 p.

ROMÃO, L. P. C. et al. Tangential flow ultrafiltration: na alternative methodology for determination of complexation parameters in organic matter from waters and soils samples from Brazilian regions. *Analytical and Bioanalytical Chemistry,* v. 375, p. 1097-1100, 2003.

ROSA, A. H. et al. A new application of humic substances: activation of supports for invertase immobilization. *Fresenius Journal of Analytical Chemistry,* v. 368, p. 730-733, 2000.

ROSA, A. H. et al. Development of a new analytical approach based on cellulose membrane and chelator for differentiation of labile and inert metal species In aquatic systems. *Analytical Chimica Acta,* v. 567, p. 152-159, 2006.

RUZIC, I. Theoretical aspects of the direct titration of natural waters and its information yield for trace metal speciation. *Analytica Chimica Acta,* v. 140, p. 99-113, 1982.

SANTOS, A. et al. Competition between aminoacids and humic substances: a possible therapeutical application. *Journal of the Brazilian Chemical Society,* v. 15, p. 437-440, 2004.

SANTOS, A. et al. Distribution profile and availability of Cr, Ni, Cu, Cd and Pb in different sediments from Anhumas surface water collection reservoir, *Fresenius Environmental Bulletin,* v. 11, n. 11, p. 978-984, 2002.

SANTOS, T. C. R.; ROCHA, J. C.; BARCELÓ, D. Multiresidue analysis of pesticides in water from rice cultures by on-line solid phase extraction followed by LC-DAD. *International Journal of Environmental Analytical Chemistry,* v. 70, p. 19-28, 1998.

SARGENTINI Jr., É. et al. Substâncias húmicas aquáticas: fracionamento molecular e caracterização de rearranjos internos após complexação com íons metálicos. *Química Nova,* v. 24, p. 339-344, 2001.

SCATCHARD, G.; COLEMAN, J. S.; SHEN, A. L. Phisical chemistry of protein solutions. VII. The binding of some small anions to serum albumin. *Journal of the American Chemical Society,* v. 79, p. 12-20, 1957.

SCHMITT, P. et al. Capilary eletroforetic study of atrazine photolisys. *Journal of Chromatography A,* v. 709, p. 215-225, 1995.

SENESI, N. Nature of interactions between organic chemicals and dissolved humic substances and the influence of environmental factors. In: BECK, A. J. et al (Ed.). *Organic substances in soil and water:* natural constituents and their influences on contaminant behaviour. Cambridge: Royal Society of Chemistry, 1993. p. 73-101.

SILVA, S. T. *Competição entre os processos de complexação e adsorção de íons Cu^{2+} e Cd^{2+} do rio Atibaia.* Campinas, 1996. Dissertação (Mestrado em Química Analítica) – Instituto de Química, Universidade Estadual de Campinas, Campinas, 1996.

STEVENSON, F. J. *Humus chemistry:* genesis, composition and reaction. 2nd ed. New York: John Wiley & Sons, 1994.

SUFFET, I. H.; MacCARTHY, P. *Aquatic humic substances:* influence on fate and treatment of pollutants. Washington: American Chemical Society, 1989. 838 p.

SWIFT, R. S. Molecular weight, size, shape and charge characteristics of humic substances: some basic considerations. In: HAYES, M. H. B. et al (Ed.). *Humic substances II.* New York: John Wiley & Sons, 1989. p. 450-465.

THURMAN, E. M. Humic susbtances in groundwater. In: AIKEN, G. R. et al. (Ed.). *Humic substances in soil, sediment and water:* geochemistry, isolation and characterization. New York: John Wiley & Sons, 1985. p. 87-104.

THURMAN, E. M.; FIELD, J. Separation of humic substances and anionic surfactants from ground water by selective adsorption. In: SUFFET, I. H.; MAcCARTHY, P. (Ed.). *Aquatic humic substances:* influence on fate and treatment of pollutants. Washington: American Chemical Society, 1989. p. 107-114.

THURMAN, E. M.; MALCOLM, R. L. Preparative isolation of aquatic substances. *Environment Science of Technology*, v. 15, p. 463-466, 1981.

TOSCANO, I. A. S. *Influência das substâncias húmicas aquáticas na determinação de atrazina por imunoensaio (ELISA).* Araraquara, 1999. 107 p. Tese (Doutorado em Química Analítica) – Instituto de Química, Universidade Estadual Paulista, Araraquara, 1999.

7
RESÍDUOS SÓLIDOS – LIXO

Foi o sistema que me trouxe até aqui
Pra resolver aterro e coletar o pão...
Até os urubus se postam contra mim
Ratos gatos e cães é tanta aversão...
Eis a sucata
Estrangulada da humanidade
Miséria dor perseguição...
E processando o lixo, coletando o pão
Em que versão de vida eu conto a que vivi?

(Versos da música da banda Araketu – O Luxo e o Lixo
– Compositores: Pwalle e Yttamar Tropicália)

7.1 INTRODUÇÃO

Chamamos de lixo os restos das atividades humanas considerados pelos geradores como inúteis, indesejáveis ou descartáveis. Mais recentemente, em lugar da designação de lixo tem sido utilizado o termo resíduos sólidos. Segundo a Norma Brasileira NBR 10.004 (ABNT, 2004), são considerados resíduos sólidos: *resíduos, nos estados sólido e semi-sólido, que resultam de atividades da comunidade de origem: industrial, doméstica, hospitalar, comercial, agrícola, de serviços e de varrição. Ficam incluídos, nessa definição, os lodos provenientes de sistemas de tratamento de água, aqueles gerados em equipamentos e instalações de controle de poluição, bem como determinados líquidos cujas particularidades tornem inviável o seu lançamento na rede pública de esgotos ou corpos d'água ou exijam, para isso, soluções técnica e economicamente inviáveis, em face da melhor tecnologia disponível.*

Para se entender os processos que levam à geração dos resíduos sólidos, é interessante recordar a Lei de Conservação de Massa e Energia estabelecida pelo químico Lavoisier em 1789, que na sua adaptação mais conhecida diz: *Na natureza nada se cria, nada se perde, tudo se transforma.*

A legislação citada neste capítulo pode ser obtida nos links: http://www.gov.br/conama/legi.cfm e www.lei.adv.br.

Assim, pode-se compreender que, inevitavelmente, o uso de recursos naturais e/ou o processamento de matéria-prima para produção de bens de consumo gera resíduos, pois é inviável a obtenção de 100% do produto final. Como os bens de consumo estão sendo fabricados pra durar cada vez menos, eles posteriormente voltam ao ambiente, descartados na forma de "lixo". Dentro desta ordem de idéias, os recursos naturais estão sendo transformados em lixo, no espaço de tempo que o objeto produzido é descartado. Assim, um jornal, descarta-se em um dia; uma roupa de verão, em uma estação; uma geladeira, em alguns anos; uma casa, em algumas décadas.

A produção de bens materiais requer transformações de matéria, que obedecem à lei da conservação das massas e requer também a transformação de energia, que obedece às leis da termodinâmica (ver Capítulo 4 – Energia e Ambiente).

Com o surgimento do ser humano no planeta, ele, diferentemente dos animais, logo percebeu que sua subsistência diária poderia ser facilitada com o uso de instrumentos e fogo. As leis da conservação de massa, de energia (1ª lei da termodinâmica) e da transformação de energia (2ª lei da termodinâmica) passam a atuar de forma implacável sobre os agrupamentos humanos. Essa questão passa a ser perceptível a partir do momento em que o ser humano deixa de ser nômade e passa a ser sedentário agrupando-se e fixando-se em aldeias, onde as necessidades de energia e alimentos em excesso para armazenamento e troca aumentam sobremaneira, começando a acumular resíduos. Com certeza, como se pode imaginar, a característica do resíduo gerado naquela época era bem diferente desse produzido atualmente. Afinal, nos primórdios ainda não existia papel, plástico, embalagens diversas etc.

A revolução industrial ocorreu na Europa, no século XVIII, quando o ser humano aprendeu a transformar a energia térmica em trabalho (criou a máquina a vapor) e essa tecnologia foi usada para intensificar a produção industrial de bens materiais. A produção necessitava de operários que mudaram dos campos para as cidades (êxodo rural). Essas cidades cresceram em população e paralelamente cresceu a geração de resíduos de origem industrial e urbana. Esse problema permanece até hoje, já que 50% da população vive nas cidades, ao invés dos 33% em 1960, estimando-se aumento para 60% para 2030.

Outro fator que tem contribuído para que a questão dos resíduos sólidos tome grande dimensão é o aumento significativo da população mundial (Figura 7.1). A melhoria da qualidade de vida, aliada ao desenvolvimento da medicina, aumentou a expectativa de vida e, consequentemente, o crescimento demográfico. O resultado é a grande expansão da geração de resíduos associados ao modelo consumista e o aumento expressivo do consumo de energia para atender as necessidades da demanda atual criadas pelo modelo.

A quantidade e a característica dos resíduos gerados estão diretamente relacionadas com o poder aquisitivo da população. O Quadro 7.1 apresenta dados sobre a massa de resíduos produzida diariamente por habitante em diferentes países do mundo. Geralmente verifica-se que em países onde a renda *per capita* é maior, existe uma maior produção de massa de resíduos, devido, provavelmente, ao maior consumismo decorrente do poder aquisitivo da população. Entretanto, alguns países que possuem elevada renda *per capita*, como a Alemanha, não produzem quantidades equivalentes de resíduo, podendo esse fato estar associado ao elevado nível cultural e de conscientização da população em relação ao assunto.

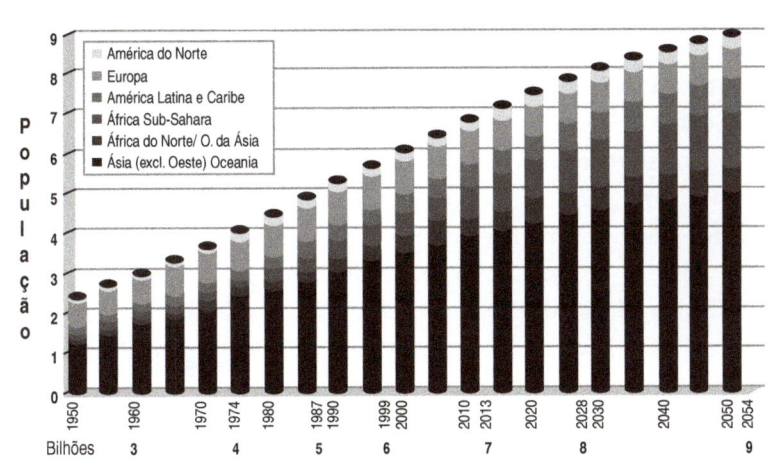

FIGURA 7.1 Aumento do crescimento da população em função do tempo para diferentes continentes do planeta (Adaptada de IPT, 2000).

No Brasil, a massa média gerada por habitante diariamente é cerca de 700 g. Considerando que, segundo dados do IBGE – Dezembro de 2007, a população brasileira é de aproximadamente 183,9 milhões de habitantes, teríamos uma quantidade de resíduo gerada diariamente da ordem de 130 mil toneladas! Ou se considerarmos ainda, que a expectativa de vida média da população é de 71,9 anos (IBGE, 2005), significaria que cada habitante produziria em vida cerca de 18 toneladas de resíduos. Os números são ainda mais preocupantes se considerarmos que atualmente o planeta possui cerca de 6,5 bilhões de pessoas com uma produção diária média de 0,6 kg de resíduos, correspondendo a uma produção anual de cerca de $1,4 \cdot 10^9$ toneladas de resíduos por ano.

Além da influência do poder aquisitivo, a composição dos resíduos gerados depende essencialmente das atividades econômicas desenvolvidas, indicando ainda o aspecto cultural da população. Por exemplo, não se deve esperar que o resíduo gerado no interior das cidades do Nordeste brasileiro, com sua cultura alimentar característica, seja similar às cidades da Região Sul do Brasil. Comparando a composição dos resíduos gerados em diferentes países, observa-se que em países em desenvolvimento (por exemplo, Brasil, México e Índia) a principal fração encontrada é de matéria orgânica, atingindo de 50-70% da massa total. Esses números indicam que nestes países o consumo de alimentos industrializados é menor e que a maioria da população prepara

QUADRO 7.1 Massas aproximadas de resíduos produzidas diariamente em diferentes países

País	g/hab-dia	País	g/hab-dia
Canadá	1700	Japão	1900
EUA	2000	França	1400
Alemanha	900	Brasil	700
Suécia	900	México	800

o seu próprio alimento, *sendo o desperdício também muito elevado*. Por outro lado, em países como Estados Unidos e Japão, a presença de matéria orgânica é muito baixa e na Europa atinge cerca de 30% da composição (Figura 7.2).

A composição dos resíduos também altera-se ao longo do tempo, em função de mudanças das atividades e inovações desenvolvidas no país, e em função da utilização de matéria-prima e obtenção de produtos manufaturados. Por exemplo, anteriormente à década de 1950 não se encontravam plásticos na composição dos resíduos. A sua descoberta ocorreu por volta de 1912, mas a sua ampla utilização ocorreu apenas após a Segunda Grande Guerra (1938-1945). Como consequência, foi crescente a sua aparição em resíduos, e o teor atinge atualmente cerca de 18% (m/m).

7.2 CLASSIFICAÇÃO DO RESÍDUO

O resíduo pode ser classificado em função de sua natureza física, composição, periculosidade e origem. As duas últimas formas de classificação são as mais utilizadas.

Em relação à periculosidade (riscos potenciais à saúde e ao ambiente), segundo a Norma Brasileira NBR 10.004, os resíduos sólidos podem ser classificados em Classe I (perigosos), Classe IIa (não-inertes) e Classe IIb (inertes).

a) **Classe I** (*Perigosos*): todo o resíduo sólido ou mistura de resíduos sólidos que, em função de suas propriedades físicas, químicas ou infecto-contagiosas, podem:
   – apresentar risco à saúde pública, provocando mortalidade, incidência de doenças ou aumentando seus índices;
   – apresentar riscos ao ambiente, quando o resíduo for gerenciado de forma inadequada;
   – apresentar, pelo menos, uma das características: inflamabilidade, corrosividade, reatividade, toxicidade ou patogenicidade.

b) **Classe IIa** (*Não-inertes*): todo o resíduo sólido ou mistura de resíduos sólidos que têm propriedades como inflamabilidade, biodegradabilidade ou solubilidade em água, porém, não se enquadram como resíduo Classe I ou IIb.

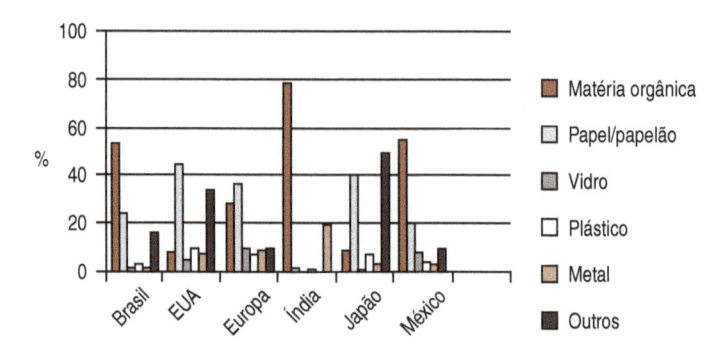

FIGURA 7.2 Distribuição percentual aproximada da composição de lixo em alguns países.

c) **Classe IIb** (*Inertes*): todo o resíduo sólido ou mistura de resíduos sólidos que, submetido ao teste de solubilidade (Solubilização de Resíduos Sólidos – Método de Ensaio – NBR 10.006), não teve nenhum de seus constituintes solubilizados em concentrações superiores aos padrões de potabilidade da água (exceto quanto a aspectos, cor, turbidez e sabor).

Em relação à origem, a classificação dos resíduos sólidos é:

- **Domiciliar** – originado das atividades no interior das residências. Exemplos: restos de alimentos, jornais e revistas, garrafas, embalagens, papel higiênico etc.
- **Comercial** – originados das atividades comerciais e de atividades de serviços. Exemplos: papel, plásticos, embalagens e resíduos de asseio de funcionários etc.
- **Público** – originados de limpeza pública urbana, feiras livres etc.
- **Serviços de saúde e hospitalar** – constituem os resíduos sépticos, ou seja, aqueles que contêm ou potencialmente podem conter germes patogênicos, oriundos de hospitais, clínicas, laboratórios, farmácias etc.
- **Portos, aeroportos e terminais rodoviários** – materiais de higiene, asseio pessoal e restos de alimentos que podem veicular doenças provenientes de outras cidades, estados e países.
- **Agrícola** – incluem embalagens de fertilizantes e de defensivos agrícolas (ver item 7.3.7), rações, restos de biomassa de colheita etc.
- **Industrial** – lodos, óleos, resíduos alcalinos e ácidos, plásticos, papéis, metais, cerâmicas etc. Nesta categoria inclui-se a grande maioria do resíduo considerado tóxico.
- **Entulho** – resíduos da construção civil, composto por materiais de demolições, restos de obras, solos de escavações etc. Podem conter componentes tóxicos como restos de tintas e de solventes, peças de amianto e metais diversos.

A responsabilidade para o gerenciamento dos resíduos, pode ser da prefeitura e/ou do gerador. Enquanto o resíduo domiciliar, público e comercial (até 50 kg) é de responsabilidade da prefeitura, o de origem de serviços de saúde/hospitalar, industrial, portos/aeroportos, agrícola e resíduos da construção civil é de responsabilidade do gerador.

A Resolução Conama 275 de 25/04/2001 estabelece um Código de cores para a diferenciação dos tipos de resíduos, conforme apresentado no Quadro 7.2.

QUADRO 7.2 Código de cores para diferenciação dos tipos de resíduos

Cor	Tipo de resíduo	Cor	Tipo de resíduo
Marrom	Resíduo orgânico	Roxo	Resíduo radioativo
Azul	Papel e papelão	Amarelo	Metal
Vermelho	Plástico	Verde	Vidro
Preto	Madeira	Laranja	Resíduo perigoso
Cinza	Resíduo geral não-reciclável ou misturado, ou não-contaminado passível de separação	Branco	Resíduo ambulatorial ou de serviço de saúde

7.3 DESTINAÇÃO FINAL

Alguns resíduos possuem legislação específica para a destinação adequada. Seguem alguns exemplos:

a) *Resíduos de atividades biomédicas:* são resíduos de hospitais e clínicas (resíduos cirúrgicos, bandagens, panos e tecidos empregados em práticas médicas, agulhas, seringas), laboratórios de pesquisa e companhias farmacêuticas (restos de animais usados em experiências e cadáveres, equipamentos contaminados). Nesse caso, deve ser feita incineração ou disposição em aterros em valas especiais, sofrendo processo de tratamento anterior à disposição final. A Resolução Conama nº 358 de 29/05/2005 dispõe sobre o tratamento final dos resíduos dos serviços de saúde e apresenta outras providências.

b) *Pilhas e baterias:* o descarte deve atender à Resolução Conama nº 257 de 30/06/1999, sendo devolvidas ao fabricante e/ou importador. Esta obrigatoriedade entrou em vigor a partir de 22/07/2000 e os fabricantes e importadores definem estratégia para o recolhimento dos materiais entregues. São, também, responsáveis pelo tratamento final que deverá ser ecologicamente correto e atender à legislação vigente.

Esta resolução se aplica a alguns tipos de pilhas e baterias, como bateria de Pb ácido, de Ni-Cd e óxido de mercúrio, geradas respectivamente por: indústria de automóveis e outros equipamentos de transporte; telefone celular, telefone sem fio, rádios, barbeadores e outros equipamentos que usam baterias recarregáveis; e instrumentos de navegação e aparelhos de medição e controle.

Embora alguns resíduos apresentem legislação específica conforme descrito, de uma forma geral, a disposição final do lixo pode ocorrer de 6 formas principais: *a) incineradores; b) lixões; c) aterros controlados; d) aterros sanitários; e) reciclagem e f) compostagem.*

7.3.1 Incineradores

Os *incineradores* são grandes fornos onde o lixo é queimado em condições controladas. A principal vantagem é a redução do volume do lixo, destruindo a maioria do material orgânico e do material perigoso (incluindo agentes patogênicos), gerando cinzas e gases decorrentes da combustão. Possui a desvantagem de ser um sistema caro, além de lançar para atmosfera gases poluentes (SO_2, NO_2 e material particulado). As cinzas geradas podem conter substâncias tóxicas, como óxidos metálicos. Produtos secundários formados nas combustões de lixo podem ser altamente tóxicos mesmos que formados em pequena quantidade. É o caso das dioxinas, furanos e hidrocarbonetos poliaromáticos (HPAs). Experimentos em animais mostraram que uma dose diária de 1 nanograma de alguns derivados da classe de dioxina e furano por quilograma de massa corpórea pode ser suficiente para causar câncer.

7.3.2 Lixões

Os *lixões* representam o *meio mais barato e ambientalmente danoso* para disposição, pois não implicam custos de tratamento nem controle. Os resíduos são lançados diretamente sobre o solo, sem medidas de proteção ambiental. Possuem a desvantagem de atrair insetos, ratos e aves, que carregam todo tipo de bactérias patogênicas para as áreas vizinhas, contaminando os alimentos, os recursos naturais e o próprio ser humano. Além disso, geram odores desagradáveis, poluição do solo, podendo causar contaminação de águas subterrâneas e superficiais na percolação do chorume, produto líquido resultante da decomposição do lixo. O chorume é resultado da decomposição do resíduo, pela umidade presente no lixo e é diluído pelas águas das chuvas que percolam através da massa do material descartado. Contém normalmente ácidos orgânicos voláteis, como ácido acético, vários ácidos graxos, bactérias e sais de íons inorgânicos comuns, como Ca^{2+}.

7.3.3 Aterros controlados

A disposição de resíduos nos *aterros controlados* é semelhante à dos lixões, sendo os resíduos colocados diretamente no solo previamente impermeabilizado. Diariamente é feita uma cobertura, com terra, do resíduo depositado para minimizar efeitos ambientais como o dos lixões. O chorume gerado da decomposição do lixo pode ser drenado de forma controlada, podendo ou não ser tratado. Isto é importante para evitar a contaminação de águas superficiais ou subterrâneas (ABNT, 1985).

7.3.4 Aterros sanitários

Os *aterros sanitários* consistem em sistema de impermeabilização de base e laterais (geralmente um filme plástico de polietileno de alta densidade), com sistema de recobrimento diário do lixo depositado e cobertura final da área quando saturada. O lixo enterrado sofre decomposição anaeróbica gerando o produto líquido, o chorume, e grande quantidade de gases, como o metano, que torna o gás inflamável, o dióxido de carbono o sulfeto de hidrogênio e a amônia, que são responsáveis pelo odor característico destes locais. O metano é um gás estufa, com capacidade de reter calor 24 vezes maior que o dióxido de carbono; sendo assim, o metano é queimado para gerar dióxido de carbono, antes de ser lançado para a atmosfera. Para o chorume é utilizado sistema de coleta, drenagem e tratamento de líquidos percolados. Possui ainda sistema de drenagem superficial e de monitoramento (ABNT, 1985). O aterro sanitário apresenta-se como uma alternativa economicamente mais viável que a incineração, além de poder utilizar áreas já degradadas, por exemplo, decorrentes de atividades de mineração, já que ao final da vida útil, a última camada de solo pode receber árvores e grama, com um aspecto final agradável. O maior inconveniente é achar áreas disponíveis perto das cidades. Além disso, os materiais passíveis de reciclagem não são aproveitados. Também, caso o aterro sanitário não seja feito com critérios apropriados, pode causar os mesmos problemas do lixão. A Figura 7.3 apresenta um esquema geral de aterro sanitário.

O chorume proveniente de um aterro sanitário tem alta demanda bioquímica de oxigênio (ver Capítulo 2, Item 2.3.5.8) e, geralmente, elevadas concentrações de espécies metálicas. Dessa forma, pode ser considerado até cerca de 1.000 vezes mais prejudicial que o próprio lixo.

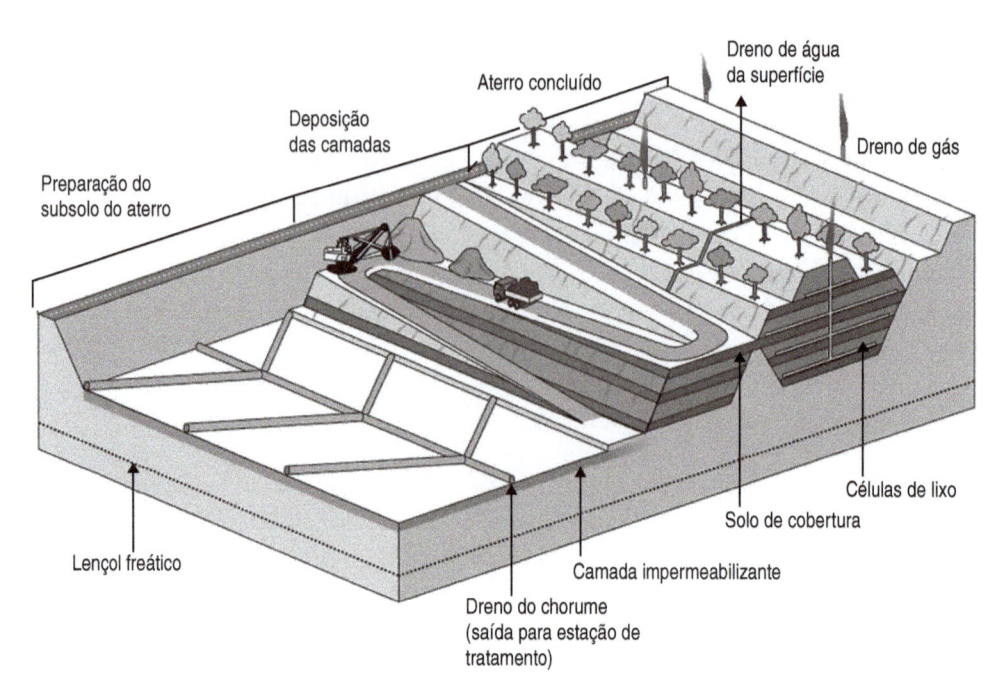

FIGURA 7.3 Esquema de um aterro sanitário (Adaptada de Braga et al., 2005).

7.3.5 Reciclagem

Em busca de matéria-prima mais barata e em razão do grande volume de resíduos gerados, a *reciclagem* é uma alternativa promissora a curto/médio prazo, para minimizar os problemas relacionados com os resíduos sólidos. Possui como princípio básico o reaproveitamento de materiais que se tornariam ou que estão no resíduo, por meio de um tratamento adequado. Esses materiais são desviados, coletados, separados e processados para serem usados como matéria-prima na manufatura de novos produtos. Os principais benefícios da reciclagem são: *a) diminuição da quantidade de lixo a ser disponibilizada; b) preservação de recursos naturais; c) economia de energia e d) geração de empregos diretos e indiretos.*

A primeira etapa da reciclagem envolve a segregação dos componentes do resíduo que pode ser feita por meio da coleta seletiva prévia ou de usinas de triagem. A coleta seletiva utiliza contêineres, colocados em pontos fixos no município, onde o cidadão deposita os recicláveis separadamente no seu recipiente próprio. Alguns aspectos positivos da coleta seletiva são: *a)* boa qualidade dos materiais recuperados; *b)* estimulação à cidadania; *c)* possibilidade de articulações com catadores, empresas etc. e *d)* redução do volume de resíduo a ser disposto. Porém, na coleta seletiva pode ocorrer o aumento dos gastos com a coleta do resíduo e, muitas vezes, ainda há necessidade das usinas de triagem. Atualmente, cerca de 330 cidades do Brasil possuem coleta seletiva, e os custos variam de 50 a 250 US$ por tonelada de resíduo, dependendo das características das cidades e forma de implantação do programa. A Figura 7.4 mostra a distribuição da coleta seletiva por regiões.

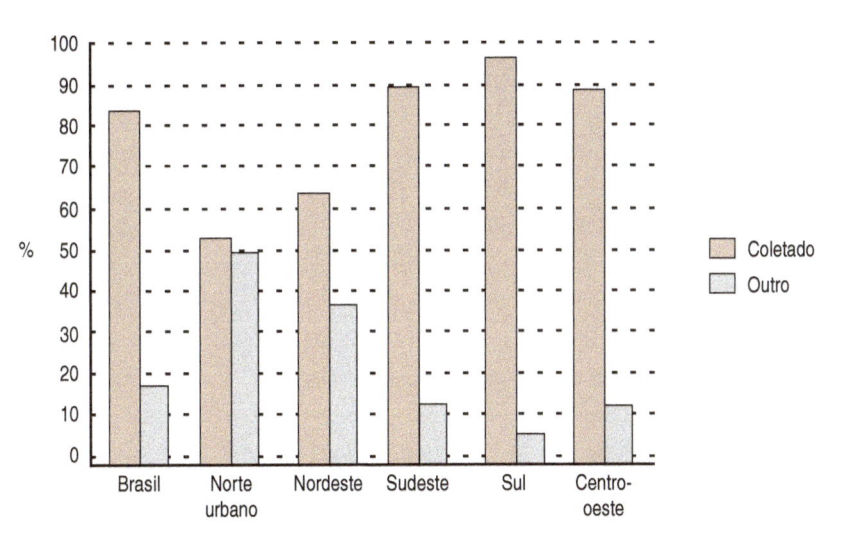

FIGURA 7.4 Distribuição da coleta seletiva de lixo em diferentes regiões do Brasil (Fonte: PNAD-1997, citado em IBGE [2000?]).

Quando a separação dos recicláveis é feita em usinas de triagem, o resíduo é levado até locais específicos onde é feita a segregação dos materiais, na maioria das vezes, manualmente. Dessa forma, não requer alteração do sistema convencional, mas, apenas a alteração do destino do caminhão, do "lixão" para a usina de triagem, possibilitando, inclusive, o aproveitamento da fração orgânica. Porém, a implantação envolve investimento em equipamentos da Usina e necessidade de técnicos para sua operação. Além disso, a qualidade dos materiais separados da "fração orgânica" não é tão boa quanto na coleta seletiva, não sendo possível a reciclagem do papel.

No Brasil, as principais frações recicláveis são: *papel (41 %), metais (16 %), plásticos (15 %) e vidro (15 %)*. A reciclagem de papel visa produzir papéis, cartões, cartolinas e papelões, provenientes de sobras/aparas durante a fabricação e artefatos desses materiais pós-consumo. Entretanto, alguns tipos de papel não são reciclados, tais como: papel vegetal, papel impregnado com substâncias impermeáveis, papel carbono, papel sanitário usado, papel sujo, engordurado ou contaminado com produtos químicos nocivos à saúde. Os principais fatores favoráveis à reciclagem do papel são a preservação dos recursos naturais e a diminuição da quantidade de resíduo que vai para os aterros. Porém, a reciclagem do papel também possui alguns fatores desfavoráveis, como custo do transporte, que pode inviabilizar a reciclagem, a qualidade do papel reciclado e o favorecimento da liberação de dióxido de carbono durante o processo.

As várias qualidades do plástico, como a inércia química, mabeabilidade, durabilidade e especialmente o preço da produção, fazem com que a sua utilização ganhe destaque no mundo atual, com aplicações nas mais diversas áreas da indústria e geração de bens de consumo, medicina (por exemplo, próteses com menor rejeição), telecomunicações (por exemplo, fibras ópticas) etc. O inconveniente é que quando descartado, devido à baixa biodegradabilidade, os plásticos não se decompõem sob ação de micro-organismos, diferentemente do papel, da madeira, do couro, do algodão e com isso eles permanecem no ambiente por até centenas de anos. É inegável a importância tecnológica dos plásticos para a sociedade atual, mas sua crescente utilização indiscriminada e, muitas vezes, desnecessária tem se tornado um grande problema ambiental. Para se ter uma idéia, um copinho de café é fabricado a partir de um composto químico, o estireno (poliestireno) produzido pela indústria petroquímica. Por comodismo, para evitar a lavagem de xícaras, após seu uso (cerca de um minuto) ele é descartado, permanecendo décadas e até séculos até sua degradação final. Vários outros objetos de plástico que possuem baixa degradabilidade como sacos de lixo, canudinhos e garrafas foram adicionados à rotina diária, gerando um imenso volume de resíduos. Diante da questão dos resíduos plásticos gerados, uma primeira solução poderia ser a redução da produção. Porém, a redução da produção apenas seria viável se a sociedade de consumo e o mundo industrial adotassem essa idéia. Entretanto, ambos estariam dispostos a uma consequente diminuição do conforto e de lucros, à alta de preços dos produtos devido à tal substituição, ao desemprego? Um paliativo ao problema é a reciclagem dos plásticos.

Para se entender a importância da reciclagem de plásticos, geralmente cerca de 30% do volume de resíduo sólido de uma cidade é algum tipo de plástico. Para se tornar o método econômica e ambientalmente mais viável para a reciclagem, é fundamental a implantação de um sistema de coleta seletiva de resíduos sólidos.

Atualmente também tem se estudado a produção de plásticos biodegradáveis, que possuem uma estrutura química que permite que processos naturais levem à sua (bio-)degradação, sem a necessidade da intervenção humana. Temos como exemplo a mistura de polietileno com amido, que possui alta capacidade de decomposição microbiológica, e o polietileno com pequenas quantidades de espécies químicas, que poderiam sofrer decomposição em presença de luz solar via fotodegradação com energia UV.

Além dos plásticos, outro material comum presente no lixo urbano são os objetos metálicos. Dos metais presentes no resíduo domiciliar, a maioria deles é proveniente de embalagens, principalmente alimentícias. Os principais tipos de latas são folhas de flandres (aço + estanho), aço não-revestido e alumínio. O sucesso da reciclagem da lata de alumínio se deve ao valor agregado da embalagem. A produção de alumínio a partir do seu minério, a bauxita, utiliza grande quantidade de energia elétrica, pois o processo se baseia em uma eletrólise. A energia gasta na reciclagem deste metal corresponde a cerca de 5 % da energia necessária para a produção do alumínio a partir do seu minério.

7.3.6 Compostagem

Cerca de 50 a 70 % da composição do resíduo sólido no Brasil e de outros países em desenvolvimento é matéria orgânica. A *compostagem* é um processo de decomposição da matéria orgânica, em condições aeróbias e de maneira controlada, de modo a obter-se um material maturado, não mais sujeito às reações de putrefação como as que ocorrem com restos orgânicos deixados no ambiente. Neste processo, ocorre a decomposição da matéria orgânica na presença de microorganismos, umidade e oxigênio, levando à transformação de carboidratos, lipídeos, proteínas, celulose, ligninas, dentre outros, em um composto rico em nutrientes que pode ser aplicado ao solo.

Durante todo o processo de compostagem, ocorre a liberação de dióxido de carbono, água e energia (calor) (Figura 7.5). A eficácia do processo depende do controle e da adequação de nutrientes, aeração, temperatura, umidade e pH. A matéria orgânica presente no lixo é rica em carbono (C) e nitrogênio (N). A razão atômica C/N no início do processo é em geral de cerca de 30/1, sendo que durante o processo ocorre uma diminuição da razão até cerca de 18/1 (*composto estabilizado*) devido à decomposição de substâncias contendo carbono, mais facilmente degradáveis. A aeração é necessária para que a atividade biológica ocorra como processo aeróbico. O processo de fermentação aeróbica ocorre com grande desprendimento de energia (exotérmico) na forma de calor. A alta temperatura do processo esteriliza organismos patogênicos presentes no lixo, deixando o produto final seguro para manipulação. A temperatura da compostagem precisa ser controlada para que a mesma não inviabilize o processo fermentativo que também é biológico. A umidade deve ser mantida em torno de 50%, pois em valores menores, a atividade biológica é diminuída, enquanto em valores maiores, a aeração é prejudicada, podendo ocorrer a anaerobiose e produção de chorume. Enquanto o pH do resíduo domicilar é acido (4,5-5,5), o do composto curado é 7,0-8,0, podendo ser um importante parâmetro indicativo do final do processo de compostagem.

Operacionalmente, a compostagem pode ocorrer via processo natural ou acelerado (Figura 7.6). No processo natural (Figura 7.6a), a fração orgânica é levada para um pátio e disposta em pilhas. A aeração necessária para a decomposição biológica é conseguida por revolvimentos periódicos (a mistura com galhos remanescentes de podas também auxilia a aeração), e o tempo médio para decomposição é de 3 a 4 meses. No processo acelerado (Figura 7.6b), a aeração é facilitada por tubulações de plástico de grandes diâmetros sobre as quais são empilhados os resíduos. Neste caso, o tempo médio de compostagem é menor, levando cerca de 2 a 3 meses.

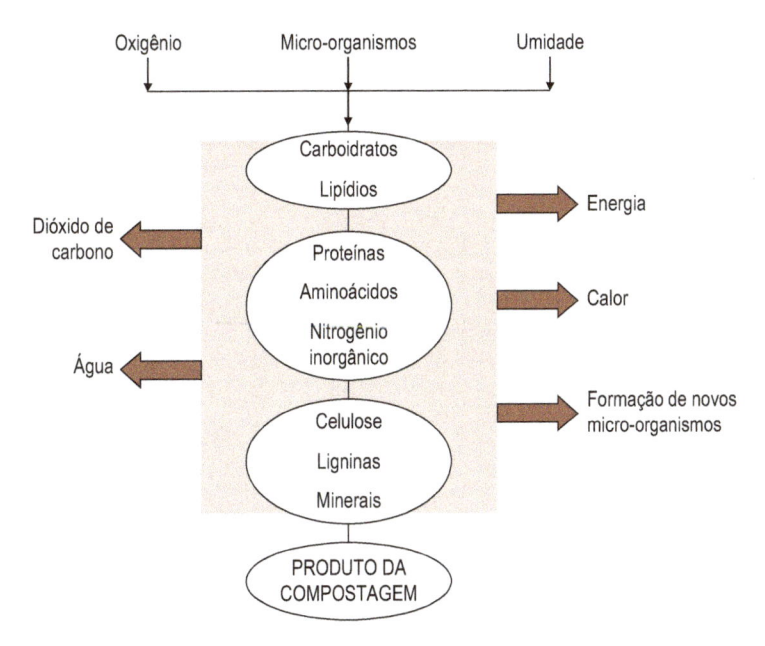

FIGURA 7.5 Processo de transformação durante a compostagem.

(a) (b)

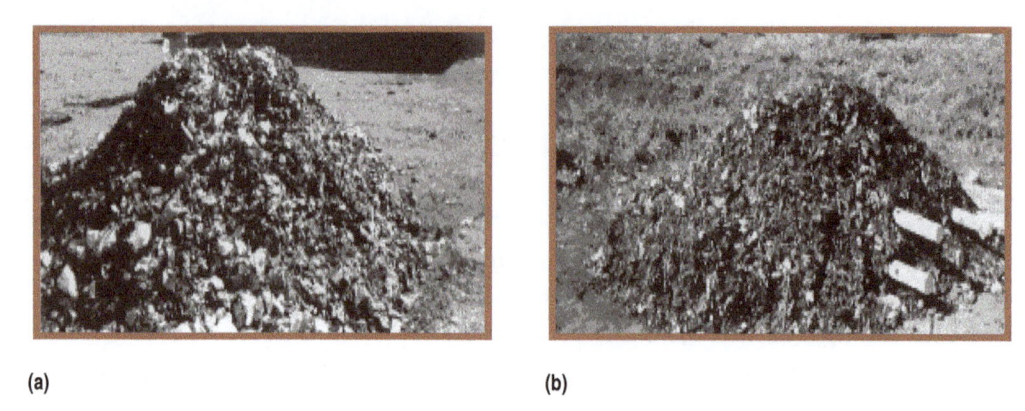

FIGURA 7.6 Processo de compostagem. a) processo natural, b) processo acelerado com tubos de PVC perfurados para possibilitar maior aeração.

As principais vantagens da compostagem se devem ao composto originado poder vir a ser utilizado como adubo ou em rações para animais, podendo ser comercializado, além da redução da quantidade de resíduos que seriam dispostos nos aterros sanitários. Porém, quando implantada com técnicas incorretas, a compostagem pode causar transtornos como mau cheiro e proliferação de insetos e roedores, produzindo chorume e/ou compostos de baixa qualidade e contaminados por plásticos e metais.

A Figura 7.7 apresenta a evolução da destinação dos resíduos sólidos no Brasil. Pode-se verificar uma crescente diminuição dos vazadouros (lixões) substituídos pela implantação de aterros controlados e sanitários. Mas ainda se observa que os processos de reciclagem e com-

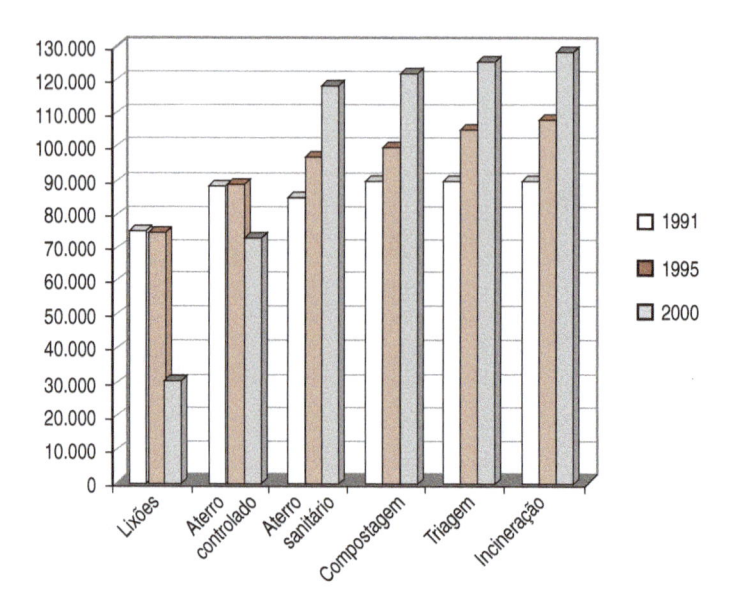

FIGURA 7.7 Evolução da destinação dos resíduos sólidos no Brasil (Fonte: IBGE, 2000?).

postagem têm sido pouco utilizados, considerando-se suas possibilidades de fácil aplicação e vantagens inferidas nos processos.

A distribuição da destinação dos resíduos em diferentes regiões do Brasil mostra grandes discrepâncias/desigualdades, parte em função das suas condições econômicas, e também principalmente pela falta de vontade dos políticos de cada região. Observa-se que, atualmente, os "lixões" ainda são muito comuns nas regiões norte e nordeste, enquanto nas regiões sudeste, sul e centro-oeste predominam os aterros.

7.3.7 Destinação final de embalagens vazias de agrotóxicos

Conforme citado no Capítulo 2 (item 2.2), infelizmente é muito comum a contaminação de águas e solos devido à disposição e à destinação inadequada de embalagens vazias de defensivos (xenobióticos) utilizados na agricultura. Na tentativa de melhorar e/ou minimizar os riscos à saúde das pessoas e os danos causados ao ambiente por este importante setor, foi promulgada a Lei nº 9.974 de 6 de Junho de 2000. Ela altera a Lei 7.802, de 11 de Julho de 1989, que dispõe sobre pesquisa, produção, transporte e comercialização de agrotóxicos com especial ênfase nas embalagens dos produtos.

Como a maioria das embalagens é lavável, é fundamental a prática da lavagem para a devolução e destinação final correta. De acordo com o Instituto Nacional de Processamento de Embalagens – inpEV, o agricultor deve preparar as embalagens vazias para devolvê-las nas unidades de recebimento, considerando que cada tipo de embalagem deve receber tratamento diferente. Os principais procedimentos para tratamento prévio de embalagens são:

Tríplice lavagem

Procedimento:

1) esvaziar totalmente o conteúdo da embalagem no tanque do pulverizador; *2)* adicionar água limpa à embalagem até 1/4 do seu volume; *3)* tampar bem a embalagem e agitar por 30 segundos; *4)* despejar a água da lavagem no tanque do pulverizador. *5)* inutilizar a embalagem plástica ou metálica, perfurando o fundo; *6)* armazenar em local apropriado até o momento da devolução.

Lavagem sob pressão

Procedimento:

1) após o esvaziamento, encaixar a embalagem no local apropriado do funil instalado no pulverizador; *2)* acionar o mecanismo para liberar o jato de água limpa; *3)* direcionar o jato de água para todas as paredes internas da embalagem por 30 segundos; *4)* a água de lavagem dever ser transferida para o interior do tanque do pulverizador; *5)* inutilizar a embalagem plástica ou metálica, perfurando o fundo; *6)* armazenar em local apropriado até o momento da devolução.

Embalagens não-laváveis

Algumas embalagens não são laváveis, são aquelas rígidas que não utilizam água como veículo de dispersão do produto a ser pulverizado, todas as embalagens flexíveis e também as embalagens secundárias. Estas podem ser *flexíveis* como sacos ou saquinhos plásticos, de papel, metalizados, misto ou de outro material flexível; *rígidas* como embalagens de produtos para tratamento de sementes; *secundárias* como caixas de papelão, cartuchos de cartolina, fibrolatas e embalagens termomoldáveis que acondicionam embalagens primárias e não entram em contato direto com as formulações de agrotóxicos.

Embalagens flexíveis devem ser esvaziadas completamente na ocasião do uso e guardadas dentro de uma embalagem de resgate fechada e identificada. A embalagem de resgate deve ser adquirida no revendedor. *Embalagens rígidas* devem ser tampadas e acondicionadas, de preferência, na própria caixa de embarque. Esse tipo de embalagem (não-lavável) não deve ser perfurada. *Embalagens secundárias* devem ser armazenadas separadamente das embalagens contaminadas e podem ser utilizadas para acondicionar as embalagens rígidas.

As embalagens vazias devem ser devolvidas junto com suas tampas e rótulos quando o agricultor reunir uma quantidade que justifique o transporte e ele tem o prazo de até 1 ano para devolver as embalagens vazias depois da compra. Se sobrar produto na embalagem, poderá devolvê-la até 6 meses após o vencimento. O agricultor deve devolver as embalagens vazias na unidade de recebimento indicada pelo revendedor no corpo da nota fiscal. Para mais detalhes e informações sugere-se consultar o site http://www.inpev.org.br/responsabilidades/triplice_lavagem/tipos_embalagens/tipos_embalagens.asp.

7.4 ASPECTOS LEGAIS E INSTITUCIONAIS

Antes da década de 1990, havia dois ou três dispositivos legais editados na esfera federal enquanto nos estados, alguns dispositivos faziam menção da necessidade de cuidados para a disposição de resíduos sólidos. A ausência de tais leis implicava um controle mais direto ou um exame mais casuístico pela autoridade competente. Atualmente, com relação à proteção do ambiente, sempre existe a dependência da aprovação e o acompanhamento dos órgãos ambientais para todas as atividades que digam respeito aos resíduos sólidos gerados.

O problema dos resíduos sólidos abrange todo o Brasil (estados e municípios). Ações coordenadas devem ser feitas para minimizar o problema. A legislação para o problema sobre o que fazer com os resíduos sólidos é tratada nas três esferas de poder. São apresentadas algumas dessas esferas para exemplificar a competência de cada uma delas com relação ao problema.

Esfera federal

O Instituto Brasileiro de Meio Ambiente e dos Recursos Naturais Renováveis (IBAMA) é o órgão responsável pela formulação, coordenação e execução da política nacional de controle da poluição do solo. A Portaria nº 53/79 trata os resíduos sólidos de maneira genérica e determina que os projetos específicos de tratamento e disposição de resíduos sólidos, bem com a fiscalização de sua implantação, operação e manutenção, ficam sujeitos à aprovação do órgão estadual de controle da poluição, devendo ser enviadas ao IBAMA cópias das autorizações concedidas para os referentes projetos. Determina ainda que os resíduos sólidos perigosos devem sofrer tratamento ou condicionamento adequado no próprio local de produção e nas condições estabelecidas pelo órgão estadual de controle da poluição. Ele também proíbe o lançamento desses resíduos em corpos de água e obriga a incineração de resíduos patogênicos.

A Resolução Conama nº 06 de 15/06/1988 estabeleceu a necessidade de realização de um inventário dos resíduos industriais gerados e/ou existentes no país, e a Resolução Conama nº 05 de 05/08/1993, estabeleceu normas mínimas para o tratamento de resíduos sólidos oriundos de serviços de saúde, portos, aeroportos, terminais rodoviários e ferroviários.

A Resolução Conama nº 09 de 31/08/1993 estabelece definições e torna obrigatório o recolhimento a e destinação adequada de todo o óleo lubrificante usado ou contaminado. A Resolução Conama nº 258 de 26/08/1999 e nº 301 de 21/03/2002 determina que as empresas fabricantes e as importadoras de pneumáticos ficam obrigadas a coletar e a dar destinação aos pneus inservíveis. A Resolução Conama nº 307 de 05/07/2002 estabelece diretrizes, critérios e procedimentos para a gestão dos resíduos da construção civil.

Esfera estadual – (São Paulo)

Devido ao fato dos resíduos sólidos terem em geral pouca mobilidade, sendo depositados e acumulados perto da fonte geradora, é importante a regulação estadual para o problema. No caso do Estado de São Paulo, o Regulamento de Lei nº 997, de 31/05/76, aprovado pelo Decreto nº 8468, de 08/09/1976, proíbe que resíduos poluidores, em qualquer estado da matéria, sejam depositados, descarregados, enterrados, infiltrados ou acumulados no solo, o que somente pode ser feito de forma adequada, estabelecida em projetos específicos de transporte e destino final aprovados pela Cetesb (Cetesb, 1976).

A legislação estadual exige o tratamento e/ou acondicionamento adequados para os resíduos perigosos, exigindo a execução de aterro sanitário e medidas para proteção de águas superficiais e subterrâneas. Em qualquer caso, a legislação é explicita na exigência de aprovação dos projetos pela Cetesb e da fiscalização, por este órgão, de sua implantação, operação e manutenção.

Esfera municipal

Os municípios dispõem de dupla competência no que diz respeito aos resíduos sólidos, a eles cabe legislar e também executar tarefas quanto à coleta e ao destino do lixo residencial. Sua competência para fiscalizar e executar é fundamental para que o município se mantenha com bom aspecto estético, boa qualidade ambiental e de saúde. O resultado de uma boa legislação municipal, de uma eficiente coleta e destino do lixo, acompanhados de uma competente fiscalização, é qualidade de vida para a população local, o que reverte em menos gastos para o município. Gastos com pacientes com dengue e o controle do mosquito recaem sobre o poder público, mas o controle de pragas residenciais, como baratas, moscas e mosquitos são gastos individuais do cidadão. *Assim, o município que dá pouca atenção ao lixo, acaba jogando dinheiro no lixo.*

É do município a responsabilidade pela prestação de serviço público de coleta, remoção e destinação final dos resíduos domésticos, não abrangendo os resíduos sólidos industriais pelos quais poderá se responsabilizar facultativamente.

7.5 CONSIDERAÇÕES FINAIS

Ações de minimização, diminuição da quantidade e do potencial de contaminação dos resíduos deveriam ser feitas utilizando-se o princípio dos 3Rs:

a) *Redução*: diminuição na geração de resíduos por meio de programas que promovam redução no consumo.
b) *Reutilização*: aproveitamento do resíduo nas condições em que é descartado, sem qualquer alteração física, submetendo-o a pouco ou nenhum tratamento. Exige apenas operações de limpeza, embelezamento, identificação, entre outras, modificando ou não sua função original.
c) *Reciclagem*: o resíduo retorna ao sistema produtivo como matéria-prima, de forma artesanal ou industrial.

A questão do gerenciamento dos resíduos sólidos envolve aspectos econômicos, sociais e culturais. Em relação ao aspecto econômico, a questão dos resíduos remete-nos a uma discussão sobre o modelo de desenvolvimento escolhido pelo país. A necessidade do aumento do consumo leva à escassez e ao esgotamento dos recursos naturais, à poluição do ambiente e à disseminação de uma falsa necessidade de produtos cada vez mais industrializados. *No aspecto social, estima-se que existam cerca de 250 mil catadores com remuneração acima da média brasileira, que em sua maioria não são mendigos.* Ou seja, o fechamento de "lixões" pode ser complicado, pois infelizmente eles representam uma opção de vida para milhares de brasileiros devido à liberdade de horário, sem o comprometimento necessário em empregos fixos. Além disso, a questão dos resíduos passa inevitavelmente pelo controle do crescimento demográfico. Nesse aspecto, é fundamental o desenvolvimento cultural da sociedade alicerçada na preservação dos recursos naturais e a garantia da qualidade de vida da atual e de futuras gerações.

EXERCÍCIOS – *PARA CASA!*

Você tem costume de comprar lixo e levá-lo para sua residência?

Considerando que o custo financeiro (*e não o ambiental*) de toda embalagem de qualquer produto já está embutido no custo final a ser pago pela mercadoria, vejamos:

a) Você leva bolsa não-descartável (*de tecido, couro ou outro produto*) para trazer os produtos comprados em mercados e lojas ou sai desses estabelecimentos comerciais com uma infinidade de sacolas plásticas (*muitas vezes com um único produto em cada uma delas*)?
b) Você sai da drogaria, livraria, banca de revistas etc. com sua compra em uma sacola plástica? Lembre-se que não é vergonha recusar a "*sacolinha extra*" e dizer ao balconista que não

precisa de embalagem, *pois o produto já está embalado*! (Comprimidos que estão em invólucros lacrados e dentro de uma caixinha de papelão, algumas canetas que também já estão embaladas, revistas que já estão dentro de outras embalagens plásticas etc.).

c) Você que, após as compras, adora desfilar elegantemente no *shopping* com imensas sacolas de papelão ou plásticas muitas vezes bonitas, mas ambientalmente incorretas. Pense nas árvores cortadas para fazer o papelão, nos subprodutos da tinta e do plástico que vão para o solo e/ou atmosfera quando a sacola for colocada no lixo. E você faz isso quase que imediatamente ao chegar a sua casa!

d) Você compara preços de *produtos a granel* com aqueles tradicionalmente embalados?

e) Você tenta justificar que leva grande quantidade de sacolas plásticas para casa para estocar e colocar lixo! Será que você tem tanto lixo que requeira essa atitude ou, posteriormente, leva mais lixo para justificar o lixo já estocado?

Enfim, faça uma reflexão e responda: *Qual a porcentagem de lixo agregado aos produtos que você compra? Liste os produtos comprados em uma semana e faça um levantamento do material inútil que você paga, leva para casa e coloca no lixo.*

REFERÊNCIAS

ABNT (ASSOCIAÇÃO BRASILEIRA DE NORMAS TÉCNICAS). *NBR 10.004*: utilização dos resíduos sólidos. Rio de Janeiro, 2004. Disponível em: <http://www.abnt.org.br/m5.asp?cod_noticia=30&cod_pagina=965>. Acesso em 21 jan 2009.

ABNT (ASSOCIAÇÃO BRASILEIRA DE NORMAS TÉCNICAS). *NBR 8.419*: apresentação de projetos de aterros sanitários de resíduos sólidos urbanos. Rio de Janeiro, 1985.

ABNT (ASSOCIAÇÃO BRASILEIRA DE NORMAS TÉCNICAS). *NBR 8.849*: Apresentação de projetos de aterros controlados de resíduos sólidos urbanos. Rio de Janeiro, 1985.

BRAGA, B. et al. *Introdução à engenharia ambiental*. 2. ed. São Paulo: Prentice Hall, 2005.

CETESB (COMPANHIA DE TECNOLOGIA DE SANEAMENTO AMBIENTAL). *Decreto Nº. 8.468, de 8 de setembro de 1976*. Regulamentação da Lei nº 997, de 31 de maio de 1976, com 172 artigos e anexos cujas disposições representaram um instrumento de trabalho com mecanismos ajustados para operação e controle do meio ambiente. São Paulo, 21 jan 2009. Disponível em: <http://www.cetesb.sp.gov.br/Institucional/ documentos/Dec8468.pdf>. Acesso em: 21 jan 2009.

CETESB (COMPANHIA DE TECNOLOGIA DE SANEAMENTO AMBIENTAL). *Lei Nº. 997, de 31 de maio de 1976*. Dispõe sobre a instituição do sistema de prevenção e controle da poluição do meio ambiente na forma prevista nessa lei e pela Lei nº 118/73 e pelo Decreto nº 5.993/75. São Paulo, 21 jan 2009. Disponível em: <http://www.cetesb.sp.gov.br/Institucional/documentos/Dec8468.pdf>. Acesso em 21 jan 2009.

DERISIO, J. C. *Introdução ao controle da poluição ambiental*. 2. ed. São Paulo: Signus, 2000.

FADINI, P. S.; FADINI, A. A. B. Lixo: desafios e compromissos. *Química Nova*, v.1, 2001.

IBGE (INSTITUTO BRASILEIRO DE GEOGRAFIA E ESTATÍSTICA). Homepage. Disponível em: <http://www.ibge.gov.br. Acesso em: 21 jan 2009.

INPEV (INSTITUTO NACIONAL DE PROCESSAMENTO DE EMBALAGENS VAZIAS). *Responsabilidade do agricultor*. São Paulo, [200?]. Disponível em: <http://www.inpev.org.br/responsabilida-

des/triplice_lavagem/responsabilidade_agricultor/responsabilidade_agricultor.asp>. Acesso em: 21 jan 2009.

INPEV (INSTITUTO NACIONAL DE PROCESSAMENTO DE EMBALAGENS VAZIAS). *Tipos de embalagens*. São Paulo, [200?]. Disponível em: <http://www.inpev.org.br/responsabilidades/triplice_lavagem/tipos_embalagens/tipos_embalagens.asp>. Acesso em 21 jan 2009.

IPT (INSTITUTO DE PESQUISAS TECNOLÓGICAS). *Lixo Municipal*: manual de gerenciamento integrado. 2. ed. São Paulo, 2000.

JUCÁ, J. F. T. Destinação final dos resíduos sólidos no Brasil: situação atual e perspectivas. *10. SILUBESA – Simpósio Luso-Brasileiro de Engenharia Sanitária e Ambiental*. Braga, Portugal, 2002.

REVISTA SANEAMENTO AMBIENTAL. São Paulo: Signus, [200?-]. Disponível em: <http://www.sambiental.com.br/SA>

U. S. ENVIRONMENTAL PROTECTION AGENCY. Washington: U.S. Environmental Protection Agency, 1970- . Disponível em: <http://www.epa.gov>

ZANIN, M.; MANCINI, S. D. *Resíduos plásticos e reciclagem*: aspectos gerais e tecnologia. São Carlos: Edufscar, 2004.

8
ASPECTOS LEGAIS

Por ser a poluição ambiental uma nova área do conhecimento, na qual a sistematização científica se intensificou somente a partir de meados do século passado, as diretrizes legais com relação ao ambiente só puderam ser estabelecidas posteriormente. Desde então, diversas leis têm sido aprovadas e aprimoradas; instituições de controle, criadas e reestruturadas. O principal objetivo dessas leis é regulamentar muitas das atividades humanas, procurando evitar ou minimizar impactos ambientais que tenham consequências negativas para a natureza, para a humanidade ou para seus bens materiais e/ou patrimônios culturais. É consenso que essas leis devam ser simples, claras, viáveis, de fácil aplicação e dinâmicas. Tais características significam que seu espírito deve atender à premissa de serem *flexíveis* para poderem adaptar-se às novas tecnologias, *progressivas*, para acompanharem novos padrões de melhoria da qualidade de vida e para permitirem o *mínimo indispensável* visando ao processamento de recursos nas áreas administrativas, atribuindo-se o *máximo de poder* aos órgãos encarregados do cumprimento das leis (Barth, 1999; Pompeu, 1999). Com essa diretriz foram criados e estão constantemente sendo aperfeiçoados os vários instrumentos de avaliação de impactos ambientais, licenciamentos ambientais e, quando necessário, termo de ajuste de conduta.

No Brasil, iniciativas para a criação de instrumentos legais destinados a regulamentar a utilização de recursos naturais, o manejo e a ocupação do solo, a controlar emissões industriais, avaliar riscos de novos materiais, a produção de organismos geneticamente modificados, bem como a gestão do patrimônio genético, são relativamente recentes. Algumas vezes nossas leis são adaptadas de outras existentes em países de Primeiro Mundo, leis que nem sempre são convenientes aos nossos problemas. Uma das consequências disso é que a existência da lei por si só não garante que ela venha a ser aplicada ou atinja os objetivos da sua criação. Existem várias dificuldades em se aplicar uma lei criada ou adaptada. Faltam estruturas físicas e conhecimento técnico para se realizar medidas, e nem sempre é fácil correlacionar, com segurança, dados obtidos a partir de medidas físicas ou químicas com efeitos ambientais. Além disso, algumas vezes faltam juristas e/ou especialistas para discutir o direito ambiental dentro da realidade que nem sempre

---

A legislação citada neste capítulo pode ser obtida nos links: http://www.gov.br/port/conama/legi.cfm e www.lei.adv.br.

o dano ambiental pode ser mensurado ou avaliado. Muitas questões do dia-a-dia estão sem resposta: quem deve pagar a internação de uma criança com problemas respiratórios causados pela poluição? Quem deve pagar os custos referentes à despoluição de um rio?

De acordo com Derísio (2000), na esfera federal são estabelecidas as normas gerais para o país. Como as áreas administrativas ocorrem em âmbito *federal*, *estadual* e *municipal*, é fundamental a integração entre essas esferas na distribuição dos encargos e das responsabilidades na fixação e na aplicação da política de controle das várias formas de poluição ambiental. Entretanto, existe a possibilidade legal de uma ação ou sanção da esfera federal, quando da omissão ou falta de condições técnicas da autoridade estadual.

Na *esfera federal*, em 30/10/1973 o Decreto nº 73.030 instituiu a Secretaria Especial do Meio Ambiente – Sema, e a partir dessa secretaria foi editada uma série de leis, decretos, portarias e resoluções relativas às questões ambientais. O Decreto nº 88.531, de 01/08/1983, regulamentou leis dispondo sobre a Política Nacional do Meio Ambiente e sobre a criação de Estações Ecológicas e Áreas de Proteção Ambiental. Ademais, esse Decreto criou o Sistema Nacional do Meio Ambiente – Sisnama e o Conselho Nacional do Meio Ambiente – Conama, o qual, com base nas várias *Resoluções Conama*, tem estabelecido indicadores de qualidade para água, ar e solo, bem como limites permitidos para diferentes espécies passíveis de causar desequilíbrio ambiental (CETESB, 200?).

Após a extinção da Sema, em 1989, foi criado o Instituto Brasileiro de Meio Ambiente e dos recursos renováveis – Ibama, com a finalidade de formular, coordenar, executar e fazer exercitar a política ambiental nacional e da preservação, conservação e uso racional, fiscalização, controle e fomento dos recursos naturais renováveis (IBAMA, 2009).

A *Lei do Meio Ambiente*, Lei nº 9.605, de fevereiro de 1998, dispõe sobre as sanções penais e administrativas derivadas de condutas e atividades lesivas ao meio ambiente e dá outras providências. A *Lei da Agência Nacional de Águas*, Lei nº 9.984, de 17 de julho de 2000, criou a Agência Nacional de Águas – ANA, entidade federal de implementação da Política Nacional de Recursos Hídricos e de coordenação do Sistema Nacional de Gerenciamento de Recursos Hídricos, estabelecendo regras para sua atuação, estrutura administrativa e fontes de recursos. Em 29 de dezembro de 2000, a Fundação Nacional da Saúde – Funasa publicou a Portaria nº 1.469/2000 sobre "Controle e vigilância da qualidade da água para consumo humano e seu padrão de qualidade", a qual substitui a Portaria 36/GM-MS/90, publicada em 19 de janeiro de 1990.

Do ponto de vista da poluição de águas, a resolução Conama nº 357, de 17/03/2005, estabeleceu limites e condições tanto para os corpos d'água quanto para os efluentes líquidos de fontes poluidoras. Outro importante dispositivo é a resolução Conama nº 1 de 23/01/1986, que estabelece critérios básicos e diretrizes gerais para uso e implementação da Avaliação de Impacto Ambiental como um dos instrumentos da Política Nacional do Meio Ambiente. Quanto ao recurso ar, a legislação federal considera padrões de qualidade do ar e de emissões para determinados tipos de fontes. A Portaria Minter nº 235, de 27/04/1976, estabeleceu padrões de qualidade para o ar, e a resolução Conama nº 18, de 06/05/1986, instituiu o Programa de Controle da Poluição do Ar por Veículos – Proconve. Baseado em experiência internacional de países desenvolvidos que exigem veículos e motores atendendo a limites máximos de emissão em ensaios padronizados e com combustíveis de referência, esse programa estabelece limites máximos de emissão para motores e veículos novos. Em relação à disposição de resíduos no solo, a Portaria nº 53, de 01/03/1979, do Ministério do Interior, determina que os projetos específicos de tratamento e disposição de resíduos sólidos, bem como a fiscalização de sua implantação, operação e manutenção, fiquem sujeitos à aprovação do órgão estadual de controle da poluição, com conhecimento do IBAMA.

Duas recentes questões ambientais que têm sido objeto de muitas discussões, dúvidas e questionamentos em vários segmentos da sociedade brasileira são os *organismos geneticamente modificados* (*OGMs*) e o *patrimônio genético*.

De acordo com Izique (2003) os OGMs são organismos cujo material genético foi modificado por meio da introdução de um ou mais genes de outra espécie, previamente selecionados e com um objetivo específico: atribuir vantagens ao produto. A Lei de Biossegurança (CTNBio) foi criada pela Medida Provisória nº 2.191, de 23 de agosto de 2001, para assessorar o governo federal na formulação e implementação da Política Nacional de Biossegurança relativa aos OGMs, estabelecer normas técnicas e emitir pareceres técnicos conclusivos referentes à proteção da saúde humana, dos organismos vivos e do ambiente. A CNTBio criou o Conselho Nacional de Biossegurança, composto por órgãos do governo, membros da comunidade científica e da sociedade civil, representando áreas diretamente interessadas, como ambiente, saúde, educação, agricultura, pecuária etc. Umas das conclusões do seminário internacional Transgênicos, no Brasil, ocorrido em 2003 na USP-SP, é que a constituição de um tripé com "segurança, regulamentação e investigação científica" poderá resultar em um caminho promissor para que os problemas relacionados com os organismos geneticamente modificados sejam resolvidos (http://www.agencia.fapesp.br/boletim – 31/10/2003).

Quanto ao *patrimônio genético*, o governo federal editou a Medida Provisória nº 2.186-16, a qual, com o intuito de proteger a biodiversidade, provocou um verdadeiro estrago nas pesquisas envolvendo ativos da natureza, por submeter os pesquisadores às mesmas regras ligadas à exploração comercial. Após várias reclamações de entidades científicas, por meio da Resolução nº 8, de 08 de outubro de 2003, o Conselho de Gestão do Patrimônio Genético do Ministério do Meio Ambiente começou a flexibilizar esse quadro, permitindo maior mobilidade dos cientistas.

Outro conceito sobre gestão ambiental é a chamada *autodeclaração*. Nesse caso, propõe-se que periodicamente as empresas emitam uma declaração para o órgão de controle ambiental, referindo todas as suas práticas e pendências relacionadas com a gestão ambiental. Com base nessa autodeclaração, o órgão de controle ambiental promoveria a fiscalização, por amostragem ou denúncia, a fim de checar se as informações são verdadeiras ou se houve fraude. Se for constatada irregularidade, pune-se exemplarmente a empresa, com base na legislação ambiental vigente. Ou seja, a sistemática funcionaria mais ou menos como ocorre hoje com o Imposto de Renda. Entretanto, ambientalistas argumentam que o país precisa de melhor aparelhamento dos órgãos de controle ambiental e mais recursos humanos qualificados para atender à demanda. Contudo, inclusive por dificuldades geográficas, por mais aparelhados que estivessem esses órgãos, provavelmente não haveria como fiscalizar efetivamente as milhares de empresas existentes no Brasil. Por outro lado, quanto à proposta da *autodeclaração*, fica sempre aquela dúvida: *a raposa pode cuidar das galinhas?* (Alves, 2003).

Do ponto de vista estadual, os Estados da União têm diferentes órgãos administrativos, como secretarias e diretorias, com objetivos de orientar e fazer cumprir leis estaduais específicas, as quais sempre devem estar em consonância com a esfera federal. Por exemplo, no Estado de São Paulo, a Companhia de Tecnologia de Saneamento Ambiental – CETESB é o órgão estadual responsável pelo controle da poluição ambiental (CETESB, 200?).

Quanto à esfera municipal, do ponto de vista institucional, alguns municípios criaram Conselhos e Departamentos do Meio Ambiente. Além disso, ultimamente, em vários municípios, promotores de justiça bem intencionados têm atuado com bastante rigor profissional, oferecendo ao Ministério Público denúncias de crimes ambientais.

8.1 LEIS, DECRETOS E RESOLUÇÕES EM VIGOR NO BRASIL COM RELAÇÃO AO MEIO AMBIENTE

Recursos hídricos

- *Resolução Conama nº 396/2008, de 03/07/2008* – Dispõe sobre a classificação e diretrizes ambientais para o enquadramento das águas subterrâneas e dá outras providências.
- *Resolução Conama nº 357/2005, de 17/03/2005* – Dispõe sobre a classificação dos corpos de água e diretrizes ambientais para o seu enquadramento, bem como estabelece as condições e padrões de lançamento de efluentes e dá outras providências.
- *Decreto nº 5.300, de 07/12/2004* – Regulamenta a Lei no 7.661, de 16 de maio de 1988, que institui o Plano Nacional de Gerenciamento Costeiro – PNGC, dispõe sobre regras de uso e ocupação da zona costeira e estabelece critérios de gestão da orla marítima e dá outras providências.
- *Resolução Conama nº 344/2004, de 25/03/2004* – Estabelece as diretrizes gerais e os procedimentos mínimos para a avaliação do material a ser dragado em águas jurisdicionais brasileiras e dá outras providências.
- *Decreto nº 4.136, de 20/02/2002* – Dispõe sobre a especificação das sanções aplicáveis às infrações às regras de prevenção, controle e fiscalização da poluição causada por lançamento de óleo e outras substâncias nocivas ou perigosas em águas sob jurisdição nacional, prevista na Lei no 9.966, de 28 de abril de 2000, e dá outras providências.
- *Decreto nº 4.024, de 21/11/2001* – Estabelece critérios e procedimentos para implantação ou financiamento de obras de infra-estrutura hídrica com recursos financeiros da União e dá outras providências.
- *Lei nº 9.984, de 17/07/2000* – Dispõe sobre a criação da Agência Nacional de Águas – ANA, entidade federal de implementação da Política Nacional de Recursos Hídricos e de coordenação do Sistema Nacional de Gerenciamento de Recursos Hídricos e dá outras providências.

- *Lei nº 9.966, de 28/04/2000* – Dispõe sobre a prevenção, o controle e a fiscalização da poluição causada por lançamento de óleo e outras substâncias nocivas ou perigosas em águas sob jurisdição nacional e dá outras providências.
- *Lei nº 9.433 de 08/01/1997, alterada pela Lei nº 9.984, de 18/07/2000* – Institui a Política Nacional de Recursos Hídricos e cria o Sistema Nacional de Recursos Hídricos. Define a água como recurso natural limitado, dotado de valor econômico, que pode ter usos múltiplos (consumo humano, produção de energia, transporte, lançamento de efluentes). Descentraliza a gestão dos recursos hídricos, contando com a participação do Poder Público, de usuários e comunidades. São instrumentos da nova política das águas: 1) os Planos de Recursos Hídricos (por bacia hidrográfica, por Estado e para o país), que visam a gerenciar e a compatibilizar os diferentes usos da água, considerando, inclusive, a perspectiva de crescimento demográfico e as metas para racionalizar o uso; 2) a outorga de direitos de uso das águas, válida por até 35 anos, deve compatibilizar os usos múltiplos; 3) a cobrança por seu uso (antes só se cobrava pelo tratamento e pela distribuição); e 4) os enquadramentos dos corpos d'água. A lei prevê também a criação do Sistema Nacional de Informação sobre Recursos Hídricos para coleta, tratamento, armazenamento e recuperação de informações sobre recursos hídricos e fatores intervenientes em sua gestão.
- *Lei nº 7.661, de 16/05/1988* – Regulamentada pela Resolução nº 01 da Comissão Interministerial para os Recursos do Mar, em 21/12/1990, essa lei traz as diretrizes para criar o Plano Nacional de Gerenciamento Costeiro. Define zona costeira como o espaço geográfico da interação do ar, do mar e da terra, incluindo os recursos naturais e abrangendo uma faixa marítima e outra terrestre. O Plano Nacional de Gerenciamento Costeiro (Gerco) deve prever o zoneamento de toda essa extensa área, trazendo normas para o uso do solo, da água e do subsolo, de modo a priorizar a proteção e a conservação dos recursos naturais, o patrimônio histórico, paleontológico, arqueológico, cultural e paisagístico. Permite aos Estados e aos municípios costeiros instituir seus próprios planos de gerenciamento costeiro, desde que prevaleçam as normas mais restritivas. As praias são bens públicos, de uso do povo, assegurando-se o livre acesso a elas e ao mar. O gerenciamento costeiro deve obedecer às normas do Conselho Nacional de Meio Ambiente, Conama.

Resíduos

- *Decreto nº 5940, de 25/10//2006* – Institui a separação dos resíduos recicláveis descartados pelos órgãos e entidades da administração pública federal direta e indireta, na fonte geradora, e a sua destinação às associações e cooperativas dos catadores de materiais recicláveis, e dá outras providências.
- *Resolução Conama nº 375/2006, de 29/08/2006* – Define critérios e procedimentos para o uso agrícola de lodos de esgoto gerados em estações de tratamento de esgoto sanitário e seus produtos derivados, e dá outras providências.

- *Resolução Conama nº 358/2005, de 29/04/2005* – Dispõe sobre o tratamento e a disposição final dos resíduos dos serviços de saúde e dá outras providências.
- *Resolução Conama nº 316/2002, de 29/10/2002* – Dispõe sobre procedimentos e critérios para o funcionamento de sistemas de tratamento térmico de resíduos.
- *Resolução Conama nº 313/2002, de 29/10/2002* – Dispõe sobre o inventário nacional de resíduos sólidos industriais
- *Resolução Conama nº 308/2002, de 21/03/2002* – Licenciamento ambiental de sistemas de disposição final dos resíduos sólidos urbanos gerados em municípios de pequeno porte.
- *Resolução Conama nº 307/2002, de 05/07/2002* – Estabelece diretrizes, critérios e procedimentos para a gestão dos resíduos da construção civil.
- *Lei nº 7802, de 11/07/1989* – Dispõe sobre a pesquisa, a experimentação, a produção, a embalagem e rotulagem, o transporte, o armazenamento, a comercialização, a propaganda comercial, a utilização, a importação, a exportação, o destino final dos resíduos e embalagens, o registro, a classificação, o controle, a inspeção e a fiscalização de agrotóxicos, seus componentes e afins, e dá outras providências.

Gerais em meio ambiente

- *Resolução Conama nº 387/2006, de 27/12/2006* – Estabelece procedimentos para o licenciamento ambiental de projetos de assentamentos de reforma agrária e dá outras providências.
- *Decreto nº 4.382, de 19/09/2002* – Regulamenta a tributação, fiscalização, arrecadação e administração do Imposto sobre a Propriedade Territorial Rural – ITR.
- *Lei nº 10.410, de 11/01/2002* – Cria e disciplina a carreira de Especialista em Meio Ambiente.
- *Resolução Conama nº 273/2000, de 29/11/2000* – Dispõe sobre prevenção e controle da poluição em postos de combustíveis e serviços.
- *Lei nº 9.795, de 27/04/1999* – Dispõe sobre a educação ambiental, institui a Política Nacional de Educação Ambiental e dá outras providências.
- *Lei nº 9.605, de 12/02/1998* – Reordena a legislação ambiental brasileira no que se refere às infrações e às punições. A partir dela, a pessoa jurídica, autora ou co-autora da infração ambiental, pode ser penalizada, chegando à liquidação da empresa, se ela tiver sido criada ou utilizada para facilitar ou ocultar um crime ambiental. Por outro lado, a punição pode ser extinta quando se comprovar a recuperação do dano ambiental, e – no caso de penas de prisão de até quatro anos – é possível aplicar penas alternativas. A lei criminaliza os atos de pichar edificações urbanas, fabricar ou soltar balões (pelo risco de provocar incêndios), danificar as plantas de ornamentação, dificultar o acesso às praias ou realizar desmatamento sem autorização prévia. As multas variam de R$ 50,00 a R$ 50 milhões. É importante lembrar que na responsabilidade penal tem que se provar a intenção (dolo) do autor do crime ou sua culpa (imprudência, negligência e imperícia). Difere da responsabilidade civil ambiental, que não pede intenção ou culpa. Para saber

mais, o IBAMA apresenta, em seu *site*, um quadro com as principais inovações dessa lei, bem como de todos os vetos presidenciais.
- *Lei nº 8.974, de 05/01/1995 – Alterada pela Medida Provisória nº 2.137, de 27/04/2001*, regulamentada pelo Decreto nº 1.752, de 20/12/1995, a lei estabelece normas para aplicação da engenharia genética, desde o cultivo, a manipulação e o transporte de organismos geneticamente modificados (OGM) até sua comercialização, consumo e liberação no ambiente. Define engenharia genética como a atividade de manipulação de material genético, que contém informações determinantes de caracteres hereditários de seres vivos. A autorização e a fiscalização do funcionamento de atividades na área de entrada de qualquer produto geneticamente modificado no país é de responsabilidade dos Ministérios do Meio Ambiente (MMA), da Saúde (MS) e da Agricultura. Toda entidade que utilizar técnicas de engenharia genética é obrigada a criar sua Comissão Interna de Biossegurança, que deverá, entre outras coisas, informar trabalhadores e a comunidade sobre questões relacionadas à saúde e à segurança nessa atividade. A lei criminaliza a intervenção em material genético humano *in vivo* (exceto para tratamentos de defeitos genéticos), sendo que as penas podem chegar a 20 anos de reclusão.
- *Lei nº 7.347, de 24/07/1985 e alterações posteriores* – Lei de Interesses Difusos, que trata da ação civil pública de responsabilidades por danos causados ao ambiente, ao consumidor e ao patrimônio artístico, turístico ou paisagístico. Pode ser requerida pelo Ministério Público (a pedido de qualquer pessoa), ou por uma entidade constituída há pelo menos um ano. A ação judicial não pode ser utilizada diretamente pelos cidadãos. Normalmente, ela é precedida por um inquérito civil.
- *Lei nº 6.902, de 27/04/1981, alterada pela Lei nº 9.985, de 18/07/2000* – Lei que criou as "estações ecológicas" (áreas representativas de ecossistemas brasileiros) e as "áreas de proteção ambiental", ou APAs (nas quais podem permanecer as propriedades privadas, mas o Poder Público limita atividades econômicas para fins de proteção ambiental). Ambas podem ser criadas pela União, pelo Estado, ou município. A Lei nº 9.985/2000 instituiu o Sistema Nacional de Unidades de Conservação da Natureza-SNUC, que estabelece critérios e normas para a criação, implantação e gestão das Estações Ecológicas e APAs e de outras áreas com características naturais relevantes.
- *Lei nº 6.938, de 17.01.1981 e alterações posteriores* – A mais importante lei ambiental. Define que o poluidor é obrigado a indenizar os prejuízos ambientais que causar, independentemente de culpa. O Ministério Público (promotor de Justiça ou procurador da República) pode propor ações de responsabilidade civil por danos ao ambiente, impondo ao poluidor a obrigação de recuperar e/ou indenizar prejuízos causados. Essa lei também criou os Estudos e respectivos Relatórios de Impacto Ambiental (EIA/RIMA) regulamentados, em 1986, pela Resolução nº 001/86 do Conama. O EIA/RIMA deve ser realizado antes da implantação de atividade econômica que afete significativamente o ambiente, como usinas hidroelétricas, estrada, indústria ou aterros sanitários, devendo detalhar os impactos positivos e negativos que possam ocorrer devido às obras ou após a instalação do empreendimento,

mostrando como evitar os impactos negativos. Se não for aprovado, o empreendimento não poderá ser implantado. A lei dispõe ainda sobre o direito à informação ambiental.
- *Lei nº 6.453, de 17/10/1977* – Dispõe sobre a responsabilidade civil por danos nucleares e sobre a responsabilidade criminal por atos relacionados às atividades nucleares. Entre outros, determina que, quando houver um acidente nuclear, a instituição autorizada a operar a instalação tem a responsabilidade civil pelo dano, independentemente da existência de culpa. Em caso de acidente nuclear não-relacionado a qualquer operador, os danos serão suportados pela União. A lei classifica como crime produzir, processar, fornecer, usar, importar ou exportar material sem autorização legal, extrair e comercializar ilegalmente minério nuclear, transmitir informações sigilosas nesse setor, ou deixar de seguir normas de segurança relativas à instalação nuclear.
- *Decreto-Lei nº 25, de 30/11/1937* – Organiza a proteção do Patrimônio Histórico e Artístico Nacional, incluindo como patrimônio nacional os bens de valor etnográfico, arqueológico, os monumentos naturais, além dos sítios e paisagens de valor notável pela natureza ou pela intervenção humana. A partir do tombamento de um desses bens, fica proibida sua destruição, demolição ou mutilação sem prévia autorização do Serviço de Patrimônio Histórico e Artístico Nacional (SPHAN), que também deve ser previamente notificado em caso de dificuldade financeira para a conservação do bem. Qualquer atentado contra um bem tombado equivale a um atentado ao patrimônio nacional.

Licenciamento ambiental

- *Resolução Conama nº 335/2003, de 03/04/2003* – Dispõe sobre o licenciamento ambiental de cemitérios.
- *Resolução Conama nº 305/2002, de 12/06/2002* – Dispõe sobre Licenciamento ambiental, Estudo de impacto ambiental e Relatório de impacto no meio ambiente de atividades e empreendimentos com Organismos geneticamente modificados e seus derivados.
- *Resolução Conama nº 237/1997, de 22/12/1997* – Regulamenta os aspectos de licenciamento ambiental estabelecidos na Política Nacional do Meio Ambiente.
- *Lei nº 6.803, de 02/07/1980, alterada pela lei nº 7.804, de 20/07/1989* – Atribui aos Estados e municípios o poder de estabelecer limites e padrões ambientais para a instalação e o licenciamento das indústrias, exigindo Estudo de Impacto Ambiental. Municípios podem citar três zonas industriais: 1) zona de uso estritamente industrial – destinada somente às indústrias cujos efluentes, ruídos ou radiação possam causar danos à saúde humana ou ao ambiente, sendo proibido instalar atividades não-essenciais ao funcionamento da área; 2) zona de uso predominantemente industrial – para indústrias cujos processos possam ser submetidos ao controle da poluição, não causando incômodos maiores às atividades urbanas e repouso noturno, desde que se cumpram as exigências, como a obrigatoriedade de conter área de proteção ambiental para minimizar os efeitos negativos e 3) zona de uso diversificado – aberta a indústrias que não prejudiquem as atividades urbanas e rurais.

Fauna e flora

- *Lei nº 11428, de 22/12/2006* – Dispõe sobre a utilização e proteção da vegetação nativa do bioma mata atlântica e dá outras providências.
- *Decreto nº 4340, de 22/08/2002* – Regulamenta artigos da Lei nº 9.985, de 18 de julho de 2000, que dispõe sobre o Sistema Nacional de Unidades de Conservação da Natureza – SNUC e dá outras providências.
- *Decreto nº 4339, de 22/08/2002* – Institui princípios e diretrizes para a implementação da política nacional da biodiversidade.
- *Decreto nº 1922, de 05/06/1996* – Dispõe sobre o reconhecimento das reservas particulares do patrimônio natural e dá outras providências.
- *Decreto nº 1298, de 27/10/1994* – Aprova o regulamento das florestas nacionais e dá outras providências.
- *Decreto nº 750, de 10/02/1993* – Dispõe sobre o corte, a exploração e a supressão de vegetação primária ou nos estágios avançado e médio de regeneração da Mata Atlântica, e dá outras providências.
- *Lei nº 7754, de 14/04/1989* – Estabelece medidas para proteção das florestas existentes nas nascentes dos rios e dá outras providências.
- *Lei nº 7.735, de 22/02/1989 e alterações posteriores* – Criou o IBAMA, incorporando a Secretaria Especial do Meio Ambiente (antes subordinada ao Ministério do Interior) e as agências federais na área de pesca, desenvolvimento florestal e borracha. Ao IBAMA compete executar e fazer executar a política nacional do meio ambiente, atuando para conservar, fiscalizar, controlar e fomentar o uso racional dos recursos naturais. Hoje, subordina-se ao Ministério do Meio Ambiente, MMA.
- *Lei nº 5.197, de 03/01/1967, e alterações posteriores* – A fauna silvestre é bem público (mesmo que os animais estejam em propriedade particular). A lei classifica como crime o uso, a perseguição, a captura de animais silvestres, a caça profissional, o comércio de espécimes de fauna silvestres e de produtos derivados de sua caça, além de proibir a introdução de espécie exótica (importada) e a caça amadorística sem autorização do IBAMA. Também criminaliza a exportação de peles e couros de anfíbios e répteis (como o jacaré) em bruto. O IBAMA traz um resumo comentado de todas as leis relacionadas à fauna brasileira, além de uma lista das espécies brasileiras ameaçadas de extinção.
- *Lei nº 4.771, de 15/09/1965, alterada pela Medida Provisória nº 2.080-62, de 19/04/2001* – Determina a proteção de florestas nativas e define como áreas de preservação permanente (onde a conservação da vegetação é obrigatória) uma faixa de 30 a 500 metros nas margens dos rios (dependendo da largura do curso d´água), de lagos e de reservatórios, além dos topos de morro, de encostas com declividade superior a 45 ºC e de locais acima de 1.800 metros de altitude. Também exige que propriedades rurais da região sudeste do país preservem 20 % da cobertura arbórea, devendo tal reserva ser

averbada no registro de imóveis, a partir do que fica proibido o desmatamento, mesmo que a área seja vendida ou repartida. A maior parte das contravenções dessa lei foi criminalizada a partir da Lei dos Crimes Ambientais.

Solos, minerais e agrotóxicos

– *Resolução Conama nº 334/2003, de 03/04/2003* – Dispõe sobre os procedimentos de licenciamento ambiental de estabelecimentos destinados ao recebimento de embalagens vazias de agrotóxicos.
– *Lei nº 7.805 de 18/07/1989* – Regulamenta a atividade garimpeira. A permissão da lavra é concedida pelo Departamento Nacional de Produção Mineral – DNPM a brasileiro ou cooperativa de garimpeiros autorizada a funcionar como empresa, devendo ser renovada a cada cinco anos. É obrigatória a licença ambiental prévia, que deve ser concedida pelo órgão ambiental competente. Os trabalhos de pesquisa ou lavra que causarem danos ao ambiente são passíveis de suspensão, sendo o titular da autorização de exploração dos minérios responsável pelos danos ambientais. A atividade garimpeira executada sem permissão ou licenciamento é crime. O *site* do DNPM oferece a íntegra dessa lei e de toda a legislação, que regulamenta a atividade minerária no país e o Ministério do Meio Ambiente – MMA oferece comentários detalhados sobre a questão da mineração.
– *Política agrícola, Lei nº 8.171 de 17/01/1991 e alterações posteriores* – Coloca a proteção do ambiente entre seus objetivos e como um de seus instrumentos. Em um capítulo inteiramente dedicado ao tema, define que o Poder Público (Federação, Estados e Municípios) deve disciplinar e fiscalizar o uso racional do solo, da água, da fauna e da flora; realizar zoneamentos agroecológicos para ordenar a ocupação de diversas atividades produtivas (inclusive instalação de hidrelétricas), desenvolver programas de educação ambiental, fomentar a produção de mudas de espécies nativas, entre outros. No entanto, a fiscalização e o uso racional desses recursos também cabe aos proprietários de direito e aos beneficiários da reforma agrária. As bacias hidrográficas são definidas como as unidades básicas de planejamento, uso, conservação e recuperação dos recursos naturais, sendo que os órgãos competentes devem criar planos plurianuais para a proteção ambiental. A pesquisa agrícola deve respeitar a preservação da saúde e do ambiente, preservando ao máximo a heterogeneidade genética.
– *Lei nº 7.802 de 11/07/1989, alterada pele Lei nº 9.974, de 07/06/2000* – A Lei dos Agrotóxicos regulamenta desde a pesquisa e a fabricação dos agrotóxicos até sua comercialização, aplicação, controle, fiscalização e também o destino da embalagem. Impõe a obrigatoriedade do receituário agronômico para venda de agrotóxicos ao consumidor. Também exige registro dos produtos nos Ministérios da Agricultura e da Saúde e no Instituto Brasileiro do Meio Ambiente e dos Recursos Naturais Renováveis – IBAMA. Qualquer entidade pode pedir o cancelamento desse registro encaminhando provas de que um produto causa graves prejuízos à saúde humana, do ambiente e dos animais. O descumprimento da lei pode resultar em multas e reclusão, inclusive para os empresários.

- *Decreto nº 97.507/1989 de 13/02/1989* – Dispõe sobre licenciamento de atividade mineral, o uso do mercúrio metálico e do cianeto em áreas de extração de ouro, e dá outras providências (antiga Resolução Conama Nº 08/1988).
- *Parcelamento do solo urbano (Lei nº 6.766, de 19/12/1979, alterada pela Lei nº 9.785, de 1/2/1999-* Estabelece as regras para loteamentos urbanos, proibidos em áreas de preservação ecológica, em que a poluição representa perigo à saúde, e em terrenos alagadiços. O projeto de loteamento deve ser apresentado e aprovado previamente pelo Poder Municipal, sendo que as vias e áreas públicas passarão para o domínio da Prefeitura, após a instalação do empreendimento.

Atmosfera

- *Resolução Conama nº 382/2006 de 23/12/2006* – Estabelece os limites máximos de emissão de poluentes atmosféricos para fontes fixas.
- *Resolução Conama nº 342/2003 de 25/09/2003* – Estabelece novos limites para emissões de gases poluentes por ciclomotores, motociclos e veículos similares novos, em observância à Resolução nº 297, de 26 de fevereiro de 2002, e dá outras providências.
- *Resolução Conama nº 297/2002 de 26/02/2002* – Estabelece os limites para emissões de gases poluentes por ciclomotores, motociclos e veículos similares novos.
- *Resolução Conama nº 267/2000 de 14/09/2000* – Proibição de substâncias que destroem a camada de ozônio.
- *Resolução Conama nº 242/1998 de 30/06/1998* – Estabelece limites máximos de emissão de poluentes.
- Anualmente, o periódico Saneamento Ambiental publica uma edição especial intitulada *"Quem é quem no saneamento e meio ambiente"*, possibilitando a localização e descrição das atividades das principais entidades que atuam nas áreas de Meio Ambiente e Saneamento no Brasil, englobando organizações não-governamentais (ONGs), federais, estaduais e municipais (Alves, 2003). O periódico científico Ciência e Cultura nº 4 de 2003, uma publicação da Sociedade Brasileira para o Progresso da Ciência (SBPC), em um volume especial sobre o tema Gestão das Águas reuniu nove artigos científicos escritos por especialistas da área e trouxe também uma resenha sobre grupos de pesquisas do Brasil que atuam no tema relativo à gestão de águas ou de recursos hídricos. Há também uma obra literária do professor Paulo Affonso Leme Machado (2003), *Direito Ambiental Brasileiro*, sobre importantes leis e decretos de interesses ambientais, alguns deles citados neste capítulo. Para maiores atualizações sobre o tema legislação ambiental, consulte o *site*: *www.lei.adv.br*

REFERÊNCIAS

ALVES, F. A necessidade da inspeção veicular. *Saneamento Ambiental*, v. 96, p. 1-68, 2003. Edição Especial.
ALVES, F. A raposa pode cuidar das galinhas? *Saneamento Ambiental*, n. 97, p. 3, 2003.

BARTH, F. T. Aspectos institucionais do gerenciamento de recursos hídricos. In: REBOUÇAS, A. C.; BRAGA, B.; TUNDISI, J.G. (Ed.) *Águas doces no Brasil:* capital ecológico, uso e conservação. São Paulo: Escrituras. 1999. p. 565-599.

CETESB (COMPANHIA DE TECNOLOGIA DE SANEAMENTO AMBIENTAL). *Água*. São Paulo, [200?]. Disponível em: <http://www.cetesb.sp.gov.br/Agua/agua_geral.asp>. Acesso em: 28 jul. 2003.

CETESB (COMPANHIA DE TECNOLOGIA DE SANEAMENTO AMBIENTAL). São Paulo, [200?]. Disponível em: <www.cetesb.sp.gov.br>.

DERÍSIO, J. C. *Introdução ao controle de poluição ambiental*. 2. ed. São Paulo: CETESB, 2000. 164 p.

FIESP/CIESP. *Micro e pequenas empresas no Estado de São Paulo e a legislação ambiental*. São Paulo, Junho 2001.

IBAMA (INSTITUTO BRASILEIRO DO MEIO AMBIENTE E DOS RECURSOS NATURAIS RENOVÁVEIS). Brasília, 2009. Disponível em: <www.ibama.gov.br>. Acesso em: 21 jan. 2009.

IZIQUE, C. Polêmica sobre soja RR colocada em debate potencial da biotecnologia. Revista *FAPESP,* n. 93, p. 16-23, 2003.

MACHADO, P. A. L. In: DIREITO Ambiental Brasileiro. São Paulo: Malheiros. 2003.

POMPEU, C. T. Águas doces no direito brasileiro. In: REBOUÇAS, A. C.; BRAGA, B.; TUNDISI, J. G. *Águas doces no Brasil*: capital ecológico, uso e conservação. São Paulo: Escrituras. 1999. p. 601-635.

ÍNDICE

A letra *f* que acompanha algumas paginações refere-se a figuras e/ou quadros.

A

Adubação verde, 185
Agricultura, 63-64
    agroquímicos, 63
    contaminação do subsolo, 64
Agrotóxicos (Aspectos legais), 250-251
Água(s)
    ciclo da, 51-52
    classificação das, 70-71
    índice de qualidade das, 68-69
    poluição da, 52-53
    reúso da, 60-61
Ambiente, 137-166
Amostradores, 28*f*
Amostragem, 21-39
    de gases, 33-38
    de líquidos, 24-26
    de particulados, 38-39
    de sólidos, 26-32
Amostragem passiva, 37
Ambientes fechados, 127-128
Análise de fertilidade, 27
Análise química, 21-22
    aspectos relevantes, 23
    condições da amostragem, 22-24
    monitoramento ambiental, 21
    planejamento, 23
Aspectos legais, 241-251
    agrotóxicos, 250-251
    atmosfera, 251
    fauna, 249-250
    flora, 249-250
    licenciamento ambiental, 248
    meio ambiente, 246-248
    minerais, 250-251
    recursos hídricos, 244-245
    resíduos, 245-246
    solos, 250-251
Atmosfera, 95-99, 251
    aspectos legais, 250
    camadas, 95
    rotas de entrada de compostos, 98
    rotas de saída de compostos, 98
    tempo de residência, 97
    transformações químicas, 97-99

B

Balanço térmico do planeta, 120-124
Bioacúmulo, 64-65
    acúmulo ativo, 65
    acúmulo passivo, 65
    bioacumulação de DDT, 65
    testes de biodegradabilidade, 67
    transformações, 66-67
Biorremediação, 189-192

C

Capacidade de troca catiônica, 174
Caracterização de espécies metálicas e matéria
  orgânica, 205*f*
CTC *ver* Capacidade de troca catiônica
Ciclo da água, 51-52
Ciclos biogeoquímicos, 99-104
    do carbono, 99-101
    do enxofre, 103
    do nitrogênio, 101-103
    emissão de compostos para atmosfera, 100
    esquema do ciclo do carbono, 101
    outros ciclos, 103-104
    rotas do nitrogênio, 102

Classificação das águas, 70-71
   cálculo da concentração de soluções ácidas, 72-73
   concentração de soluções ácidas, 72-73
   demanda bioquímica de oxigênio, 89
   demanda química de oxigênio, 85-87
   determinação de nitrogênio amoniacal, 76-78
   determinação de nitrogênio total, 79-81
   doces, 71
   dureza de águas, 81-84
   índice de Langelier, 82-84
   índice de saturação, 82-84
   método de Kjeldahl, 76-78, 79-81
   método de Winkler, 87-89
   oxigênio dissolvido, 87-89
   padronização de soluções, 74-76
   salinas, 71
   salobras, 71
   solução padrão direta, 72
   solução padrão indireta, 72
   solução padrão secundária, 72
   soluções ácidas, 72-73
Classificação dos resíduos sólidos, 226-228
   aeroportos, 227
   agrícola, 227
   código de cores, 227f
   comercial, 227
   composição de lixo, 226f
   domiciliar, 227
   entulho, 227
   hospitalar, 227
   industrial, 227
   inertes, 227
   não-inertes, 226
   perigos, 226
   portos, 227
   público, 227
   terminais rodoviários, 227
Classificação dos solos, 171-174
   camadas de um perfil, 173f
   perfil de argilossolos, 172f
   perfil do solo, 173-174
   variação de constituintes, 172f
Coeficiente de distribuição de metais, 211f
Combustão de materiais, 104-105
Composição de materiais, 130-135
   ppb, 131-132
   ppm, 131-132
   ppt, 131-132
Composição de poluentes gasosos, 133-134
Composição dos solos, 168-171, 170f
   componentes do ar e do solo, 171f
   fase gasosa, 171
   fase líquida, 169-171
   fase sólida, 168-169
   processo de erosão, 170f
   processo de formação, 169f
Contaminantes químicos, 51-67

D

DBO *ver* Demanda bioquímica de oxigênio
Demanda bioquímica de oxigênio, 89
Demanda química de oxigênio, 85-87
Desnitrificação, 182
Destinação final dos recursos sólidos, 228-236
   aterros controlados, 229
   aterros sanitários, 229-230
   coleta seletiva no Brasil, 231f
   compostagem, 232-235
   embalagens de agrotóxicos, 235
      embalagens não-laváveis, 235-236
      lavagem sob pressão, 235
      tríplice lavagem, 235
   evolução no Brasil, 234f
   incineradores, 228
   lixões, 228-229
   reciclagem, 230-232
Determinação da capacidade complexante, 206f
Determinação de metais, 206f
Distribuição de frações de substâncias húmicas, 213f
Doenças infecciosas, 47
DQO *ver* Demanda química de oxigênio

E

Efeito estufa, 123-124
Efluentes, 24-25, 56-62
   aporte de fosfatos, 62
   deposições atmosféricas, 61
   descargas, 59-60
   enxurradas, 61
   estação de tratamento, 57
   eutrofização, 62
   flotação, 59
   processos de tratamento, 56-58
   processos oxidativos, 58-59
   reúso da água, 60-61
Emissão de energia, 120f
Emissão global, 119f
Emissões de poluentes, 52-53
Energia, 137-166
Energia elétrica, 154-165
   eólica, 162-164
   gerador de eletricidade, 155f
   nuclear, 158-161
   pilha de combustível, 164-165
   hidroelétrica, 156-157

ÍNDICE

desvantagens, 156-157
representação esquemática, 156f
vantagens, 156-157
solar, 161-162
termoelétrica, 157-158
Energia perdida, 139-141
Exercícios
amostragem, 39-40
contaminantes químicos, 67
energia e ambiente, 166
indicadores de qualidade da água, 74, 76, 78, 81, 84
litosfera, 195
matéria orgânica, 217-218
química da atmosfera, 134
resíduos sólidos, 238-239

F

Fauna (Aspectos legais), 249-250
Fertilidade do solo, 178-182
compostos de nitrogênio, 179
transformações microbiológicas do nitrogênio, 179-180
fixação do nitrogênio, 180-181
ação bacteriana, 180
nitrificação, 180-181
redução de nitratos, 181
raios e vulcões, 181
processos industriais, 181
processo de combustão, 181-182
Fitorremediação, 192-194
Flora (Aspectos legais), 249-250
Florestas, 63-64
agroquímicos, 63
contaminação do subsolo, 64
comportamento ambiental, 64
destinação final, 64
transporte, 64
Fontes de energia, 141-154
álcool combustível, 149-152
biodiesel, 152-154
carvão mineral, 143-145
combustão de combustíveis, 141f
composição de combustíveis, 141f
gás natural, 141-142
gasolina combustível, 146-148
petróleo, 145-146
Fontes de poluentes, 52-53
Fotocélula solar, 162

G

Gases-estufa, 122
Grãos, 32

H

Herbicidas, 186-187

I

Impactador de cascata, 39
Indicadores de qualidade, 67-89
aspectos gerais, 67-68
índice de qualidade das águas, 68-69
Interações solo-planta, 182-186
adubação, 184
aração, 184
atividades antrópicas, 183-184
irrigação, 185-186
lei do mínimo, 182-183
manejo do solo, 183-184
produtividade do solo, 182-183
revolvimento do solo, 184
sequestro de carbono, 185

K

Kyoto, Protocolo de, 123
Kjeldahl, Método de, 76-78, 79-81

L

Langelier, Índice de, 82-84
Licenciamento ambiental (Aspectos legais), 248
Ligas metálicas, 32
Litosfera, 167-196
formação, 167-168
origem, 167-168
Lixo *ver* Resíduos sólidos

M

Matéria orgânica, 197-218
classificação, 197-200
composição elementar, 200f
propriedades gerais, 199f
extração de, 200-201
fracionamento, 202-203
fracionamento sequencial por ultrafiltração, 204f
procedimentos, 203f
interação de metais, 203-214
capacidade complexante, 205-209
determinação de metais, 204-205
distribuição intermolecular, 211-213
labilidade relativa, 209-211
redução de mercúrio iônico, 213-214
interação de pesticidas, 214-215
novas perspectivas das aplicações, 215-271
Material particulado, 117-119
formação de partículas, 118f
remoção de partículas, 118f

ÍNDICE

Meio ambiente (Aspectos legais), 246-248
Mineração, 188-189
Minerais (Aspectos legais), 250-251
Minérios, 31

N
Nitrogênio amoniacal, 76-78
Nitrogênio total, 79-81

O
Ocupação, 188-189
OD *ver* Oxigênio dissolvido
Oxidantes, 108-109
Óxidos de nitrogênio, 105-106
Oxigênio dissolvido, 87-89
Ozônio, 124-127
    concentração, 126f
    radiação eletromagnética, 125f

P
Parâmetros, 68, 72-90
    salinidade, 69-70
    testes de toxicidade, 69
Particulados atmosféricos, 38
Pesticidas, 186-187
Poços de monitoramento, 25-26
Poluentes secundários, 107-108, 109-112
Poluição atmosférica, 104-105
Poluição da água, 52-53
Propriedade ácido/básica, 112-116
    amônia, 115-116
    formação de ácidos, 113-115
    óxidos, 112-113
Propriedades físico-químicas, 174-178
    absorção de metais, 177-178
    acidez, 175
    capacidade de troca catiônica, 174
    diagrama de Eh/pH, 176f
    processo de oxidação em solos, 175-176
    processo de redução em solos, 175-176
Protocolo de Kyoto, 123

Q
Química da atmosfera, 93-135
    comparação entre planetas, 94
    importância, 93-95

R
Reações fotoquímicas, 107-108
Rearranjo intermolecular de espécies metálicas, 211f
Recuperação do solo, 189-194
    biorremediação, 189-192
    fitorremediação, 192-194
Recursos hídricos, 41-92, 244-245
Redução de mercúrio, 214f
Resíduos (Aspectos legais), 245-246
Resíduos industriais não-biodegradáveis, 54-56
Resíduos sólidos, 223-239
    aspectos institucionais, 236-238
    aspectos legais, 236-238
    aumento da população, 225f
    classificação, 226-228
    destinação final, 228-236
    produzidos diariamente, 225f
Rotas de transmissão de doenças, 46

S
Saneamento básico, 41-51
    história antiga, 42-45
    história contemporânea, 45-47
    introdução, 41-42
    saneamento brasileiro, 49-51
    situação atual, 47-51
Sedimentos, 28-31
Separação da fração metálica lábil trocável, 212f
Separação de íons metálicos, 211f
Setor industrial, 53-62
    matéria orgânica, 53-54
    rotas de aporte, 55
Setor urbano, 53-62
    matéria orgânica, 53-54
    rotas de aporte, 55
Síndrome do edifício doente, 129-130
Smog fotoquímico, 109-112
    variação dos gases, 111f
    variação da temperatura, 111f
Solos (Aspectos legais), 250
Substâncias húmicas, 197-218
    aquáticas, 198-200, 201-202
    de solos, 198, 200-201

T
Troca de metais complexados, 216f
Turbina a vapor, 158f

U
Unidades de energia, 138

W
Winkler, método de, 87-89